ΤΟ ΘΕΣΜΟΦΟΡΙΟ ΤΗΣ ΠΕΛΛΑΣ

ΓΕΝΙΚΗ ΕΠΙΜΕΛΕΙΑ
Ευαγγελία Κυπραίου

ΥΠΕΥΘΥΝΗ ΕΚΔΟΣΗΣ
Γιούλη Νεστορίδου

ΚΑΛΛΙΤΕΧΝΙΚΗ ΕΠΙΜΕΛΕΙΑ
Βάνα Μάρη

ΣΤΟΙΧΕΙΟΘΕΣΙΑ ΚΕΙΜΕΝΟΥ
Ε. Μπουλούκος-Α. Λογοθέτης Ο.Ε.

ΑΝΑΠΑΡΑΓΩΓΕΣ
Colour Center

ΕΚΤΥΠΩΣΗ
Σ. Βουγιούκα

ISBN: 960-214-155-7

ΥΠΟΥΡΓΕΙΟ ΠΟΛΙΤΙΣΜΟΥ
ΔΗΜΟΣΙΕΥΜΑΤΑ ΤΟΥ ΑΡΧΑΙΟΛΟΓΙΚΟΥ ΔΕΛΤΙΟΥ ΑΡ. 55

ΜΑΡΙΑ ΛΙΛΙΜΠΑΚΗ-ΑΚΑΜΑΤΗ

ΤΟ ΘΕΣΜΟΦΟΡΙΟ ΤΗΣ ΠΕΛΛΑΣ

ΑΘΗΝΑ 1996

ΕΚΔΟΣΗ ΤΟΥ ΤΑΜΕΙΟΥ ΑΡΧΑΙΟΛΟΓΙΚΩΝ ΠΟΡΩΝ ΚΑΙ ΑΠΑΛΛΟΤΡΙΩΣΕΩΝ

Στη Μαίρη Σιγανίδου

ΠΕΡΙΕΧΟΜΕΝΑ

ΠΡΟΛΟΓΟΣ

Αντικείμενο της μελέτης αυτής αποτελεί η παρουσίαση της αρχιτεκτονικής μορφής και των ευρημάτων της ανασκαφής του Θεσμοφορίου της Πέλλας.

Για τη θρησκεία και τις λατρείες θεοτήτων στη μακεδονική πρωτεύουσα τα μοναδικά στοιχεία που υπήρχαν ως το 1980 προέρχονταν από κινητά ευρήματα και κάποιες επιγραφές. Η συστηματική ανασκαφή ιερών χώρων στη δεκαετία 1980-1990, που συνεχίζεται έως σήμερα, έχει πλουτίσει σημαντικά τις γνώσεις μας για τη θρησκευτική ζωή των κατοίκων της πόλης.

Το ιερό, ανασκάφηκε το 1980 και 1981 και είναι το πρώτο Θεσμοφόριο της Μακεδονίας, που παρουσιάζεται διεξοδικά, προσφέροντας έτσι το έναυσμα για τη μελέτη της γιορτής των Θεσμοφορίων στην περιοχή αυτή της Ελλάδας, για την οποία οι γραπτές πηγές δεν παρέχουν πληροφορίες και τα ανασκαφικά στοιχεία έως σήμερα είναι σχετικά περιορισμένα.

Η μελέτη αποτελείται από τέσσερα κεφάλαια. Στο πρώτο κεφάλαιο παρουσιάζεται η αρχιτεκτονική μορφή του ιερού, ενώ παράλληλα προσφέρονται δυνατότητες προσέγγισης της έρευνας των ανασκαμμένων Θεσμοφορίων, που έχουν δημοσιευθεί ως σήμερα. Στο δεύτερο κεφάλαιο παρουσιάζονται τα ευρήματα της ανασκαφής κατά είδος (πήλινα ειδώλια, πήλινα αγγεία, πήλινα αντικείμενα, μεταλλικά αντικείμενα, γυάλινα αντικείμενα, νομίσματα). Προηγείται κατάλογος και ακολουθούν τυπολογικές, ερμηνευτικές και τεχνικές παρατηρήσεις. Στο τρίτο κεφάλαιο, που αποτελεί ουσιαστικά επέκταση του προηγούμενου, επιχειρείται ο προσδιορισμός της διάρκειας χρησιμοποίησης του ιερού, ενώ στο τελευταίο κεφάλαιο, που είναι αφιερωμένο στη λατρεία, ανακεφαλαιώνονται συμπερασματικά οι παρατηρήσεις που έχουν διατυπωθεί στα προηγούμενα κεφάλαια και αφορούν τη λατρεία.

Θερμές ευχαριστίες οφείλω σε όσους συνέβαλαν στην ολοκλήρωση αυτής της μελέτης: στην αείμνηστη Μ. Σιγανίδου, προϊσταμένη τότε της ΙΖ΄ Εφορείας Προϊστορικών και Κλασικών Αρχαιοτήτων, η οποία μου ανέθεσε την ανασκαφή και πρόθυμα προσέφερε κάθε δυνατή βοήθεια στη διάρκεια της μελέτης. Στους αρχιτέκτονες Π. Φουντά, Σ. Σώρα, Ν. Σφήκα και τη σχεδιάστρια Μ. Γκάτζιου, τους συντηρητές Α. Μοδίτση, Ε. Μοδίτση, Γ. Χατζησταύρου, Μ. Μυλωνά και Κ. Χατζόπουλο. Η φωτογράφηση των ευρημάτων έγινε με μεγάλη επιμονή και πολύ κόπο από το φωτογράφο Μ. Στεφανίδη.

Ακόμη ευχαριστώ θερμά την Έφορο του Εθνικού Αρχαιολογικού Μουσείου Κ. Ρωμιοπούλου, η οποία διάβασε το κείμενο και έκανε πολύ χρήσιμες παρατηρήσεις, την πρώην Διευθύντρια του Νομισματικού Μουσείου Μ. Οικονομίδου, για τις ουσιαστικές υποδείξεις της σε θέματα νομισματικής, τον αναπληρωτή καθηγητή του Τμήματος Ιστορίας και Αρχαιολογίας του Α.Π.Θ., Π. Φάκλαρη, για τη διευκόλυνση που μου παρείχε, προσφέροντας για ενημέρωσή μου κείμενο αδημοσίευτου άρθρου του, την αναπληρώτρια καθηγήτρια του ίδιου ιδρύματος Σ. Πινγιάτογλου, για τις εποικοδομητικές συζητήσεις μας και τον επίκουρο καθηγητή Γ. Ακαμάτη, για τις χρήσιμες υποδείξεις του στη διάρκεια της ανασκαφής και στη διαμόρφωση της τελικής μορφής του κειμένου. Τέλος, ευχαριστώ το Διοικητικό Συμβούλιο του Ταμείου Αρχαιολογικών Πόρων του Υπουργείου Πολιτισμού, που συμπεριέλαβε τη μελέτη αυτή στις εκδόσεις του, τη διευθύντρια κ. Ευαγγ. Κυπραίου και το προσωπικό της Διεύθυνσης Δημοσιευμάτων για την επιμέλεια της έκδοσης.

ΒΙΒΛΙΟΓΡΑΦΙΑ - ΣΥΝΤΟΜΟΓΡΑΦΙΕΣ

Εκτός των καθιερωμένων συντομογραφιών των περιοδικών JdI και AJA 82 (1978).

Abrahams E. - Evans L., Ancient Greek Dress, 1964.

ΑΕΜΘ: Το αρχαιολογικό έργο στη Μακεδονία και Θράκη 1 (1987), 2 (1988), 3 (1989), 4 (1990), 5 (1991), 6 (1992).

Ακαμάτης Γ., Πήλινες μήτρες αγγείων από την Πέλλα. Συμβολή στη μελέτη της ελληνιστικής κεραμικής, 1993.

Ακαμάτη Μ., ΑΔ 35 (1980), Χρονικά, 398· 36 (1981), Χρονικά, 320.

Allen T.W., Halliday W.R., Sikes E.E., The Homeric Hymns, 1963[2].

Αμητός, τιμητικός τόμος στον καθ. Μ. Ανδρόνικο, 1987.

Anabolu (Usman) M., Two Altars Dedicated to Demeter: The Goddess of Fertility, Archaeology and Fertility Cult in the Ancient Mediterranean. Papers Presented at the First International Conference on Anthropology of the Ancient Mediterranean, 1982, 267.

Ανδρέου Η., ΑΔ 33 (1978), Χρονικά, 179.

Ανδρόνικος Μ., Η ζωγραφική στην αρχαία Μακεδονία, ΑΕ 1987, 126, 363.

Αρβανιτόπουλος Α.Σ., Αστυνόμων Δημητριάδος γνώμη, Πολέμων Ι (1929), 32.

Αρβανιτόπουλος Α.Σ., Ανασκαφαί και έρευναι εν Θεσσαλία, ΠΑΕ 1915, 131.

Αρχαία Μακεδονία, Διεθνές συμπόσιο, IV, 1986, V, 1989.

Βαβρίτσας Α., Ανασκαφή Μεσημβρίας Θράκης, ΠΑΕ 1973, 70.

Bell, Morgantina I, 1981: Bell M. III, The Terracottas, Morgantina Studies I, 1981.

Besques, Louvre cat. III: Besques S., Musée National du Louvre. Catalogue raisonné des figurines et reliefs en terre-cuite grecs, étrusques et romains. Époques hellénistique et romaine. Grèce et Asie Mineure, 1972.

Besques, Louvre cat. IV, I: Besques S., Musée National du Louvre. Catalogue raisonné des figurines et reliefs en terre-cuite grecs, étrusques et romains. Époques hellénistique et romaine. Italie méridionale. Sicile, Sardaigne, 1986.

Blanck H., Einführung in das Privatleben der Griechen und Römer, 1976.

Bookidis N., The Sanctuary of Demeter and Kore on Acrocorinth, Preliminary Report III, 1968, Hesperia 38 (1969), 247.

Bookidis N. - Fischer J., The Sanctuary of Demeter and Kore on Acrocorinth, Preliminary Report IV, 1969-70, Hesperia 41 (1972), 283.

Bookidis N. - Fischer J., Sanctuary of Demeter and Kore on Acrocorinth, Preliminary Report V, 1971-73, Hesperia 43 (1974), 267.

Bookidis N. - Stroud R., Demeter and Persephone in Ancient Corinth, 1987.

Borda M., Ceramiche e terrecotte greche, magno greche e italiche del Museo Civico di Treviso, 1976.

Breitenstein, Danish Museum cat. 1941: Breitenstein N., Catalogue of Terracottas, Cypriote, Greek, Etrusco-Italian and Roman, 1941.

Brinkemberg Chr., Lindus I. Les petits objets, 1931.

БРИТОВА Н.Н., ГРЕУЕСКАЯ ТЕРРАКОТА, 1969.

Broneer O., The Thesmophorion in Athens, Hesperia 11 (1942), 250.

Broneer O., Excavations at Isthmia, 1954, Hesperia 24 (1955), 110.

Breccia E., La necropoli di Sciatbi, 1912.

Breccia E., Terrecotte figurate greche e greco-egizie del Museo di Alessandria, 1930.

Brumfield A. Ch., The Attic Festivals of Demeter and their Relations to the Agricultural Year, 1981.

Brunneau Ph. - Ducat J., Guide de Délos, 1966.

Burkert W., Αρχαία ελληνική θρησκεία 1993, μτφρ. Ν. Π. Μπεζαντάκος-Α. Αβαγιανού.

Burr, Boston Myrinas: D. Burr, Terracottas from Myrina in the Museum of Fine Arts Boston, 1934.

Canarache V., Masks and Tanagra Figurines Made in the Workshops of Callatis, 1969.

Coldstream J. N., Knossos. The Sanctuary of Demeter, 1973.

Δάφφα-Νικονάνου, Πρόερνα: Δάφφα-Νικονάνου Α., Θεσσαλικά ιερά Δήμητρος και κοροπλαστικά αναθήματα, 1973.
Daraki M., Dionysos, 1985.
Daux G., Thasos. Chronique de fouilles 1963, BCH 88 (1964), 866.
Davidson, Corinth, 1952: Gl. Davidson, The Minor Objects, Corinth XII, 1952.
Davidson Gl., A Hellenistic Deposit at Corinth, Hesperia 11 (1942), 105.
Davidson Gl. - Thompson D.B., Small Objects from the Pnyx: I, Hesperia Suppl. VII, 1943.
Δεσπίνης Γ., Συμβολή στη μελέτη του έργου του Αγοράκριτου, 1971.
Δεσπίνης Γ., Ακρόλιθα, 1975.
Deubner L., Attische Feste, 1932.
Diehl E., Die Hydria, 1964.
Δρούγου Στ. - Τουράτσογλου Γ., Ελληνιστικοί λαξευτοί τάφοι Βεροίας, 1980.
Eitrem S., Les Thesmophoria, les Skirophoria et les Arrhetophoria, Symbolae Osloenses XXIII (1944), 32.
Έργον 1981: Το Έργον της Αρχαιολογικής Εταιρείας κατά το 1981, 22.
Φάκλαρης Π., Ιπποσκευές από τη Βεργίνα, ΑΔ 41 (1986), Μελέτες, 1.
Farnell L.R., The Cults of Greek States II, 1896, III, 1907.
Foucart P., Le culte de Plouton dans la religion eleusiniènne, BCH VII (1885), 387.
Fraser J.G., Encyclopedia Brittanica[9] 23.
Froehner W., Terres cuites d'Asie Mineure de la collection J. Créau II, 1891.
Gaebler H., Die antiken Münzen von Makedonia und Paionia, 1935.
Gartringen v.H., Gnomon 6 (1930), 234 (βιβλιοκρισία).
Giudice F., La stipe di Persephone a Camarina, MonAnt 49 (1979), N. S. 2, 281.
Gjerstad E., Das attische Fest der Skira, Archr RW 27 (1929), 189, 230.
Goldman H., The Hellenistic and Roman Periods, Excavations at Gözlü Kule, Tarsus I, 1950.
Griffo P. - Matt v.L. Gela, Destin d'un côté grecque de Sicile, 1964.
Hadzisteliou-Price Th., Kourotrophos, 1978.
Harrison E., Prolegomena to the Study of Greek Religion, 1960. Archaic and Archaistic Sculpture, The Athenian Agora XI, 1965.
Head B., Historia numorum, 1963.
Herbig R., Pan, 1949.
Herzog R., Bericht über eine epigraphisch-archäologische Expedition auf der Insel Kos, AA 16 (1901), 131.
Higgins R.A., Greek Terracottas, 1967.
Higgins, British Mus. Cat. 1954: Catalogue of the Terracottas in the Department of Greek and Roman Antiquities, British Museum, 1954.
Hölscher F., Der Raub der Kore im 5. Jahrhundert, Tainia, Festschrift für R. Hampe, 1980, 173.
Höricht-Scatozza L.A., Le terrecotte figurate di Cuma, Studia Archaeologica 49(1987).
Hoffmann-Töpperwein E., Terrakotten von Priene, IstMitt 21 (1971).
IG II^2, 1177, 2498.
Işik F., Die Koroplastik von Theangela in Karien und ihre Beziehungen zu Ostionien zwischen 560 und 270 v. Chr., IstMitt, Beih. 21, 1980.
Kahill L., Mythological Repertoire of Brauron, Ancient Greek Art and Iconography, 1983, 183.
Karo G., Archäologische Funde aus dem Jahre 1929 und der erster Hälfte von 1930, AA 45 (1930), 88.
Karouzou S., Das Mädchen von Piräus und die Originalstatuen in Venedig, AM 82 (1967), 158.
Kleiner, Tanagrafiguren, 1942: Kleiner G., Tanagrafiguren. Untersuchungen zur hellenistischen Kunst und Geschichte, 1942.
Kobylina M.M., Terrakoty Severnogo Pričernomor'ja, 1970.
Köster R. - Kossatz U.A., Milet 1978-1979, IstMitt 30 (1980), 23, 48.
Κοντολέων Ν., Το Ερέχθειον ως οικοδόμημα χθόνιας λατρείας, 1949.
Κουρουνιώτης Κ., Ανασκαφή εν Ερετρία, ΠΑΕ 1900, 53.
Κουρουνιώτης Κ., Ανασκαφαί παρά την Χαλκίδα, ΠΑΕ 1910, 265.
Κουρουνιώτης Κ., Ερετριακαί επιγραφαί, ΑΕ 1911, 1.

Κουρουνιώτης Κ., Το εν Λυκόσουρα Μέγαρον της Δεσποίνης, ΑΕ 1912, 142.
Κουρουνιώτης Κ., Ελευσινιακά, ΑΔ 8 (1923), 155.
Kourouniotes K. - Thompson H., The Pnyx in Athens, Hesperia 1 (1932), 90.
Κωνσταντινόπουλος Γρ., ΑΔ 23 (1968), Χρονικά, 439.
Κώστογλου-Δεσποίνη Α., Προβλήματα της παριανής πλαστικής του 5ου αι. π.Χ., 1979.
Λαζαρίδης Δ., Ανασκαφαί και έρευναι Αμφιπόλεως, ΠΑΕ 1975, 63.
Λαζαρίδης Δ., Οι ανασκαφές στην Αμφίπολη, Αρχαία Μακεδονία IV, 1986, 353.
Λαζαρίδης, Ἀβδηρα, 1960: Δ. Λαζαρίδης, Πήλινα ειδώλια Αβδήρων, 1960.
Λαζαρίδης Δ., Αμφίπολις, 1993.
Lawler L., The Dance in Ancient Greece, 1964.
Laumonier, Délos XXIII, 1956: A. Laumonier, Les figurines de terre cuite, Délos XXIII, 1956.
Lehmann W. Ph.-Spittle D., The Temenos, Samothrace 5, 1982.
Lengyel-Schneider J., Griechische Terrakotten, 1936.
Levi A., Le terrecotte figurate del Museo Nazionale di Napoli, 1926.
Leyenaar-Plaisier, Leiden cat., 1979: P. Leyenaar-Plaisier, Les terres cuites grecques et romaines; Catalogue de la collection du Musée National des antiquités à Leiden, 1979.
Λιλιμπάκη-Ακαμάτη Μ., Λαξευτοί θαλαμωτοί τάφοι της Πέλλας, 1994.
Λιλιμπάκη-Ακαμάτη Μ., Ένα νέο ψηφιδωτό δάπεδο της Πέλλας, Αμητός, τιμ. τόμος στον καθ. Μ. Ανδρόνικο, 1987, 455.
Λιλιμπάκη-Ακαμάτη Μ., Ανασκαφική έρευνα στην περιοχή του Καναλιού της Πέλλης, ΑΕΜΘ 1 (1987), 137.
Λιλιμπάκη-Ακαμάτη Μ., Από τα νεκροταφεία της Πέλλας, ΑΕΜΘ 3 (1989), 91.
Λιλιμπάκη-Ακαμάτη Μ., Ιερά της Πέλλας, Μνήμη Δ. Λαζαρίδη, 1990, 195.
Λιλιμπάκη-Ακαμάτη Μ., Θεσμοφόρια στη Μακεδονία, Αρχαία Μακεδονία V, 1989, 809.
Λιλιμπάκη-Ακαμάτη Μ., Ανατολικό νεκροταφείο Πέλλας. Ανασκαφή 1989, ΑΔ 44 (1989) Μελέτες (υπό εκτύπωσιν).
Λιλιμπάκη-Ακαμάτη Μ., Η καλλιέργεια του αμπελιού και στοιχεία της λατρείας του Διονύσου στην Πέλλα, Αμπελοοινική ιστορία στη Μακεδονία και Θράκη, Συνέδριο Νάουσας 1993 (υπό εκτύπωσιν).
LIMC III, 1, 2, 1986: Lexicon Iconographicum Mythologiae Classicae III, 1, 2, 1986.
Lindner P., Der Raub de Persephone in der antiken Kunst, 1984· Die Giebelgruppe von Eleusis mit dem Raub der Persephone, JdI 97 (1982), 382.
Loeff R.A., De Skiris, Mneimosyne 44 (1916), 322.
Μακαρόνας Χ., ΑΔ 17 (1961/62), Χρονικά, 209· ΑΔ 19 (1964), Χρονικά, 340.
Maumont Roques, H., Antike Reiterstandbilder, 1958.
Metzger, Eretria VII, 1985: I. R. Metzger, Das Thesmophorion von Eretria, Eretria VII, 1985.
Milchhöfer A., Die Karten von Attika, Heft I, 1881, 37.
Μνήμη Δ. Λαζαρίδη: Πόλις και Χώρα στην αρχαία Μακεδονία και Θράκη, συνέδριο στη μνήμη Δ. Λαζαρίδη, 1986.
Mollard-Besques, Louvre cat. I: S. Mollard-Besques, Musée National du Louvre. Catalogue raisonné des figurines et reliefs en terre-cuite grecques, étrusques et romains I. Époque préhellénique, géometrique, archaique et classique, 1954.
Mollard-Besques, Louvre cat. II: S. Mollard-Besques, Musée National du Louvre. Catalogue raisonné des figurines et reliefs en terre-cuite grecs, étrusques et romains II, 1963.
Morgan II H. Ch., Excavations at Corinth 1936-37, AJA 41 (1937), 539.
Muller A., Ελληνιστική κοροπλαστική της Θάσου. Τα ειδώλια του ιερού στο Εβραιόκαστρο, Μνήμη Δ. Λαζαρίδη, 1990, 437.
Müller K.V., Der Polos der Griechische Götterkone, 1915.
Müller L., Die Münzen der thrakischer Königs Lysimachus, 1958.
Μυλωνάς Γ., Ελευσίς και Διόνυσος, ΑΕ 1960, 68.
Newell E.T., The Coinages of Demetrius Poliorcetes, 1927.

Newton, Halicarnassus, Cnidus and Branchidae, 1862: G. N. Newton, A History of Discoveries at Halicarnassus, Cnidus and Branchidae, 1862.
Nilsson M., Griechische Feste von religiöser Bedeutung, 1906.
Nilsson M., Geschichte der griechischen Religion I^3, 1967.
Nilsson M., Greek and Popular Religion, 1940.
Nilsson M., Ελληνική λαϊκή θρησκεία, μτφρ. Ι. Κακριδή, 1966.
Orlandini P., Lo scavo del Thesmophorion di Bitalemi e il culto delle divinità ctonie à Gela, Κώκαλος XII (1966), 8.
Orlandini P., Tipologia e cronologia del materiale archeologi di Gela dalla nuova fondazione di Timoleonte all'etá di Ierone II, ArchCl 9 (1957), 44 και 153.
Orlandini P., Gela-Topographia dei Santuari e documentazione archeologica dei culti, RIA N Se 15 (1968), 20 και 38.
Orsi P., Gela. Scavi del 1900-1905, MonAnt 17 (1906), 575, 700.
Osborne R., Classical Landscape with Figures, The Ancient Greek City and its Countryside, 1987.
Παλαιοκρασά Λ., Το ιερό της Αρτέμιδος Μουνιχίας, 1991.
Παντερμαλής Δ., Δίον. Η ιερή πόλη των Μακεδόνων στους πρόποδες του Ολύμπου, 1987.
Παντερμαλής Δ., Δίον, Το χρονικό των ανασκαφών, Αρχαιολογία 33 (1989), 6.
Παπακωνσταντίνου-Διαμαντούρου, Πέλλα Ι: Δ. Παπακωνσταντίνου-Διαμαντούρου, Πέλλα Ι. Ιστορική επισκόπησις και μαρτυρίαι, 1971.
Παπαποστόλου Ι.Α., ΑΔ 32 (1977), Χρονικά, 68.
Paul E., Tanagra-Figuren, 1962.
Πετράκος Β., ΑΔ 19 (1961-62), Χρονικά, 145.
Πέτσας Φ., ΑΔ 22 (1967), Χρονικά, 400.
Petsas Ph., A Few Examples of Epigraphy from Pella, BalkSt 4 (1963), 155.
Πινγιάτογλου Σ., Το ιερό της Δήμητρας στο Δίο. Ανασκαφή 1990, ΑΕΜΘ 4 (1990), 205.
Πινγιάτογλου Σ., Ανασκαφή 1991, ΑΕΜΘ 5 (1991), 145.
Πινγιάτογλου Σ., Ανασκαφή 1992, ΑΕΜΘ 6 (1992), 223.
Πινγιάτογλου Σ., Το ιερό της Δήμητρας και οι λύχνοι (1994).
Pottier E. - Reinach S., La nécropole de Myrina, 1887.
Pouilloux J., Trois nôtes thasiènnes, BCH 75 (1951), 90.
Poulsen V., Catalogue des terres cuites grecques et romaines, Ny Carlsberg Glyptothèque, 1949.
Prückner H., Die lokrischen Tonreliefs, 1968.
Queyrel, Amathonte IV. Études Chypriotes, X, 1988: A. Queyrel, Les figurines hellénistiques de terrecuite. Amathonte IV. Études Chypriotes, X, 1988.
Rabe H., Scholia in Lucianum, 1906.
RE VII, 2, 1912, 2266 (Halimus).
RE II A1, 1921, 811 (Schwein).
RE II^2, 1896 (Atlas).
Reinach S., Repertoire de la statuaire grecque et romaine I, 1965.
Richardson J. W., The Homeric Hymn to Demeter, 1974.
Richardson-Vafopoulou E. C., Greek Terracottas, 1981.
Rizza G., Stipe notiva di un santuario di Demetra a Catania, BdA 45 (1960), 247.
Robert C., Athena Skiras und die Skirophorien, Hermes 20 (1885), 349.
Robert, Thymélè: F. Robert, Thymélè. Recherches sur la signification et la destination des monuments circulaires dans l'architecture religieuse de la Grèce, 1939.
Robinson, Olynthus VII, 1933: M.D. Robinson, Excavations at Olynthus. Part VII. The Terracottas Found in 1931, 1933.
Robinson, Olynthus XIV, 1952: M.D. Robinson, Excavations at Olynthus. Part XIV. The Terracottas, Lamps and Coins Found in 1934 and 1938, 1952.
Rohde El., Griechische Terracotten, 1968.
Rolley Cl., Le sanctuaire des dieux patrôoi et le Thesmophorion de Thasos, BCH 89 (1965), 441.
Ross L., Inselreisen I, 1912.

Rubensohn O., Paros II, AM 26 (1901), 157.
Rutter J., The Last Mycenaeans in Corinth, Hesperia 48 (1979), 348.
Ρωμαίος Κ., Κόραι της Αιτωλίας, ΑΔ 6 (1920-21), 60.
Ρωμιοπούλου Αικ., ΑΔ 30 (1975), Χρονικά, 247.
Salviat F., Une nouvelle loi Thasiénne, BCH 82 (1958), 183.
Salviat F., Decrets pour Epié, BCH 83 (1959), 362.
Salviat F., Pythion et Thesmophorion Déliens à propos de IG XI, 145, BCH 87 (1963), 349.
Schaller F., Stützfiguren in der griechischen Kunst, 1973.
Schauenburg K., Pluton und Dionysos, JdI 68 (1953), 38.
Schauenburg K., Die Totengötter in der unteritalischen Vasenmalerei, JdI 73 (1958), 58.
Scheurleer-Lunsingh A.R., Grieken in het Klein, 1986.
Schmidt Ev., Geschichte der Karyatide, 1982.
Sguaitamatti M., L'offrante de porcelet dans la coroplathie Geleénne, 1984.
Σιγανίδου Μ., Ανασκαφή Πέλλας, ΠΑΕ 1981, 51.
Σιγανίδου Μ., Το ανάκτορο της Πέλλας, ΑΕΜΘ 1 (1987), 119.
Σιγανίδου Μ., Τα τείχη της Πέλλας, Αμητός, 1987, τιμ. τόμος στον καθ. Ανδρόνικο, 765.
Sieveking J., Die Terrakotten der Sammlung Loeb, 1916.
Simon E., Die Götter der Griechen, 1980.
Sparkes-Talcott, The Athenian Agora XII, 1970: Br. A. Sparkes - L. Talcott, Black and Plain Pottery, The Athenian Agora XII, 1970.
Stählin Fr., Zür Chronologie und Erklärung der Inschriften von Magnesia und Demetrias, AM 54 (1929), 201.
Σταϊνχάουερ Γ., ΑΔ 30 (1975), Χρονικά, 79· ΑΔ 27 (1972), Χρονικά, 248.
Stoop W.M.J., Floral Figurines from South Italy, 1960.
Stroud S.R., The Sanctuary of Demeter and Kore on Acrocorinth. Preliminary Report I, 1961-62, Hesperia 34 (1965), 1.
Stroud S.R., The Sanctuary of Demeter and Kore on Acrocorinth. Preliminary Report II, 1964-65, Hesperia 37 (1968), 299.
SNG Ashmolean Museum, 1976: Sylloge Nummorum Graecorum, V, Ashmolean Museum Oxford, Part III. Macedonia, 1976.
SNG Danish Museum, 1942: Sylloge Nummorum Graecorum. The Royal Collection of Coins and Medals, Danish Museum, Thrace (1942).
SNG Evelpidis Collection, 1975: Sylloge Nummorum Graecorum. Grèce, Collection R. H. Evelpidis, Athènes, 2ème partie, Macédoine-Corcyre, 1975.
SNG Fitzwilliam Museum, 1972: Sylloge Nummorum Graecorum. Fitzwilliam Museum. Leake and General Collection II, Sicily, Thrace IV (1972).
SNG Sammlung Dreer-Klagenfurt, 1990: Sylloge Nummorum Graecorum. Sammlung Dreer-Klagenfurt im Landesmuseum für Kärnten, III. Thrakien-Makedonien-Päonien, 1990.
Thompson D., Three Centuries of Hellenistic Terracottas, IA, Hesperia 21 (1952), 116.
Thompson D., Three Centuries of Hellenistic Terracottas, IB and C, Hesperia 23 (1954), 72.
Thompson D., Three Centuries of Hellenistic Terracottas, IIB, The Altar Well, Hesperia 28 (1959), 127.
Thompson D., Three Centuries of Hellenistic Terracottas, III, The Late Third Century BC and IV, The Second Century BC, Hesperia 32 (1963), 276 και 301.
Thompson D., Three Centuries of Hellenistic Terracottas, V, The Mid Second Century BC and VI. Late Second Century to 86 BC, Hesperia 34 (1965), 34, 50.
Thompson D., Three Centuries of Hellenistic Terracottas VII, The Early First Century BC, Hesperia 35 (1966), 1.
Thompson-Burr, Troy: D. Burr-Thompson, Troy. The Terracotta Figurines of the Hellenistic Period, Supplementary Monography 3, 1963.
Thompson H., Two Centuries of Hellenistic Pottery, Hesperia 3 (1934), 311.
Thompson H., Pnyx and Thesmophorion, Hesperia 5 (1936), 151, 156.
Thompson M., The Mint of Lysimachos, Essays in Greek Coinage Presented to S. Robinson, 1968.

Τζιαφάλιας Α., ΑΔ 29 (1973-74), Χρονικά, 578.
Töpperwein, Pergamon, 1976: E. Töpperwein, Terrakottas von Pergamon 1976.
TK I, TK II: F. Winter, Typen der figürlichen Terrakotten I, II, 1903.
Touratsoglou J., The Coinage of the Roman World in the Late Republic, BAR (1987), 53 (Macedonia).
Τουράτσογλου Ι., Το ξίφος της Βέροιας, Αρχαία Μακεδονία IV, 1983, 611.
Trendall A. D., The Red Figured Vases of Apulia II, 1982.
Τσατσοπούλου-Καλούδη Τζ., Η αιγαιακή Μεσημβρία, Αρχαιολογία 13 (1984), 59.
Vallois R., Topographie délienne II, BCH 53 (1929), 185.
Vanderpool E., A lex sacra of the Attic Deme Phrearioi, Hesperia 39 (1970), 47.
Verhoogen V., Terres-cuites grecques aux Musées royaux d'art et d'histoire, 1956.
Weinberg S.S., Investigations at Corinth, 1947-48, Hesperia 18 (1949), 149.
Weis A. H., The Hanging Marsyas, The Origin and History of the Statue, 1979.
White D., Excavations in the Sanctuary of Demeter and Persephone at Cyrene. Fourth Preliminary Report, AJA 80 (1976), 174.
Wiegand-Schrader, Priene, 1904: T. Wiegand - H. Schrader, Priene. Ergebnisse der Ausgrabungen und Untersuchungen in der Jahren 1895-1898, 1904.
Zunz G., Persephone. Three Essays on Religion and Thought in Magna Graecia, 1971.

ΓΡΑΠΤΕΣ ΠΗΓΕΣ

Αριστοφάνους II, Βάτραχοι (έκδ. Loeb).
Αριστοφάνους III, Θεσμοφοριάζουσαι (έκδ. Loeb).
Διοδώρου Σικελιώτου III, V (έκδ. Loeb).
Ηροδότου Ιστορίαι III, VI (έκδ. Loeb).
Ησιόδου Θεογονία (έκδ. Loeb).
Hesychii Alexandrini Lexicon II (K. Latte, έκδ. Hauniae E. Munksyaard).
Ισοκράτους I, Πανηγυρικός (έκδ. Loeb).
Κλήμεντος Προτρεπτικός II (έκδ. Loeb).
Λουκιανού Εταιρικοί διάλογοι, 2, 1 (έκδ. Loeb).
Homeri Opera V (Th. Allen).
Παυσανίου Ελλάδος Περιήγησις I, II, III, IV, V, VII, VIII, IX (έκδ. Loeb).
Pliny, Naturalis Historia XXIV (έκδ. Budé).
Πλουτάρχου Ηθικά IV, Κεφαλαίων Καταγραφή, Ελληνικά Ζητήματα (έκδ. Loeb).
Πλουτάρχου Ηθικά VIII (έκδ. Loeb).
Πλουτάρχου Βίοι I, Σόλων (έκδ. Loeb).
Πλουτάρχου Βίοι II, Θεμιστοκλής (έκδ. Loeb).
Vitruvius, De Architectura VI (έκδ. N. Heinemann LTD).

ΑΡΧΙΤΕΚΤΟΝΙΚΗ ΜΟΡΦΗ

Το 1980 σε εκσκαφικές εργασίες για την ανέγερση οικοδομής στο οικόπεδο αριθ. 128 της Πέλλας[1], στη βορειοανατολική περιοχή του οικισμού, αποκαλύφθηκαν τμήματα τοίχου, που μετά τον καθαρισμό του διαπιστώθηκε ότι είχε κυκλική φορά και σχημάτιζε την περιφέρεια κυκλικού κτίσματος[2]. Η συστηματική ανασκαφική έρευνα που ακολούθησε και διήρκεσε δύο περιόδους[3], έφερε στο φως ένα αγροτικό ιερό, στο οποίο τελούνταν η γιορτή των Θεσμοφορίων.

Το ιερό βρίσκεται στην άκρη της βορειοανατολικής περιοχής της αρχαίας πόλης ή αμέσως έξω από τον περίβολο των τειχών, η πορεία των οποίων δεν είναι σαφής στη θέση αυτή[4]. Η περιοχή είναι σήμερα έντονα υπερυψωμένη, πράγμα που θα συνέβαινε και στην αρχαιότητα[5]. Το ιερό έχει περιορισμένη έκταση και απλή αρχιτεκτονική μορφή[6] (Σχέδ. Α, Πίν. 1α).

Ο χώρος είναι κυκλικός με εσωτερική διάμετρο 10 μ. Περιβάλλεται από τοίχο κτισμένο

1. Το οικόπεδο αριθ. 128 της Πέλλας, ιδιοκτησίας Φ. Λιάλη, έχει απαλλοτριωθεί. Ο ανασκαφικός χώρος είναι περιφραγμένος και στεγασμένος. Για την ανασκαφή, βλ. Μ. Ακαμάτη, ΑΔ 35 (1980), Χρονικά, 398 και ΑΔ 36 (1981), Χρονικά, 322· η ίδια, Ιερά της Πέλλας, Μνήμη Δ. Λαζαρίδη 1990, 195. Ακόμη, Αρχαία Μακεδονία V, 1989, 809 και Πέλλα, Πρωτεύουσα των αρχαίων Μακεδόνων, οδηγός έκθεσης, 1987, 23. Επίσης, Έργον 1981, 22 και Μ. Σιγανίδου, ΠΑΕ 1981, 51.

2. Στον καθαρισμό του τοίχου βρέθηκαν όστρακα τουρκικών αγγείων, λίγα αβαφή όστρακα αγγείων καθημερινής χρήσης και κομμάτια ψηφιδωτού δαπέδου στα ανώτερα στρώματα της επίχωσης του εσωτερικού χώρου.

3. Στην πρώτη ανασκαφική περίοδο (1980), η έρευνα έγινε με δοκιμαστικές τομές μέσα στο κυκλικό κτίσμα. Στη δεύτερη περίοδο (1981), ανασκάφηκε ολόκληρος ο εσωτερικός χώρος του κτίσματος με την κατάργηση των μαρτύρων και την ενοποίηση των τομών. Επίσης, ερευνήθηκε η περιοχή έξω από το κυκλικό κτίσμα με δοκιμαστικές τομές.

4. Την έρευνα της πορείας των τειχών της πόλης στην περιοχή αυτή δυσχεραίνει η σύγχρονη κατοίκηση της περιοχής. Η έρευνα γίνεται μόνον ευκαιριακά, σε εκσκαφικές εργασίες νέων οικοδομών.
Εάν τα βόρεια τείχη της Πέλλας έχουν ευθεία πορεία προς τα ανατολικά, τότε διέρχονται αμέσως βόρεια του ιερού. Αυτό ενισχύεται και από την αποκάλυψη νοτιότερα και στην ίδια περίπου ευθεία με το ιερό, δρόμου της αρχαίας πόλης, με προσανατολισμό Β-Ν και τμημάτων οικοδομικών τετραγώνων στις δύο πλευρές του. Βλ. Μ. Σιγανίδου, ΑΔ 30 (1975), Χρονικά, 258. Το τετράγωνο ανατολικά του δρόμου πρέπει να είναι το τελευταίο προς τα ανατολικά οικοδομικό τετράγωνο της πόλης.
Εάν το βόρειο τείχος της πόλης δεν ακολουθούσε ευθεία πορεία και στρεφόταν προς τα νότια, πριν από τη θέση του ιερού, τότε αυτό θα βρισκόταν αμέσως έξω από την οχύρωση. Πιστεύουμε, ωστόσο, ότι η πρώτη εκδοχή βρίσκεται πιο κοντά στην πραγματικότητα. Για τα τείχη της Πέλλας, βλ. Μ. Σιγανίδου, Αμητός, τιμ. τόμος στον καθ. Μ. Ανδρόνικο, 1987, 765· Μ. Λιλιμπάκη-Ακαμάτη, ΑΕΜΘ 6 (1992), 127.

5. Για τις θέσεις των Θεσμοφορίων έξω από τις πόλεις ή στις άκρες τους, στις πλαγιές λόφων ή των ακροπόλεων, βλ. S. Karouzou, AM 82 (1967), 165· Δάφφα-Νικονάνου, Πρόερνα 42. Για τη θέση του αθηναϊκού Θεσμοφορίου σε ύψωμα ενδεικτικοί είναι οι στ. 280, 281, 584, 585, 623, 643, 657, 893, 1045 στις Θεσμοφοριάζουσες του Αριστοφάνη, αν και η επιστημονική έρευνα δεν έχει καταλήξει ακόμη σε σίγουρα συμπεράσματα για τη θέση του, K. Kourouniotes - H. Thompson, Hesperia 1 (1932), 96, σημ. 1· H. Thompson, Hesperia 5 (1936), 156 και O. Broneer, Hesperia 11 (1942), 250. Για τη θέση του πειραϊκού Θεσμοφορίου, βλ. IG II^2 1177, 23-24· για το Θεσμοφόριο του δήμου Αλίμου

με ορθογώνιους λίθους πολύ καλά δουλεμένους κατά το ισοδομικό σύστημα (Σχέδ. Β, Πίν. 1β, 2α,β). Η επιφάνειά τους όμως είναι πολύ απολεπισμένη, ώστε με δυσκολία διακρίνονται οι αρμοί. Ο τοίχος έχει πλάτος 0,50-0,60 μ. και σωζόμενο ύψος 1,20-1,50 μ. Σώζονται τρεις δόμοι. Οι περισσότεροι από τους γωνιόλιθους έχουν μήκος 0,70-0,80 μ., υπάρχουν όμως και μεγαλύτεροι, των οποίων το μήκος φθάνει τα 1,20-1,40 μ. Οι γωνιόλιθοι του ανώτερου δόμου στο μεγαλύτερο μέρος τους είναι σαθροί και μετακινημένοι[7]. Οι μεγαλύτεροι βρίσκονται στη

στο ύψωμα Κωλιάδα, Πλουτάρχου Σόλων 8, 4· για το ιερό των Μεγάρων, Παυσανίου I,42,6· για το ιερό της Πάρου, Ηροδότου VI, 133 κ.ε. και O. Rubensohn, AM 26 (1901), 206· για το ιερό της Ερέτριας, βλ. Πλουτάρχου, Κεφαλαίων Καταγραφή, Ελληνικά Ζητήματα 31, 298B και υποσημ. 6. Το Θεσμοφόριο της Μεγαλόπολης ήταν έξω από την πόλη (Παυσανίου VIII 36, 6). Για τα ιερά του Ακροκορίνθου, της Κνίδου και της Γέλας, βλ. υποσημ. 6. Για τη θέση των ιερών, βλ. και τον Ομηρικό Ύμνο στη Δήμητρα, στ. 270, 295, 113.

6. Μεγάλα και οργανωμένα είναι τα ιερά της Δήμητρας στον Ακροκόρινθο, την Κνίδο, την Ερέτρια, τη Γέλα. Τα Θεσμοφόρια που είναι γνωστά σήμερα από ανασκαφές είναι τα εξής: Θεσμοφόριο του Ακροκορίνθου, S.R. Stroud, Hesperia 34 (1965), 1· Hesperia 37 (1968), 299· N. Bookidis, Hesperia 38 (1969), 297· N. Bookidis - J. Fischer, Hesperia 41 (1972), 283· Hesperia 43 (1974), 267· J. Rutter, Hesperia 48 (1979), 348 και N. Bookidis - S.R. Stroud, Demeter and Persephone in Ancient Corinth, 1987.

Θεσμοφόριο της Ερέτριας, Κ. Κουρουνιώτης, ΠΑΕ 1900, 55· ο ίδιος, ΠΑΕ 1910, 269 και ΑΕ 1911, 35· Β. Πετράκος ΑΔ 17 (1961/62), Χρονικά, 145· I.R. Metzger, Eretria VII, 1985.

Αθηναϊκό Θεσμοφόριο, K. Kourouniotes - H. Thompson, Hesperia 1 (1932), 90· H. Thompson, Hesperia 5 (1936), 156· O. Broneer, Hesperia 11 (1942), 250.

Θεσμοφόριο του Πειραιά, IG II^2, 1177, 23 κ.ε., 2498· A. Milchhöfer, Die Karten von Attika, Heft I, 1881, 37 κ.ε.· S. Karouzou, AM 82 (1967), 158.

Θεσμοφόριο της Δημητριάδας, Α.Σ. Αρβανιτόπουλος, Πολέμων I (1929), 32· H.v. Gärtringen, Gnomon 6 (1930), 234· Fr. Stählin, AM 54 (1929), 201.

Θεσμοφόριο της Πρόερνας και άλλα ιερά της Δήμητρας στη Θεσσαλία, Δάφφα-Νικονάνου, Πρόερνα.

Θεσμοφόριο της Θάσου, J. Pouilloux, BCH 75 (1951), 90· Fr. Salviat, BCH 82 (1958), 248-250· ο ίδιος, BCH 83 (1959), 382· Cl. Rolley, BCH 89 (1965), 441 και Μνήμη Δ. Λαζαρίδη, 1990, 405· A. Muller, ό.π., 437.

Θεσμοφόριο της Αμφίπολης, Δ. Λαζαρίδης, ΠΑΕ 1975, 63 εικ. 2, πίν. 50β-55, Αρχαία Μακεδονία IV, 1986, 358 (ο συγγραφέας ερμηνεύει το κτίριο ως Θεσμοφόριο ή Νυμφαίο) και Αμφίπολις, 1993, 28.

Ιερό της Δήμητρας στο Δίον, Δ. Παντερμαλής, Η ιερή πόλη των Μακεδόνων στους πρόποδες του Ολύμπου, 1987, 3· ο ίδιος, Αρχαιολογία 33 (1989), 14· Σ. Πινγιάτογλου, ΑΕΜΘ 4 (1990), 205· ΑΕΜΘ 5 (1991), 145· ΑΕΜΘ 6 (1992), 223 και, Το ιερό της Δήμητρας και οι λύχνοι, 1994.

Ιερό της Δήμητρας στη Μεσημβρία (σε επαφή με το τείχος της πόλης), Α. Βαβρίτσας, Ανασκαφή Μεσημβρίας, ΠΑΕ 1973, 77· Τζ. Τσατσοπούλου-Καλούδη, Αρχαιολογία 13 (1984), 63.

Θεσμοφόριο της Δήλου, R. Vallois, BCH 53 (1929), 250· Fr. Salviat, BCH 87 (1983), 489· ο ίδιος, BCH 82 (1958), 250 σημ. 2· Ph. Brunneau - J. Ducat, Guide de Délos, 1966, 103.

Ιερό της Δήμητρας στην Κνωσό, J. N. Coldstream, Knossos, The Sanctuary of Demeter, 1973.

Θεσμοφόριο της Πάρου, O. Rubensohn, AM 26 (1901), 201· L. Ross, Inselreisen I, 1912, 41. Βλ. Ομηρικό Ύμνο στη Δήμητρα, στ. 490 και Ηροδότου Ιστορίαι VI, 134.

Θεσμοφόριο της Πριήνης, Wiegand-Schrader, Priene 1904, 147.

Ιερά της Δήμητρας στην Κνίδο και την Αλικαρνασσό, Newton, Halicarnassus, Cnidus and Branchidae, 1862, 375 κ.ε. και 325 κ.ε.

Ιερό της Δήμητρας στο Bitalemi της Γέλας, P. Orlandini, Κώκαλος XII, 1966, 8· RIA, NSe 15 (1968), 38.

Από τις γραπτές πηγές πληροφορούμαστε την ύπαρξη πολλών Θεσμοφορίων. Για το Θεσμοφόριο των Μεγάρων, Παυσανίου I, 40,6 και 42,6. Για το Θεσμοφόριο των Θηβών, Παυσανίου IX, 6,5 και IX, 16,5. Για το Θεσμοφόριο των Ποτνιών Θηβών, Παυσανίου IX, 8,1. Για το Θεσμοφόριο της Πελλήνης, Παυσανίου VII, 27,9, της Μεγαλόπολης, Παυσανίου VIII, 36,6. Τα Θεσμοφόρια εκτός από την Αθήνα γιορτάζονταν και στους δήμους της Αττικής. Οι γιορτές των δήμων φαίνεται ότι αργότερα ενσωματώθηκαν στη γιορτή των Αθηνών. Για το ιερό του δήμου Αλίμου, Παυσανίου I, 31,1· Πλουτάρχου Σόλων 8,4· Hesychii Alexandrini Lexikon στη λ. Κωλιάς· RE VII, 2, 1912, 2266 και G. Karo, AA 45 (1930), 100. Για το ιερό του Φλυούντα, Παυσανίου I, 31,4. Για το ιερό στον αττικό δήμο Φρεάριοι, E. Vanderpool, Hesperia 39 (1970), 47. Για το Θεσμοφόριο του Ακροκορίνθου, Παυσανίου II, 4,6 και, τέλος, του Φλυούντα της Σικυώνας, Παυσανίου II, 11,3.

7. Έχουν μήκος 0,70-0,80 μ. και ύψος 0,40 μ. στα σημεία όπου σώζονται καλύτερα.

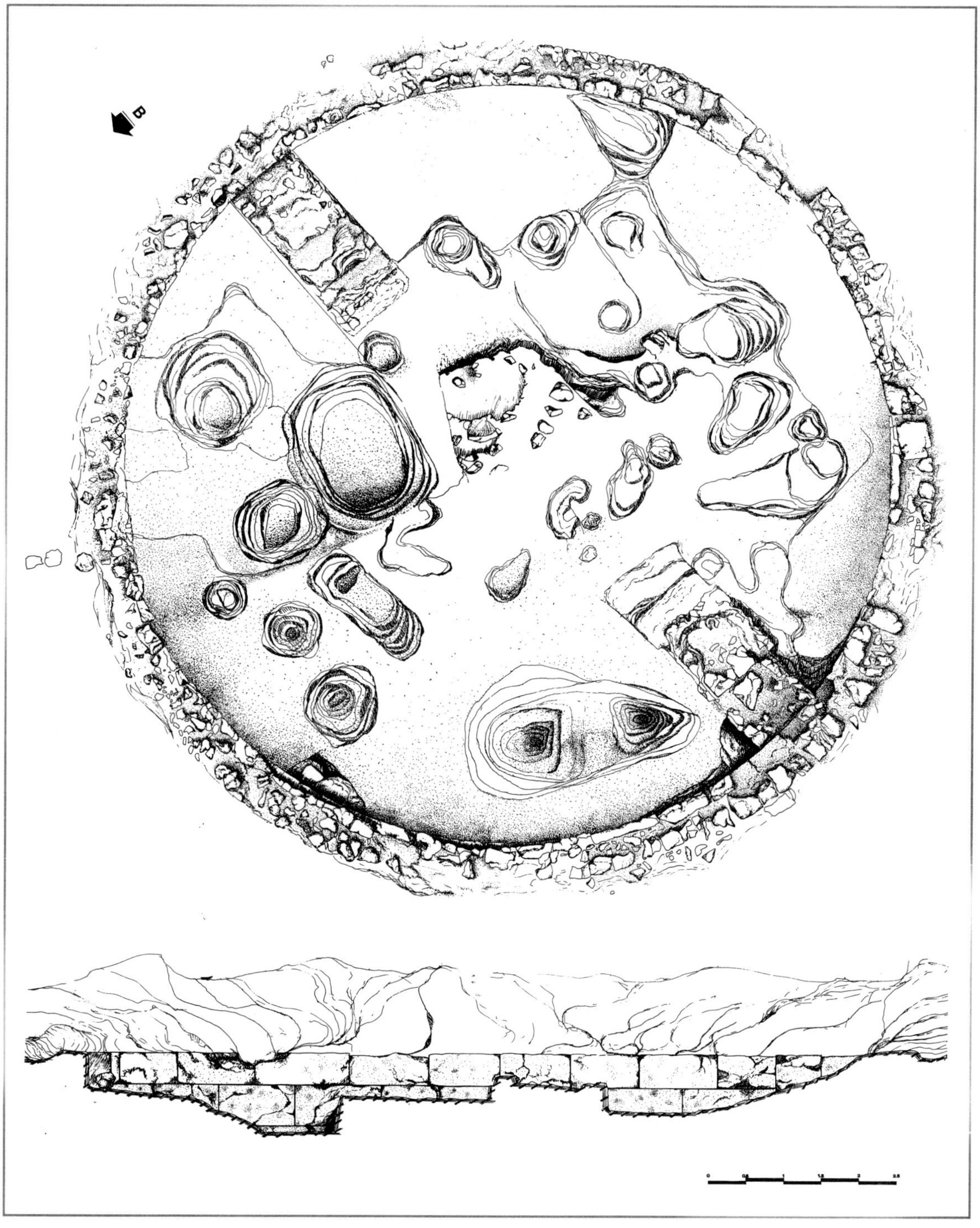

Σχέδ. Α. Κάτοψη και τομή του Θεσμοφορίου.

μεσαία σειρά[8], ενώ οι γωνιόλιθοι της κατώτερης σειράς πατούν μέσα στο στρώμα λατύπης του δαπέδου, εισχωρώντας μέσα σε αυτό 0,15 μ. περίπου[9].

Η εσωτερική, κύρια, επιφάνεια του τοίχου ήταν επιχρισμένη με στρώμα πηλού, μέσα στον οποίο υπήρχαν και αρκετά άχυρα. Κομμάτια του επιχρίσματος αυτού, όπου διακρίνεται και μια λεπτή επάλειψη άσπρου χρώματος, διατηρούνται σε ορισμένα σημεία στη θέση τους επάνω στον τοίχο, ενώ άλλα βρέθηκαν πεσμένα μέσα στην επίχωση. Το ανοικτό καστανό, σχεδόν κίτρινο χώμα, χωρίς ευρήματα, πάχ. 0,30-0,50 μ., που βρέθηκε στο εσωτερικό του χώρου, σε μια έκταση 1,50-2 μ. από τον εξωτερικό τοίχο, προέρχεται από τα διαλυμένα επιχρίσματά του[10]. Σε ορισμένα σημεία του τοίχου, όπου το επίχρισμα διατηρείται πάνω σε αυτόν, διακρίνονται δύο στρώσεις του, ανάμεσα στις οποίες υπάρχουν κομμάτια κεραμιδιών στέγης, στρωτήρων λακωνικού τύπου, προφανώς για την ασφαλέστερη στερέωση της δεύτερης στρώσης του επιχρίσματος επάνω στον τοίχο[11] (Πίν. 3α,β). Μερικά κεραμίδια βρέθηκαν πεσμένα μέσα στην επίχωση, κοντά στον τοίχο.

Η εξωτερική παρειά του τοίχου ήταν αδρά διαμορφωμένη με κομμάτια λατύπης από το ανώτερο σωζόμενο σημείο του τοίχου ως το φυσικό βράχο. Η λατύπη αυτή πρέπει να τοποθετήθηκε ταυτόχρονα με την κατασκευή του τοίχου, καθώς εφάπτεται σε αυτόν, αποτελώντας τη φυσική προέκτασή του προς τα έξω[12] (Πίν. 4α). Αυτός ο τρόπος κατασκευής δείχνει ότι ο κυκλικός τοίχος δεν πρέπει να ήταν ορατός τουλάχιστον στο τμήμα που σώζεται σήμερα. Ο χώρος επομένως που περιέκλειε ο τοίχος βρισκόταν σε χαμηλότερο επίπεδο από την επιφάνεια του εδάφους.

Δύο τοίχοι με αντίθετο μεταξύ τους προσανατολισμό, ΒΑ-ΝΔ και ΝΑ-ΒΔ, ο ένας απέναντι στον άλλο, ξεκινώντας από την εσωτερική επιφάνεια του κυκλικού τοίχου κατευθύνονται προς το εσωτερικό του χώρου (Σχέδ. Α, Β). Έχουν μήκος 2,45-2,50 μ. και πλάτος 1 μ. Ο τρόπος δόμησης είναι ίδιος με του εξωτερικού τοίχου και οι παρειές τους είναι όμοια επιχρισμένες. Σε ορισμένα σημεία διατηρούνται και εδώ κομμάτια λακωνικών στρωτήρων ανάμεσα στις στρώσεις του επιχρίσματος. Οι τοίχοι αυτοί έχουν τέσσερις δόμους. Η ανώτερη σειρά σώζεται ελάχιστα. Η κατώτερη εισχωρεί στο στρώμα λατύπης του δαπέδου[13].

Οι δύο αυτοί τοίχοι των οποίων η πάνω επιφάνεια παρουσιάζει ελαφριά κλίση προς τα κάτω, σχηματίζουν κεκλιμένα επίπεδα που διευκόλυναν την κάθοδο στο εσωτερικό του χώρου. Στο κατώτερο σημείο του δυτικού κεκλιμένου επιπέδου και 0,50 μ. χαμηλότερα από την επάνω επιφάνειά του, διαμορφώνεται ένα είδος πλατύσκαλου πλ. 0,62 μ. Παρόμοιο πλατύσκαλο υπάρχει και στο χαμηλότερο σημείο του ανατολικού κεκλιμένου επιπέδου, εκεί όμως είναι κατεστραμμένο. Το ανατολικό κεκλιμένο επίπεδο φαίνεται ότι κάποτε διευρύνθηκε με κομμάτια λατύπης[14]. Υπολείμματα των επιχρισμένων παρειών του διευρυμένου επιπέδου διατηρήθηκαν στη θέση τους (Πίν. 4β).

8. Έχουν μήκος 0,70-1,40 μ. και ύψος 0,55-0,60 μ.

9. Έχουν μήκος 0,80-1 μ. και ύψος ±0,45 μ.

10. Σε αρκετά σημεία φαίνεται ότι ο τοίχος έχει επιχρισθεί δύο φορές.

11. Όμοιο τρόπο επίχρισης, με κομμάτια κεραμιδιών μέσα στο επίχρισμα, για την ασφαλέστερη στερέωσή του, έχουν και τα τοιχώματα κιβωτιόσχημων τάφων του β΄ μισού του 4ου αι. π.Χ. που ανασκάφηκαν στον αγρό Απ. Χατζόπουλου στην περιοχή του ανατολικού νεκροταφείου της Πέλλας, βλ. Μ. Λιλιμπάκη-Ακαμάτη, ΑΕΜΘ 3 (1989), 91 και Ανατολικό νεκροταφείο Πέλλας, Ανασκαφή (1989), ΑΔ 44-46 (1989-1991), Μελέτες (υπό εκτύπωσιν).

12. Ο φυσικός βράχος στις τομές που έγιναν εξωτερικά του κυκλικού τοίχου εντοπίσθηκε σε βάθος 1,50-1,70 μ. από την επάνω επιφάνεια του τοίχου.

13. Οι δόμοι της δεύτερης και της τρίτης σειράς έχουν μήκος 1-1,10 μ. και ύψος 0,25-0,35μ.

14. Η διεύρυνση έγινε 0,08 μ. προς τα νότια και 0,31 μ. προς τα βόρεια.

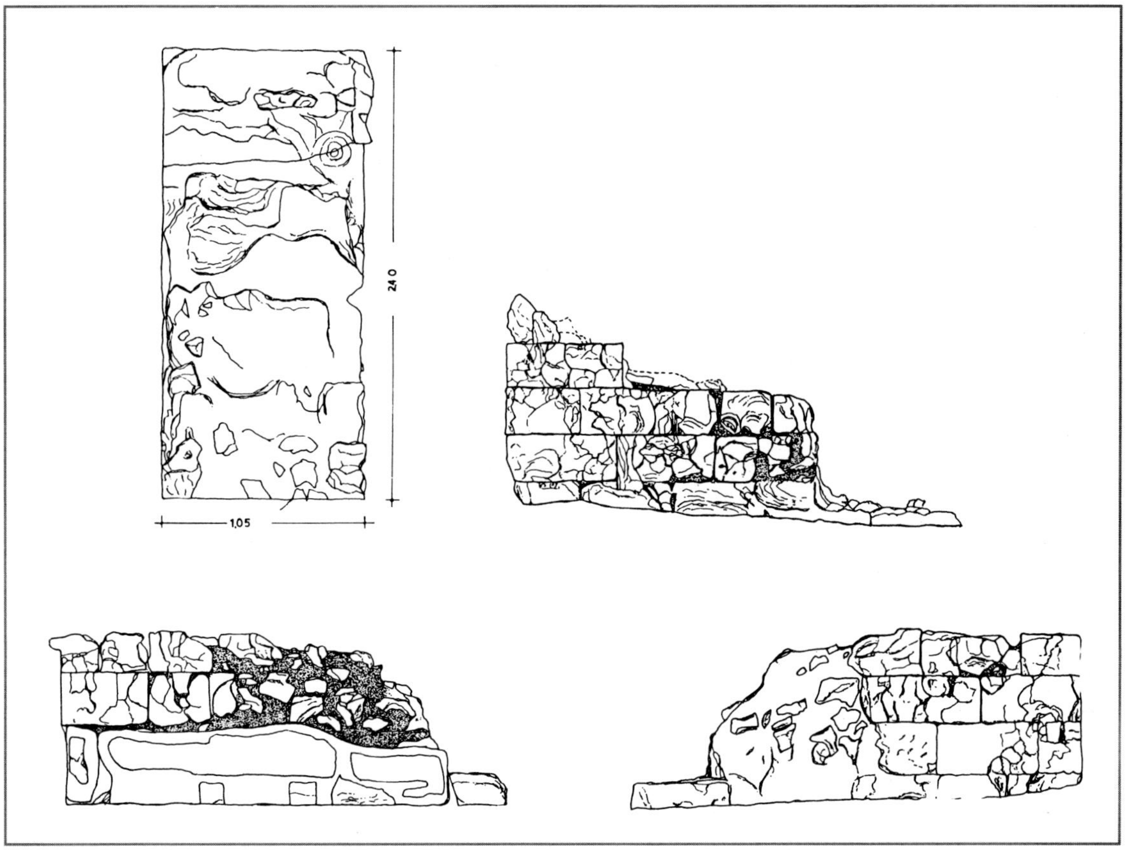

Σχέδ. Β. Επάνω: κάτοψη και νότια όψη του δυτικού κεκλιμένου επιπέδου.
Κάτω: βόρεια και νότια όψη του ανατολικού κεκλιμένου επιπέδου.

Το δάπεδο του χώρου σχηματίζει στρώμα λατύπης, πάχ. ±0,36 μ., που έχει την ίδια μορφή με το στρώμα λατύπης που περιβάλλει τον κυκλικό τοίχο εξωτερικά (Πίν. 5α). Η λατύπη αυτή διακόπτεται από λαξεύματα στο φυσικό βράχο, κυκλικά-ωοειδή ή ορθογώνια, μέσα στα οποία ανοίγονται μικρότεροι λάκκοι. Τα λαξεύματα, πρόχειρα ανοιγμένα, δεν έχουν κανονικό σχήμα, ούτε συμμετρική διάταξη στο χώρο. Οι διαστάσεις τους δεν μπορούν να μετρηθούν με ακρίβεια, γιατί το αρχικό σχήμα τους έχει αλλοιωθεί με την υποχώρηση της λατύπης του δαπέδου, που αποτελεί το περιχείλωμά τους[15], και τη φθορά της επιφάνειας του μαλακού φυσικού βράχου.

Στο κέντρο του χώρου διαμορφώνεται μια ακανόνιστη τετράπλευρη κατασκευή, ύψ. ±1,10 μ., με μήκος πλευράς 1,40-1,90 μ. (Πίν. 5β). Στην επάνω επιφάνειά της βρέθηκε στρώση από αργούς λίθους, πάχ. 0,18-0,20 μ. (Πίν. 6α). Ακολουθεί στρώμα καφέ σκούρου χώματος, πάχ.

15. Τα ορθογώνια λαξεύματα έχουν διαστάσεις 1,20-1,80 Χ 0,70-0,90 μ. και βάθος 0,35-0,60 μ. Οι λάκκοι μέσα σε αυτά ανοίγονται στις δύο στενές πλευρές τους ή μόνο στη μια και έχουν διάμετρο 0,38-0,52 μ. και βάθος 0,40-0,70 μ. Τα δώδεκα κυκλικά-ωοειδή λαξεύματα του χώρου έχουν διάμετρο 0,38-1,18 μ. και βάθος 0,50-1,30 μ.

0,15-0,16 μ., μέσα στο οποίο υπήρχαν αρκετά κομμάτια αγγείων και ειδωλίων. Το υπόλοιπο τμήμα αποτελείται από εννιά στρώσεις λατύπης με επάλειψη πηλού που έχουν πάχος 0,05-0,10 μ.[16]. Πρόκειται για μια απλή βωμοειδή κατασκευή. Γύρω και πάνω στις στρώσεις λατύπης-πηλού βρέθηκε το μεγαλύτερο μέρος των αναθημάτων, κυρίως πήλινα ειδώλια, μαζί με κόκαλα ζώων, θαλασσινά όστρεα και καμένα υλικά (Πίν. 6β). Ενιαίο στρώμα αναθημάτων αποκαλύφθηκε μόνο στην πρώτη στρώση λατύπης-πηλού σε βάθος ± 0,40 μ. περίπου από την επάνω επιφάνεια της στρώσης με τους αργούς λίθους. Στις υπόλοιπες στρώσεις τα αναθήματα ήταν αραιότερα και στις χαμηλότερες σχεδόν ανύπαρκτα.

Την επίχωση του εσωτερικού χώρου αποτελούσε ενιαίο στρώμα από πολύ σκούρο καφέ, σχεδόν μαύρο χώμα, που άρχισε να εμφανίζεται από το βάθος των 0,30-0,50 μ.[17]. Σε βάθος ±0,80 μ. το χώμα άρχισε να γίνεται έντονα μαύρο και έτσι συνεχίσθηκε ως το δάπεδο του χώρου[18]. Με το ίδιο χώμα ήταν γεμάτα και τα λαξεύματα του δαπέδου. Εξωτερικά ο χώρος και σε όλο το ύψος του κυκλικού τοίχου, ήταν επιχωσμένος με κομμάτια λατύπης[19], που ρίχτηκαν κατά τις εργασίες διαμόρφωσης της εξωτερικής παρειάς του τοίχου. Μέσα στην επίχωση αυτή βρέθηκαν ελάχιστα όστρακα αβαφών αγγείων καθημερινής χρήσης. Στην επίχωση του εσωτερικού χώρου υπήρχε ένας πολύ μεγάλος αριθμός από πήλινα ειδώλια, κυρίως όμως γύρω από τη βωμοειδή κατασκευή, όστρακα αβαφών και σπανιότερα μελαμβαφών αγγείων, κυρίως από πυξίδες, μυροδοχεία, σκυφίδια, πινάκια, λεκανίδες και χυτροειδή αγγεία, λίγα σιδερένια καρφιά, τμήματα σιδερένιου μαχαιριού, λίγα χάλκινα ελάσματα, μικρό κομμάτι χάλκινης αλυσίδας, μια χάλκινη εφηλίδα, μικρά κομμάτια γυάλινων αγγείων, μια γυάλινη ψήφος, μικρό ορθογώνιο αντικείμενο κατασκευασμένο με σφυρήλατα ελάσματα χρυσού, πολλά θαλασσινά όστρεα και νομίσματα. (Νομίσματα βρέθηκαν και μέσα στα λαξεύματα, όπως και πολλά κόκαλα ζώων)[20]. Η ταύτιση του χώρου με ιερό όπου λατρευόταν η θεά Δήμητρα ως Θεσμοφόρος έγινε από τις πρώτες ακόμη μέρες της ανασκαφής, όταν άρχισαν να έρχονται στο φως τα πρώτα ευρήματα της επίχωσης του εσωτερικού χώρου, τα ειδώλια των χοίρων, οι υδριαφόρες μορφές και οι μικρές υδρίες. Αλλά και τα περισσότερα από τα υπόλοιπα ευρήματα ήταν ενδεικτικά για την ύπαρξη μιας αγροτικής λατρείας. Η αποκάλυψη του βωμού και των λαξευμάτων με τα κόκαλα των ζώων επιβεβαίωσε την αρχική μας άποψη.

Το ιερό της Πέλλας είναι ένα μικρό, απλό ιερό στην άκρη της πόλης ή αμέσως έξω από αυτήν που εξυπηρετούσε τις θρησκευτικές ανάγκες των αγροτών και κτηνοτρόφων κατοίκων διαθέτοντας τους απαραίτητους μόνο χώρους για τη βασική τελετή της γιορτής των Θεσμοφορίων, την απομάκρυνση από τα λαξεύματα, τα «μέγαρα»[21] της Δήμητρας, των υπολειμμάτων των ζώων και την απόθεσή τους στο βωμό[22] μαζί με σπόρους σιταριού και πιθανώς άλλα

16. Οι εννιά στρώσεις λατύπης έχουν συνολικό πάχος 0,74 μ.

17. Για τη μέτρηση του βάθους, ως σταθερό σημείο χρησιμοποιήθηκε κατά την ανασκαφή η πάνω επιφάνεια γωνιόλιθου του βορειοδυτικού τμήματος της περιφέρειας του κτίσματος (Βλ. σχέδ. Α).

18. Το στρώμα του δαπέδου βρέθηκε σε βάθος 1,25-1,30 μ.

19. Βλ. και σ. 22.

20. Τα κόκαλα είναι κυρίως αιγοπροβάτων, λίγα αγελάδων και ακόμη λιγότερα χοίρων. Προέρχονται από τα μέρη των ζώων που έχουν κρέας (μηρός, κερκίδα κ.τλ.), αλλά και από αυτά που δεν έχουν (δάκτυλα). Η ταύτιση έγινε από τον R. Halstead, τον οποίο και ευχαριστώ.

21. Στο ιερό του Ακροκορίνθου οι χώροι για την απόθεση θυσιών και προσφορών είχαν ειδική διαμόρφωση, με κτιστές παρειές και κάλυψη με κεραμίδια. Σε μερικούς υπήρχαν σκαλοπάτια καθόδου και κόγχες για τα αναθήματα· βλ. R. Stroud, Hesperia 34 (1965), 6 κ.ε., 9 εικ. 2. Επίσης, Newton, Halicarnassus, Cnidus and Branchidae, 1862, 378-380, 389-392, 412. Για τη σημασία των βόθρων θυσιών, βλ. Robert, Thymélè, 225.

22. Ο βωμός ήταν το απαραίτητο στοιχείο στη λατρεία των Θεσμοφορίων. Βωμοί υπήρχαν ακόμη και όταν δεν

αντικείμενα ευφορίας. Στη συνέχεια όλα μαζί σκορπίζονταν στους αγρούς με ευχές για την ευόδωση της συγκομιδής[23].

Αν υπήρχαν ναός[24], στοές ή άλλα οικοδομήματα[25], αυτά θα πρέπει να βρίσκονταν έξω από το κυκλικό κτίσμα, σε κάποια απόσταση από αυτό. Δοκιμαστικές τομές που έγιναν σε μεγάλη έκταση ανατολικά του χώρου της ανασκαφής αποδείχτηκαν αρνητικές. Η ύπαρξη σύγχρονων κτισμάτων κάνει αδύνατη την έρευνα προς τις άλλες κατευθύνσεις. Πιθανότερο πάντως φαίνεται ότι δεν υπήρχε ναός και άλλες μόνιμες κατασκευές· ίσως κάποια πρόχειρα μόνο στέγαστρα γύρω από το ιερό από φθαρτά υλικά χρησιμοποιούνταν για τη στέγαση των προσκυνητών και την εξυπηρέτηση των λατρευτικών τελετών τις μέρες της γιορτής[26].

Το ιερό δεν ήταν εμφανές εξωτερικά, όπως αποδεικνύει η αδρή όψη της εξωτερικής επιφάνειας του κυκλικού τοίχου και τα κεκλιμένα επίπεδα καθόδου. Η μορφή αυτή του ιερού σχετίζεται με το χθόνιο χαρακτήρα των λατρευόμενων θεοτήτων[27]. Το κυκλικό σχήμα του κτίσματος δεν είναι πρωτοφανές στην Πέλλα, όπου φαίνεται ότι υπάρχει παράδοση κυκλικών κτιρίων[28]. Περίβολοι με κυκλικό σχήμα έχουν σχετισθεί με χθόνιες λατρείες από πα-

υπήρχαν ή δεν αναφέρονται ναοί. Επιγραφή αναφέρει την ύπαρξη βωμού και όχι ναού στο Θεσμοφόριο του δήμου Φρεαρίων της Αττικής, E. Vanderpool, Hesperia 39 (1970), 47. Στον Φλυούντα της Αττικής αναφέρονται από τον Παυσανία δύο ναοί και τρεις βωμοί (Παυσανίου I, 31,4 και IV, 7). Στην Πριήνη ο βωμός ήταν μέσα στο ναό, Wiegand-Schrader, Priene, 1904, 147 κ.ε. Στο ιερό του Ακροκορίνθου στη θέση του βωμού αποκαλύφθηκε στρώμα στάχτης με κόκαλα μικρών χοίρων και πολλά αναθήματα, R. Stroud, Hesperia 34 (1965), 12· στην Κνίδο ο βωμός ήταν μια κωνική μάζα από χώμα και στάχτες περιβλημένη με κονίαμα, Newton, ό.π. Στο δήμο Αλίμου της Αττικής αναφέρεται βωμός σε βράχο, G. Karo, AA 45 (1930), 100· επιγραφή αναφέρει βωμό και στο Θεσμοφόριο του Πειραιά, IG II^2, 1177, 23, 2498. Στο ιερό της Δήμητρας και Κόρης στον Ακράγαντα μπροστά στο ναό υπήρχαν δώδεκα βωμοί κυκλικοί· ένας είχε και βόθρο στο κέντρο, Robert, Thymèlè, 168. Για θυσίες ζώων στο βωμό, Αριστοφάνους Θεσμοφοριάζουσαι, στ. 693.

23. Βλ. σ. 104.

24. Ναοί δεν έχουν βρεθεί σε όλα τα Θεσμοφόρια που έχουν ανασκαφεί και δεν αναφέρονται πάντα από τις πηγές. Ωστόσο, δεν μπορεί πλέον να υποστηριχθεί ότι δεν υπήρχαν ναοί στα Θεσμοφόρια, H. Thompson, Hesperia 5 (1936), 186. Ναοί έχουν βρεθεί στον Ακροκόρινθο, στην Ερέτρια, Δημητριάδα, Πριήνη, Κνωσό. Μέγαρο αναφέρεται ότι είχαν τα Θεσμοφόρια του Πειραιά, της Πάρου (Ηροδότου VI, 134), της Δήλου (R. Vallois, BCH 53 (1929), 273), των Ποτνιών Θηβών (Παυσανίου IX, 8,1), αν και δεν είναι σαφές αν υπονοείται κτίριο ή χάσμα.

25. Τα μνημειακότερα διαμορφωμένα ιερά έχουν περίβολο (Ακροκόρινθος, Κνίδος, Θάσος, Ερέτρια, Δημητριάδα, Κνωσός), ναούς (Ακροκόρινθος, Ερέτρια, Δημητριάδα, Πριήνη, Κνωσός), στοές (Θάσος, Ερέτρια, Πρόερνα, Κνίδος, Bitalemi), ανοιχτούς θεατρικούς χώρους για τις τελετουργικές πράξεις (Ακροκόρινθος, Ερέτρια), μνημειακές κλίμακες (Ακροκόρινθος), βλ. υποσημ. 6.

26. Για στήσιμο σκηνών, βλ. Αριστοφάνους Θεσμοφοριάζουσαι, στ. 624, 656, 658 και H. Thompson, Hesperia 5 (1936), 156 κ.ε. Από τις γραπτές πηγές πληροφορούμαστε ότι τα ιερά της Δήμητρας ήταν μέσα σε άλση, όπως στη Μεγαλόπολη (Παυσανίου VIII, 36,6), στην Πελλήνη (Παυσανίου VII, 27,9), στις Ποτνιές Θήβες (Παυσανίου IX, 8, 1). Βλ. και H. Thompson, ό.π.

27. Υπόγειο ήταν και το ιερό που ανασκάφηκε στην Αγορά της Κορίνθου και ήταν αφιερωμένο σε χθόνια θεότητα, Ch.H. Morgan II, AJA 45 (1937), 539 και O. Broneer, Hesperia II (1942), 128. Πρόκειται για ορθογώνιο περίβολο ενός βωμού. Μέσα στο χώρο βρέθηκαν στάχτες και κόκαλα αρνιών και χοίρων. Το ιερό σκεπαζόταν με χώμα και άνοιγε μια φορά το χρόνο, στη γιορτή του θεού. Το ιερό αυτό διατηρήθηκε από τον 6ο έως τον 4ο αι. π.Χ., αλλά η παράδοση της λατρείας του φθάνει έως τα ρωμαϊκά χρόνια. Υπόγεια ήταν και τα μικρά ελλειπτικά δωμάτια, αρχικά κυκλικά, που αποκαλύφθηκαν στο ιερό της Δήμητρας στην Κνίδο και την Αλικαρνασσό και σχετίσθηκαν με χώρους αναθημάτων ή θησαυρούς, Newton, ό.π.

28. Κυκλικό είναι και το σύγχρονο με το Θεσμοφόριο μεγάλο κτίριο της περιοχής του Καναλιού της Πέλλας, Μ. Λιλιμπάκη-Ακαμάτη, ΑΕΜΘ 1 (1987), 137· μικρό κυκλικό κτίριο υπάρχει στο τετράγωνο 3 του τομέα I, Χ. Μακαρόνας, ΑΔ 17 (1961/62), Χρονικά, 209. Κυκλικό σχήμα είχε πιθανότατα αρχικά και η κόγχη του ανατολικού τμήματος του ανακτόρου, Χ. Μακαρόνας, ΑΔ 16 (1960), 81, Πίν. 59α. Κυκλική κατασκευή αποκαλύφθηκε σε πρόσφατες ανασκαφές και στο βόρειο τμήμα της Αγοράς της Πέλλας.

λαιότερες εποχές[29]. Από πολλούς ερευνητές έχει υποστηριχθεί ότι η θόλος είναι σημάδι χθόνιας λατρείας και συνδέεται με τελετές σε χθόνιες θεότητες[30].

Το μικρό σχετικά πλάτος του κυκλικού τοίχου και η έλλειψη κεραμιδιών οροφής δείχνουν ότι ο χώρος ήταν αστέγαστος. Το ιερό επομένως της Πέλλας ήταν ένας απλός κυκλικός περίβολος κάτω από την επιφάνεια του εδάφους που όριζε τον ιερό χώρο. Μέσα σε αυτόν υπήρχαν ο βωμός και τα «μέγαρα», στοιχεία γνωστά από τις γραπτές πηγές και άλλα ανασκαμμένα ιερά. Ο βωμός ανακατασκευαζόταν συχνά, όπως δείχνουν οι επάλληλες στρώσεις λατύπης-πηλού. Αυτό ήταν φυσικό εφόσον ο χώρος ήταν υπαίθριος. Στο βωμό τοποθετούνταν τα αναθήματα, αφού απομακρύνονταν αυτά που είχαν τοποθετηθεί στη γιορτή του προηγούμενου χρόνου. Πολύ πιθανόν, μετά την τέλεση της γιορτής, η πάνω επιφάνεια του βωμού να καλύπτονταν με χώμα και στρώμα από αργούς λίθους, «σφραγιζόταν» δηλαδή ο βωμός μαζί με τα αναθήματα[31]. Τα λαξεύματα του δαπέδου, τα «μέγαρα», γέμιζαν μετά την απόθεση των ζώων με χώμα και άδειαζαν τις μέρες της γιορτής, όταν οι «αντλήτριες» έπαιρναν τα απομεινάρια των μικρών ζώων για να τα αποθέσουν στο βωμό.

Η απλή μορφή του ιερού ταιριάζει απόλυτα με τον αγροτικό του χαρακτήρα. Στην άκρη της πόλης ή αμέσως έξω από τα τείχη της, σε μια υπερυψωμένη θέση, όπως συμβαίνει και με τα Θεσμοφόρια άλλων περιοχών, υπήρχε ένας περιορισμένος υπαίθριος χώρος για την απόθεση των αναθημάτων στους θεούς που συνδέονταν με την καλλιέργεια της γης και την προστασία της συγκομιδής. Η θέση του ιερού, πιθανώς κοντά σε κάποια πύλη του τείχους, είχε επιλεχθεί για να είναι εύκολα προσιτό σε όποιον έβγαινε ή έμπαινε στην πόλη. Στο χώρο αυτό τελούνταν τον καιρό της σποράς τα Θεσμοφόρια[32].

29. Robert, Thymélè, 231· βλ. και το κείμενο του Παυσανία (Παυσανίου II, 36, 7) για το κυκλικό κτίριο της Λέρνας.

30. Robert, Thymélè, 240, 247. Κυκλικές κατασκευές παρατηρούνται και σε άλλα ιερά της Δήμητρας. Στον Ακράγαντα, εκτός από τους δώδεκα κυκλικούς βωμούς, υπάρχει και άλλος ορθογώνιος που περιβάλλεται με κυκλική κρηπίδα, Robert, Thymélè, 168. Βλ. και Newton, ό.π., 383, 390 για τα ελλειπτικά, αρχικά κυκλικού σχήματος, δωμάτια, που ερμηνεύθηκαν ως χώροι αναθημάτων ή θησαυροί.

31. Για τη μορφή του βωμού, βλ. σ. 23, 24.

32. Βλ. κεφ. Λατρεία, σ. 103.

ΕΥΡΗΜΑΤΑ

ΠΗΛΙΝΑ ΕΙΔΩΛΙΑ

ΓΥΝΑΙΚΕΙΕΣ ΜΟΡΦΕΣ

Α. 1. 1981/636 (Π ί ν. 7α,β)

Ύψ. 0,239 μ.
Πηλός ανοικτός καφέ (5YR 6/6), άσπρο επίχρισμα, κίτρινο χρώμα στα μαλλιά.
Γυναικεία μορφή συγκολλημένη από πέντε κομμάτια. Έχει άνετο το δεξιό πόδι. Φοράει ψηλά ζωσμένο χιτώνα με άνοιγμα σχήματος V στο στήθος. Τα χέρια είναι εκτεταμένα προς τα κάτω, τα άκρα χέρια προς τα έξω. Οι αρθρώσεις τους δηλώνονται με χαράξεις. Στο κεφάλι φέρει στεφάνη με οδοντωτές χαράξεις, στην περιφέρεια και στα αυτιά στρογγυλά σκουλαρίκια. Το κεφάλι δεν έχει πίσω όψη, ενώ στην πίσω επιφάνεια του σώματος υπάρχουν τρεις ορθογώνιες οπές.
Από την ίδια μήτρα με το αριθ. 1 είναι κατασκευασμένο και το ειδώλιο αριθ. 2, βλ. και ομάδα Φ, Υδριαφόρες μορφές.

2. 1981/637 (Π ί ν. 8α)

Ύψ. 0,245 μ.
Πηλός ανοικτός καφέ (5YR 6/4), άσπρο επίχρισμα.
Γυναικεία μορφή, συγκολλημένη, από την ίδια μήτρα με το αριθ. 1, εκτός από το κεφάλι. Το δεξιό άνετο πόδι έχει αποκρούσεις. Φοράει αχειρίδωτο χιτώνα ψηλά ζωσμένο με άνοιγμα σχήματος V στο λαιμό. Το αριστερό χέρι είναι εκτεταμένο προς τα κάτω, όπως και στο αριθ. 1. Το κεφάλι είναι στραμμένο ελαφρά προς τα αριστερά, τα μαλλιά δένονται πίσω σε σχηματοποιημένο κόρυμβο. Φοράει στεφάνι με φύλλα κισσού και δισκόμορφα σκουλαρίκια. Στην κάτω επιφάνεια, που είναι κλειστή, υπάρχει μικρή κυκλική οπή. Στο χέρι διακρίνονται τρεις χαράξεις για τη δήλωση των αρθρώσεων.

3. 1981/638

Σωζ. ύψ. 0,205 μ.
Πηλός κίτρινος κοκκινωπός (7.5YR 7/6), άσπρο επίχρισμα.
Η μπροστινή όψη γυναικείας μορφής ίδιου τύπου με την αριθ. 2 και από την ίδια μήτρα, αλλά με περισσότερο φθαρμένη επιφάνεια. Συγκολλημένο. Φοράει κυλινδρικό στεφάνι. Στο κάτω μέρος της πίσω όψης του ειδωλίου διατηρείται μέρος μιας ορθογώνιας οπής (υπήρχαν τρεις ορθογώνιες οπές στην πίσω όψη, όπως και στο αριθ. 1). Και εδώ το κεφάλι δεν έχει πίσω όψη.

Β. 4. 1981/642 (Π ί ν. 7δ)

Σωζ. ύψ. 0,135 μ.
Πηλός ανοικτός καφέ (5YR 6/4), άσπρο επίχρισμα.
Το κάτω μέρος γυναικείας μορφής με χιτώνα και ιμάτιο, συγκολλημένο από δύο κομμάτια. Διακρίνονται τα άκρα πόδια με υποδήματα με ψηλά καττύματα.

5. 1981/647

Ύψ. 0,07 μ.

Πηλός όπως του προηγουμένου.
Τμήμα πτύχωσης από το κάτω δεξιό μέρος γυναικείας μορφής, ίδιου τύπου με το αριθ. 4.

Γ. 6. 1981/648 (Πίν. 7γ)

Σωζ. ύψ. 0,087 μ.
Πηλός ρόδινος (5YR 7/4), άσπρο επίχρισμα.
Τμήμα από την κύρια όψη του κορμού κινημένης γυναικείας μορφής (Νίκης), συγκολλημένο. Διατηρείται το δεξιό χέρι, εκτεταμένο ελαφρά προς τα πλάγια, όπως στα ειδώλια της ομάδας Α, μέρος του λαιμού και του κορμού. Φοράει χιτώνα ζωσμένο σταυρωτά. Μακριοί πλόκαμοι πέφτουν στους ώμους. Πίσω από το δεξιό πλόκαμο διατηρείται τμήμα φτερού. Στο χέρι διακρίνονται δύο οριζόντιες διπλές χαράξεις για τη δήλωση των αρθρώσεων του χεριού.

7. 1981/649

Σωζ. ύψ. 0,065 μ.
Πηλός ρόδινος (5YR 7/4), άσπρο επίχρισμα.
Τμήμα γυναικείας μορφής του τύπου του αριθ. 6, συγκολλημένο από δύο κομμάτια. Διατηρείται εκτεταμένο στα πλάγια το δεξιό χέρι και μέρος του κορμού. Στο χέρι διακρίνονται μια διπλή και μια μονή οριζόντια χάραξη, όπως και στο αριθ. 6.

8. 1981/768

Σωζ. ύψ. 0,063 μ.
Πηλός ανοικτός καφέ (5YR 6/4), άσπρο επίχρισμα.
Το αριστερό χέρι γυναικείου ειδωλίου εκτεταμένο πλάγια και μέρος του κορμού. Είναι ο τύπος των αριθ. 6 και 7. Διακρίνονται ο αριστερός μαστός και τμήμα μακριού πλοκάμου.

Δ. 9. 1981/641 (Πίν. 8στ)

Σωζ. ύψ. 0,17 μ.
Πηλός ανοικτός καφέ (5YR 6/4), άσπρο επίχρισμα.
Τμήμα κινημένης γυναικείας μορφής (Νίκης), συγκολλημένο από δύο κομμάτια. Διατηρείται το δεξιό πόδι και μέρος του κορμού και της πίσω όψης. Η μορφή κινείται προς τα δεξιά. Φοράει χιτώνα με απόπτυγμα και υποδήματα με ψηλά καττύματα.

10. 1981/595 (Πίν. 8β)

Σωζ. ύψ. 0,255 μ.
Πηλός ανοικτός καφέ, κοκκινωπός (2.5 YR 6/4), άσπρο επίχρισμα.
Ειδώλιο γυναικείας μορφής (Νίκης), συγκολλημένο, ίδιου τύπου με το αριθ. 9. Κινείται προς τα δεξιά. Το αριστερό χέρι εκτείνεται πλάγια και κάτω. Φοράει χιτώνα με άνοιγμα σχήματος V στο λαιμό και απόπτυγμα. Το κεφάλι στρέφεται προς τα αριστερά, ενώ στους ώμους πέφτουν πλόκαμοι. Στη θέση προσαρμογής των φτερών αποκρούσεις. Στο κεφάλι φέρει ταινία και σκουλαρίκια με οξεία απόληξη. Στην πίσω όψη υπάρχει κυκλική οπή.
Από ειδώλια ίδιου τύπου προέρχονται και τα τμήματα αριθ. 1981/593, 597-599, 600-603, 643-646, 651, 653-656, 1542, 1543, 1562 και πιθανώς το 751.

Ε. 11. 1981/596 (Πίν. 7ε)

Σωζ. ύψ. 0,10 μ.
Πηλός ανοικτός κοκκινωπός καφέ (2.5YR 6/4).
Το κάτω μέρος του σώματος γυναικείας μορφής (Νίκης) σε κίνηση προς τα δεξιά, συγκολλημένο. Φοράει πολύπτυχο χιτώνα.
Μικρή κυκλική οπή υπάρχει στην κάτω επιφάνεια που είναι κλειστή.

12. 1981/763 (Πίν. 10α)

Σωζ. ύψ. 0,095 μ.
Πηλός καφέ (5YR 5/4), άσπρο επίχρισμα.
Το κεφάλι και μέρος του σώματος Νίκης. Σώζονται τμήματα των φτερών και του εκτεταμένου δεξιού χεριού. Απόκρουση υπάρχει στο πάνω μέρος του κεφαλιού. Τα μαλλιά είναι μακριά. Φοράει κυλινδρικό στεφάνι και σκουλαρίκια. Πίσω σώζεται μέρος οπής αερισμού. Πιθανώς είναι το πάνω μέρος του ειδωλίου αριθ. 11.

13. 1981/765

Σωζ. ύψ. 0,045 μ.
Πηλός ανοικτός καφέ (5YR 6/4), άσπρο επίχρισμα.
Τμήμα του δεξιού χεριού εκτεταμένου πλάγια και λυγισμένου και μέρος του κορμού ειδωλίου, από την πίσω όψη. Πιθανώς ίδιος τύπος με το αριθ. 12, αλλά μικρότερου μεγέθους. Πίσω υπολείμματα φτερών.
Από ειδώλιο ίδιου τύπου είναι και το αριθ. 1981/766 (το δεξιό χέρι συγκολλημένο, και μέρος του κορμού, από την πίσω όψη, ύψ. 0,045 μ.).

ΣΤ. 14. 1981/712

Σωζ. ύψ. 0,135 μ.
Πηλός ανοικτός καφέ (5YR 6/4), άσπρο επίχρισμα.
Το πάνω από τους μηρούς περίπου μέρος γυναικείου ειδωλίου, συγκολλημένο από τρία κομμάτια, που γονατίζει. Λείπουν τα χέρια. Η μορφή στρέφει το κεφάλι προς τα πάνω αριστερά. Φοράει χιτώνα ζωσμένο ψηλά με χαλαρό άνοιγμα στο λαιμό και ιμάτιο ριγμένο στον αριστερό ώμο. Τα μαλλιά είναι μακριά.

15. 1981/713

Ύψ. 0,155 μ.
Πηλός ανοικτός καφέ (5YR 6/4), άσπρο επίχρισμα.
Γυναικείο ειδώλιο, συγκολλημένο, ίδιου τύπου με το αριθ. 14, αλλά από άλλη μήτρα. Λείπει μέρος του σώματος και το δεξιό χέρι. Η μορφή γονατίζει με το αριστερό πόδι της, ενώ το δεξιό σχηματίζει ορθή γωνία. Φοράει χιτώνα ζωσμένο ψηλά με χαλαρό άνοιγμα σχήματος V στο στήθος και ιμάτιο που τυλίγεται στο αριστερό χέρι κρύβοντας το άκρο του. Χαράξεις στο σημείο αυτό δηλώνουν πιθανότατα την πρόθεση του κοροπλάστη να δείξει ότι η μορφή κρατούσε με το καλυμμένο χέρι της κάποιο πολύ λεπτό αντικείμενο. Τα μαλλιά είναι μακριά. Φοράει κυλινδρικό στεφάνι.

16. 1981/714 (Πίν. 9α)

Σωζ. ύψ. 0,152 μ.
Πηλός ανοικτός καφέ (5YR 6/4), άσπρο επίχρισμα.
Γυναικεία μορφή, συγκολλημένη από τρία κομμάτια. Έχει τον τύπο του αριθ. 14, αλλά προέρχεται από διαφορετική μήτρα. Λείπει μέρος από το δεξιό τμήμα της. Η μορφή γονατίζει με το αριστερό πόδι, ενώ το δεξιό σχηματίζει ορθή γωνία. Το κεφάλι στρέφεται προς τα αριστερά πάνω. Φοράει χιτώνα ζωσμένο ψηλά κάτω από το στήθος με άνοιγμα σχήματος V στο λαιμό, ενώ το ιμάτιο τυλίγεται γύρω από τον αριστερό ώμο και το λυγισμένο αριστερό χέρι καλύπτοντάς το. Παρατηρούνται και εδώ χαράξεις, όπως στο αριθ. 15. Το δεξιό χέρι κάμπτεται προς τα εμπρός. Τα μαλλιά είναι μακριά. Φοράει κυλινδρικό στεφάνι. Το ειδώλιο είναι ανοικτό στην κάτω επιφάνεια.

17. 1981/715

Σωζ. ύψ. 0,09 μ.
Πηλός έντονα καφέ (7.5YR 5/6).
Τμήμα από το κάτω μέρος ειδωλίου ίδιου τύπου με το αριθ. 14, αλλά από άλλη μήτρα.
Από ειδώλια ίδιου τύπου με τα παραπάνω είναι και τα τμήματα αριθ. 1981/678, 682, 716, 734, 742, 744, 745.

Ζ. 18. 1981/722 (Πίν. 9β)

Σωζ. ύψ. 0,132 μ.
Πηλός ανοικτός καφέ (5YR 6/4), άσπρο επίχρισμα.
Ειδώλιο νεανικής γυναικείας μορφής, συγκολλημένο, που γονατίζει. Λείπει το δεξιό χέρι και μεγάλο μέρος της μπροστινής όψης. Το αριστερό πόδι είναι λυγισμένο ψηλά. Φοράει χιτώνα ζωσμένο και ιμάτιο τυλιγμένο γύρω από το εκτεταμένο προς τα πλάγια αριστερό χέρι που ανεμίζει ελεύθερα. Και εδώ στο άκρο χέρι, που καλύπτεται από το ιμάτιο, υπάρχουν χαράξεις, όπως στα ειδώλια της ομάδας ΣΤ, για να δηλωθεί πιθανότατα ότι η μορφή κρατούσε κάτι. Το κεφάλι έχει κλίση αριστερά, προς τα πάνω. Τα μαλ-

λιά είναι μακριά. Φοράει κυλινδρικό στεφάνι.

19. 1981/721

Ύψ. 0,13 μ.
Πηλός κοκκινωπός κίτρινος (5YR 7/6), άσπρο επίχρισμα.
Νεανική γυναικεία μορφή ίδιου τύπου με το αριθ. 18. Λείπουν η πίσω όψη και μέρος της μπροστινής επιφάνειας. Έχει μισολυγισμένο το αριστερό πόδι, ενώ το δεξιό που λείπει θα ήταν λυγισμένο πιθανώς σε ορθή γωνία. Φοράει ψηλά ζωσμένο χιτώνα και γύρω από το εκτεταμένο αριστερό χέρι έχει τυλιγμένο ιμάτιο. Διακρίνονται χαράξεις στο άκρο αριστερό χέρι, που καλύπτεται από το ιμάτιο, όπως στο αριθ. 18. Το κεφάλι στρέφεται προς τα αριστερά και πάνω, τα μαλλιά είναι μακριά και φοράει κυλινδρικό στεφάνι.

20. 1981/720 (Πίν. 8γ)

Σωζ. ύψ. 0,12 μ.
Πηλός ανοικτός καφέ κοκκινωπός (5YR 6/6), άσπρο επίχρισμα και κόκκινο χρώμα στα μαλλιά.
Ειδώλιο ίδιου τύπου με τα αριθ. 18, 19. Λείπουν τα χέρια και μέρος του σώματος.

21. 1981/723

Ύψ. 0,115 μ.
Πηλός κοκκινωπός κίτρινος (5YR 6/6), άσπρο επίχρισμα και ίχνη γαλάζιου χρώματος.
Ειδώλιο ίδιου τύπου με τα αριθ. 18, 19. Λείπουν τα χέρια και μέρος του σώματος κάτω. Ίδιου τύπου είναι και τα κομμάτια αριθ. 1981/717, 718, 719, 724, 725, 728, 729, καθώς και τα κεφάλια 726, 782.

Η. 22. 1981/604 (Πίν. 9γ)

Σωζ. ύψ. 0,16 μ.
Πηλός κίτρινος κοκκινωπός (5YR 6/6), άσπρο επίχρισμα.
Ειδώλιο γυναικείας μορφής συγκολλημένο. Η μορφή γονατίζει πιθανώς με το αριστερό πόδι. Λείπουν το κεφάλι, τα χέρια και μεγάλο μέρος από το σώμα κάτω από την κοιλιά. Φοράει χιτώνα ζωσμένο ψηλά κάτω από το στήθος που αφήνει ακάλυπτο τον αριστερό ώμο και μαστό. Στο δεξιό ώμο διακρίνεται πλόκαμος μαλλιών. Στην πίσω όψη υπάρχουν δύο μικρές κυκλικές οπές.

Θ. 23. 1981/591 (Πίν. 9δ)

Σωζ. ύψ. 0,182 μ.
Πηλός κίτρινος κοκκινωπός (5YR 6/6), άσπρο επίχρισμα.
Γυναικεία μορφή με θυμιατήρι, συγκολλημένη από πολλά κομμάτια και συμπληρωμένη. Λείπουν το κεφάλι και το δεξιό χέρι από τον αγκώνα και κάτω. Το δεξιό πόδι είναι λυγισμένο σε ορθή γωνία, ενώ το αριστερό, λυγισμένο και αυτό, σύρεται προς τα πίσω, καθώς η μορφή ετοιμάζεται να γονατίσει. Φοράει χιτώνα με κοντές χειρίδες ζωσμένο ψηλά με άνοιγμα σχήματος V που πτυχώνεται στο λαιμό, ενώ στον αριστερό ώμο έχει ριγμένο ιμάτιο, που φαίνεται ότι πέφτει ελεύθερα κάτω από το λυγισμένο αριστερό χέρι, με το οποίο κρατάει θυμιατήρι. Το ιμάτιο κάλυπτε μέρος του κεφαλιού· μικρό τμήμα του σώζεται στο δεξιό τμήμα της πίσω όψης. Η κάτω επιφάνεια είναι κλειστή και διασώζει τμήμα οπής αερισμού.

24. 1981/592 (Πίν. 8δ)

Σωζ. ύψ. 0,115 μ.
Πηλός ρόδινος (5YR 7/4).
Τμήμα ειδωλίου του τύπου της γυναικείας μορφής με θυμιατήρι (βλ. αριθ. 23), αλλά με το αριστερό πόδι λυγισμένο σε ορθή γωνία. Στο πόδι αυτό ακουμπά το χέρι που κρατά το θυμιατήρι. Πιθανώς στο ίδιο ειδώλιο ανήκει και το αριθ. 1981/1556, αλλά δεν κολλά.

25. 1981/1556 (Πίν. 8ε)

Σωζ. ύψ. 0,069 μ.
Πηλός ρόδινος (5YR 7/4), άσπρο επίχρισμα.
Το δεξιό λυγισμένο πόδι γυναικείας μορφής,

που σύρεται προς τα πίσω. Πιθανώς με το αριθ. 24 αποτελούν τμήματα του ίδιου ειδωλίου.

Ι. 26. 1981/616 (Πίν. 10δ)

Σωζ. ύψ. 0,12 μ.
Πηλός ανοικτός καφέ κοκκινωπός (2.5YR 6/4), άσπρο επίχρισμα.
Το κεφάλι και μέρος του κορμού γυναικείας μορφής, συγκολλημένο. Φοράει ιμάτιο που εξαρτιέται από τη στεφάνη του κεφαλιού, που φέρει οδοντωτές χαράξεις στην περιφέρεια. Το δεξιό χέρι ακουμπάει πάνω στον αριστερό μαστό, το άκρο χέρι είναι ακάλυπτο. Η κόμμωση έχει τον τύπο που είναι γνωστός ως «τέττιξ», με τρεις σειρές σπειροειδών βοστρύχων επάνω από το μέτωπο. Τα σκουλαρίκια είναι δισκόμορφα με οξείες απολήξεις.

27. 1981/735 (Πίν. 12γ)

Ύψ. 0,075 μ.
Πηλός ανοικτός κοκκινωπός καφέ (5YR 6/4).
Τμήμα γυναικείου ειδωλίου. Λείπουν το κεφάλι, μέρος του δεξιού χεριού και το κάτω μέρος του σώματος. Φοράει χιτώνα ζωσμένο ψηλά με άνοιγμα σχήματος V στο λαιμό και ιμάτιο ριγμένο στον αριστερό ώμο. Το αριστερό χέρι είναι στηριγμένο στη μέση. Στην πίσω όψη σώζεται μέρος ορθογώνιας οπής αερισμού.

28. 1981/662 (Πίν. 10β)

Σωζ. ύψ. 0,13 μ.
Πηλός ανοικτός καφέ (5YR 6/4), άσπρο επίχρισμα.
Το κεφάλι και μέρος του κορμού γυναικείας μορφής, συγκολλημένης από δύο κομμάτια. Φοράει χιτώνα και ιμάτιο, που εξαρτιέται από τη στεφάνη του κεφαλιού και καλύπτει το σώμα. Το αριστερό χέρι είναι στηριγμένο στη μέση. Το κεφάλι στρέφεται ελαφρά προς τα αριστερά. Η κόμμωση είναι «τέττιξ» με σπειροειδείς βοστρύχους επάνω από το μέτωπο και σχηματοποιημένο κόρυμβο πίσω. Στην πίσω όψη διατηρείται τμήμα μεγάλης κυκλικής οπής αερισμού.

29. 1981/663 (Πίν. 10γ)

Σωζ. ύψ. 0,125 μ.
Πηλός κίτρινος κοκκινωπός (5YR 7/6), άσπρο επίχρισμα, κίτρινο χρώμα στα μαλλιά.
Το κεφάλι, μέρος του κορμού και του αριστερού χεριού γυναικείας μορφής, συγκολλημένης από δύο κομμάτια, με αποκρούσεις. Το κεφάλι στρέφεται προς τα αριστερά, το χέρι είναι λυγισμένο προς τα πάνω. Έχει πεπονοειδή κόμμωση και σκουλαρίκια.

30. 1981/664

Σωζ. ύψ. 0,095 μ.
Πηλός ανοικτός καφέ (10YR 6/3), άσπρο επίχρισμα.
Το κεφάλι και μέρος του κορμού γυναικείας μορφής. Διατηρείται το πάνω μέρος του τυλιγμένου γύρω από το σώμα ιματίου. Η κόμμωση είναι πεπονοειδής με πυκνές βαθιές χαράξεις. Φοράει δισκόμορφα σκουλαρίκια.

31. 1981/665

Σωζ. ύψ. 0,10 μ.
Πηλός ρόδινος (5YR 7/4).
Κεφάλι γυναικείας μορφής και μέρος της πίσω όψης. Στο πρόσωπο υπάρχουν αποκρούσεις. Τα μαλλιά είναι μακριά και φέρει κυλινδρικό στεφάνι δεμένο με ταινία.

32. 1981/617 (Πίν. 10ε)

Σωζ. ύψ. 0,115 μ.
Πηλός ρόδινος (5YR 7/4), άσπρο επίχρισμα.
Κεφάλι και μέρος του κορμού γυναικείας μορφής, συγκολλημένα. Φοράει χιτώνα και ιμάτιο που καλύπτει το σώμα. Το δεξιό χέρι, κάτω από το ιμάτιο, είναι λυγισμένο μπροστά στο στήθος με την παλάμη μισάνοιχτη, σχεδόν κάτω από το σαγόνι. Το κεφάλι στρέφεται ελαφρά προς τα αριστερά. Η κόμμωση είναι κνιδιακή με σχηματοποιημένο κόρυμβο και πλοκάμους που πέφτουν στους ώμους. Φοράει στεφάνι και δισκόμορφα σκουλαρί-

κια. Στην πίσω επιφάνεια διατηρείται τμήμα κυκλικής οπής αερισμού.

33. 1981/618 (Πίν. 10στ)

Σωζ. ύψ. 0,16 μ.
Πηλός καφέ κοκκινωπός (2.5YR 5/4), άσπρο επίχρισμα.
Κεφάλι και μέρος του κορμού γυναικείας μορφής. Φοράει αχειρίδωτο ζωσμένο ψηλά χιτώνα με άνοιγμα σχήματος V στο λαιμό και ιμάτιο, που εξαρτημένο από τη στεφάνη του κεφαλιού καλύπτει το λυγισμένο και στηριγμένο στη μέση αριστερό χέρι. Η μορφή στρέφει το κεφάλι ελαφρά προς τα αριστερά. Η κόμμωση είναι «τέττιξ» με τρεις σειρές σπειροειδών βοστρύχων επάνω από το μέτωπο. Η στεφάνη έχει οδοντωτές χαράξεις στην περιφέρεια. Η μορφή φοράει δισκόμορφα σκουλαρίκια. Στην πίσω όψη διατηρείται μέρος της ωοειδούς οπής αερισμού.

34. 1981/668 (Πίν. 12α)

Σωζ. ύψ. 0,12 μ.
Πηλός κίτρινος κοκκινωπός (5YR 7/6), άσπρο επίχρισμα.
Ακέφαλο γυναικείο ειδώλιο με απόκρουση στο αριστερό μέρος. Φοράει χιτώνα και ιμάτιο που καλύπτει το επάνω μέρος του σώματος. Το δεξιό χέρι στηρίζεται στη μέση, ενώ με το αριστερό κρατάει μέρος του ιματίου. Στην πίσω επιφάνεια υπάρχει ωοειδής οπή αερισμού.

35. 1981/669 (Πίν. 12β)

Σωζ. ύψ. 0,125 μ.
Πηλός καφέ κοκκινωπός (7.5YR 5/4), άσπρο επίχρισμα.
Ακέφαλη γυναικεία μορφή, συγκολλημένη από δύο κομμάτια. Φοράει χιτώνα και ιμάτιο. Το δεξιό χέρι είναι στηριγμένο στη μέση. Από το λυγισμένο αριστερό κρέμεται η παρυφή του ιματίου. Στην πίσω όψη υπάρχει κυκλική οπή αερισμού.

Κ. 36. 1981/741 (Πίν. 12δ)

Ύψ. 0,09 μ.
Πηλός κοκκινωπός κίτρινος (7.5YR 7/6), άσπρο επίχρισμα.
Το αριστερό τμήμα της μπροστινής όψης γυναικείας μορφής με χιτώνα και ιμάτιο που καλύπτει το κεφάλι και το αριστερό χέρι που είναι εκτεταμένο και μισολυγισμένο προς τα πλάγια.

37. 1981/743

Σωζ. ύψ. 0,09 μ.
Πηλός κοκκινωπός καφέ (7.5YR 5/4).
Το πάνω μέρος ειδωλίου με το κεφάλι, ίδιου τύπου με το αριθ. 36. Η μπροστινή όψη έχει αποκρούσεις. Το ιμάτιο καλύπτει το κεφάλι της μορφής. Στην πίσω όψη σώζεται μέρος κυκλικής οπής αερισμού.

Λ. 38. 1981/619

Σωζ. ύψ. 0,16 μ.
Πηλός καφέ κοκκινωπός (2.5YR 5/4), άσπρο επίχρισμα.
Τμήμα γυναικείας μορφής με ερωτιδέα. Λείπουν το κεφάλι και το κάτω μέρος του σώματος, καθώς και το κεφάλι και τα φτερά του ερωτιδέα. Έχει τον τύπο του αριθ. 39, αλλά προέρχεται από μεγαλύτερη μήτρα. Στην πίσω όψη διατηρείται μέρος κυκλικής οπής αερισμού.

39. 1981/620 (Πίν. 11α)

Σωζ. ύψ. 0,31 μ.
Πηλός κίτρινος κοκκινωπός (5YR 6/6), άσπρο επίχρισμα.
Γυναικεία μορφή με ερωτιδέα, συγκολλημένη από πολλά κομμάτια. Λείπουν μέρος της πίσω επιφάνειας, κομμάτια της μπροστινής και όλο το κάτω τμήμα. Η μορφή έχει άνετο το δεξιό πόδι, λυγισμένο λίγο προς τα πλάγια και πίσω. Είναι ντυμένη με χιτώνα με άνοιγμα σχήματος V στο λαιμό, που πορπώνεται στο δεξιό ώμο και ιμάτιο, που περνώντας επάνω από τον αριστερό ώμο αφήνει ακάλυπτο το δεξιό μαστό. Με το αριστερό

χέρι της λυγισμένο κρατάει ερωτιδέα, ενώ με το δεξιό συγκρατεί πτυχή του ιματίου. Το κεφάλι της είναι στραμμένο ελαφρά προς τα αριστερά. Τα μαλλιά, χωρισμένα στη μέση, δένονται πίσω σε κόρυμβο με μπούκλες. Φοράει στεφάνι με φύλλα κισσού (σώζεται ένα φύλλο) και στα αυτιά δισκόμορφα σκουλαρίκια. Στην πίσω όψη διατηρείται τμήμα ωοειδούς οπής αερισμού.

Μ. 40. 1981/611 (Πίν. 12ε)

Σωζ. ύψ. 0,10 μ.
Πηλός κίτρινος κοκκινωπός (5YR 7/6), άσπρο επίχρισμα.
Γυναικεία μορφή συγκολλημένη από δύο κομμάτια. Λείπουν το κεφάλι, μέρος του κορμού και της πίσω επιφάνειας. Η μορφή κινείται προς τα δεξιά. Φοράει αχειρίδωτο χιτώνα ζωσμένο ψηλά κάτω από το στήθος με άνοιγμα σχήματος V στο λαιμό. Με τα δυο της χέρια κρατάει μια γιρλάντα, από τις άκρες της οποίας κρέμονται ταινίες. Στην κάτω επιφάνεια το ειδώλιο είναι κλειστό με μικρή κυκλική οπή.

41. 1981/612

Σωζ. ύψ. 0,055 μ.
Πηλός όπως του προηγουμένου.
Το κάτω μέρος της μπροστινής όψης γυναικείας μορφής του τύπου του αριθ. 40 και από την ίδια μήτρα.

42. 1981/613

Σωζ. ύψ. 0,055 μ.
Πηλός όπως του προηγουμένου.
Το κάτω μέρος γυναικείας μορφής σε κίνηση προς τα δεξιά, με κυκλική οπή στην κάτω επιφάνεια. Διακρίνεται το άκρο αριστερό πόδι, πιθανώς ίδιου τύπου με τα αριθ. 40, 41.

Ν. 43. 1981/660 (Πίν. 11β)

Ύψ. 0,23 μ.
Πηλός ρόδινος (5YR 7/4), άσπρο επίχρισμα.
Γυναικεία μορφή συγκολλημένη από πολλά κομμάτια. Λείπει μικρό τμήμα από την αριστερή πλευρά του σώματος, της πίσω όψης και τα χέρια. Φοράει χιτώνα ζωσμένο ψηλά με άνοιγμα σχήματος V στο λαιμό και απόπτυγμα. Το δεξιό πόδι είναι στάσιμο, το αριστερό άνετο. Στο κεφάλι, από το οποίο λείπει η πίσω όψη, φέρει πόλο. Τα μαλλιά μακριά πέφτουν στους ώμους. Στην πίσω όψη διακρίνεται τμήμα ορθογώνιας οπής. Το ειδώλιο θα είχε στην πίσω όψη ορθογώνιες οπές, όπως το αριθ. 1, βλ. σ. 27.

44. 1981/661

Σωζ. ύψ. 0,08 μ.
Πηλός ρόδινος (5YR 7/4), άσπρο επίχρισμα.
Η μπροστινή όψη γυναικείου κεφαλιού με πόλο.

45. 1981/667

Σωζ. ύψ. 0,12 μ.
Πηλός ανοικτός κιτρινωπός καφέ (10YR 6/4), άσπρο επίχρισμα.
Το κάτω μέρος της μπροστινής όψης γυναικείας μορφής, ίδιου τύπου με το αριθ. 43. Συγκολλημένο. Φοράει χιτώνα με απόπτυγμα. Από ειδώλιο ίδιου τύπου προέρχεται πιθανώς και το κομμάτι αριθ. 1981/629 (ύψ. 0,055 μ.).

46. 1981/674

Σωζ. ύψ. 0,115 μ.
Πηλός έντονα καφέ (7.5YR 5/6).
Τμήμα γυναικείου ειδωλίου του τύπου πιθανώς του αριθ. 43. Συγκολλημένο από δύο κομμάτια. Φοράει χιτώνα με απόπτυγμα.

47. 1981/845 (Πίν. 13α)

Σωζ. ύψ. 0,075 μ.
Πηλός ρόδινος (5YR 7/4), άσπρο επίχρισμα.
Γυναικείο κεφάλι με πόλο, από όπου εξαρτιέται πέπλος. Λείπει μικρό τμήμα από το δεξιό μέρος του προσώπου. Σώζεται μόνον η μπροστινή όψη.

48. 1981/874

Ύψ. 0,035 μ.

Πηλός γκρίζος (5YR 6/1), υπολείμματα άσπρου-γκρίζου επιχρίσματος.
Γυναικείο κεφάλι με πόλο.

49. 1981/864

Ύψ. 0,06 μ.
Πηλός ανοικτός κοκκινωπός καφέ (5YR 6/4), πυκνό άσπρο επίχρισμα. Στον πόλο και στα μαλλιά κοκκινωπό, καφέ χρώμα.
Γυναικείο κεφάλι με πόλο και μακριά μαλλιά. Σώζεται μόνον η μπροστινή όψη. Λείπει το δεξιό τμήμα του προσώπου και του πόλου.

Ξ. **50. 1981/605** (Πίν. 12 στ,ζ)

Σωζ. ύψ. 0,10 μ.
Πηλός κοκκινωπός κίτρινος (5YR 6/6), άσπρο επίχρισμα.
Ειδώλιο Νίκης, συμπαγές, χειροποίητο. Λείπουν το κεφάλι, τα φτερά, τμήματα των χεριών και τα πόδια κάτω από τα γόνατα. Η μορφή βρίσκεται σε κίνηση προς τα δεξιά. Φοράει ψηλά ζωσμένο χιτώνα με άνοιγμα σχήματος V στο στήθος, με απόπτυγμα, η παρυφή του οποίου ανεμίζει ελεύθερα. Το προβαλλόμενο δεξιό πόδι είναι γυμνό. Μικρή στρογγυλή οπή υπάρχει στην πίσω όψη, στο ύψος των ώμων για τη στήριξη του ειδωλίου, καθώς και δύο εγκοπές για την προσαρμογή των φτερών.

51. 1981/607 (Πίν. 13β)

Ύψ. 0,132 μ.
Πηλός κοκκινωπός κίτρινος (5YR 6/6), άσπρο επίχρισμα.
Γυναικεία μορφή (Νίκη) σε κίνηση προς τα αριστερά. Λείπει το δεξιό χέρι, το αριστερό είναι συγκολλημένο. Φοράει χιτώνα με απόπτυγμα που αφήνει ακάλυπτο τον αριστερό μαστό. Η κάτω παρυφή του αποπτύγματος καταλήγει σε κυματιστές πτυχώσεις. Τα χέρια εκτείνονται προς τα εμπρός. Τα μαλλιά είναι μακριά και φοράει στεφάνη με κτυπήματα στην περιφέρεια. Η μορφή αποδίδεται μέχρι τα γόνατα. Στην κάτω επιφάνεια, που είναι κλειστή, υπάρχει μικρή κυκλική οπή.

52. 1981/606

Σωζ. ύψ. 0,125 μ.
Πηλός ρόδινος (7.5YR 7/4).
Γυναικεία μορφή (Νίκη), ίδιου τύπου με το αριθ. 51. Λείπουν το κάτω δεξιό τμήμα, το κεφάλι και τα χέρια. Κινείται προς τα δεξιά. Φοράει χιτώνα με απόπτυγμα που αφήνει ακάλυπτο τον αριστερό μαστό.
Από ειδώλια ίδιου τύπου προέρχονται και τα κομμάτια αριθ. 1981/608 (ύψ. 0,06 μ.), 609 (ύψ. 0,04 μ.), 610 (κεφάλι και κορμός, ύψ. 0,07 μ.).

53. 1981/769

Σωζ. ύψ. 0,04 μ.
Πηλός καφέ κοκκινωπός (5YR 5/3).
Το αριστερό εκτεταμένο στα πλάγια χέρι και μέρος του κορμού γυναικείου ειδωλίου, Νίκης. Στην πίσω όψη υπολείμματα φτερών (τύπος του αριθ. 51).

54. 1981/1558

Σωζ. ύψ. 0,06 μ.
Πηλός ρόδινος (5YR 7/4), άσπρο επίχρισμα.
Το κάτω τμήμα γυναικείας μορφής με ανεμιζόμενο χιτώνα και το ένα άκρο πόδι (πιθανώς Νίκη).

55. 1981/1555

Σωζ. ύψ. 0,07 μ.
Πηλός ανοικτός κόκκινος (5YR 6/4).
Τμήμα γυναικείου ειδωλίου με χιτώνα και απόπτυγμα.

Ο. **56. 1981/755** (Πίν. 13γ)

Σωζ. ύψ. 0,17 μ.
Πηλός ανοικτός καφέ (5YR 6/4), άσπρο επίχρισμα.
Τμήμα της μπροστινής όψης γυναικείας μορφής με χιτώνα και ιμάτιο, συγκολλημένο από δύο κομμάτια. Το ιμάτιο τυλίγεται γύρω από τη μέση και κρέμεται από το στηριγμένο πιθανώς στη μέση δεξιό χέρι. Η μορφή είναι τελείως στατική με γραμμικές πτυχώσεις.

Π. 57. 1981/798

Ύψ. 0,21 μ.
Πηλός ανοικτός κόκκινος (2.5YR 6/6), άσπρο επίχρισμα.
Ειδώλιο «ιεροδούλου», συγκολλημένο. Λείπουν τα άκρα πόδια. Έχει κόμμωση του τύπου που είναι γνωστή ως «τέττιξ» με τρεις σειρές σπειροειδών βοστρύχων επάνω από το μέτωπο και κόρυμβο πίσω. Φοράει στεφάνη και στα αυτιά σκουλαρίκια. Το ειδώλιο είναι κοίλο ως τα γόνατα.

58. 1981/797 (Πίν. 13δ)

Ύψ. 0,22 μ.
Πηλός ανοικτός κόκκινος (2.5YR 6/6), άσπρο επίχρισμα, κόκκινο χρώμα στον κόρυμβο.
Ειδώλιο «ιεροδούλου» ακέραιο, κατασκευασμένο από την ίδια μήτρα με το αριθ. 57.

59. 1981/799

Σωζ. ύψ. 0,215 μ.
Πηλός ανοικτός καφέ κοκκινωπός (2.5YR 6/4), άσπρο επίχρισμα.
Ειδώλιο «ιεροδούλου» συγκολλημένο, κοίλο. Λείπουν το κεφάλι και μέρος του σώματος. Τμήμα «ιεροδούλων» είναι και τα κομμάτια αριθ. 1981/800 (ύψ. 0,08 μ.), 801 (ύψ. 0,08 μ.), 802 (ύψ. 0,09 μ.), 803 (ύψ. 0,70 μ.), 804 (ύψ. 0,06 μ.), 805 (ύψ. 0,095 μ.), 938 (ύψ. 0,075 μ.), 939 (ύψ. 0,04 μ.), 940 (ύψ. 0,06 μ.), 948 (ύψ. 0,105 μ.).

60. 1981/1125

Σωζ. ύψ. 0,07 μ.
Πηλός κίτρινος κοκκινωπός (5YR 6/6).
Τμήμα από τη μπροστινή όψη γυναικείας μορφής («ιεροδούλου»;). Λείπουν το κεφάλι και οι κνήμες. Τα χέρια κολλούν στο σώμα.

Ρ. 61. 1981/947 (Πίν. 14ε)

Σωζ. ύψ. 0,085 μ.
Πηλός ανοικτός κόκκινος (2.5YR 6/2), άσπρο επίχρισμα.
Καθιστή συμπαγής γυναικεία μορφή. Λείπει το πάνω τμήμα. Η μορφή πρέπει να ήταν προσαρμοσμένη κάπου, μαζί με άλλη ίσως μορφή, υπολείμματα της οποίας υπάρχουν στη δεξιά πλευρά της. Φοράει μακρύ χιτώνα, οι πτυχές του οποίου δηλώνονται με χάραξη.

62. 1981/1124 (Πίν. 13ε)

Ύψ. 0,17 μ.
Πηλός ανοικτός καφέ (5YR 6/4), άσπρο επίχρισμα.
Καθιστή νεανική γυναικεία μορφή, συμπαγής. Λείπει τμήμα του δεξιού χεριού. Η μορφή σταυρώνει μπροστά τα πόδια· διακρίνονται υποδήματα. Φοράει κοντό χιτώνα, που αφήνει ακάλυπτο τον αριστερό ώμο. Το αριστερό χέρι είναι καλυμμένο με το ιμάτιο και ελαφρά λυγισμένο προς τα πάνω. Τα μαλλιά μακριά πέφτουν στους ώμους, ενώ στην κορυφή του κεφαλιού σχηματίζεται λαμπάδιο. Το ειδώλιο έχει ελάχιστα διαμορφωμένη την πίσω όψη. Προφανώς ήταν κάπου προσαρμοσμένο.

63. 1981/746

Σωζ. ύψ. 0,055 μ.
Πηλός ανοικτός κοκκινωπός καφέ (5YR 6/3).
Το κάτω μέρος της μπροστινής όψης, καθιστής πιθανώς, γυναικείας μορφής με ιμάτιο.

64. 1981/1545 (Πίν. 14στ)

Σωζ. ύψ. 0,085 μ.
Πηλός ρόδινος (5YR 7/4).
Κορμός καθιστής γυναικείας μορφής και μέρος του λαιμού. Φοράει χιτώνα και ιμάτιο.

65. 1981/1557 (Πίν. 14δ)

Σωζ. ύψ. 0,053 μ.
Πηλός ρόδινος (5YR 7/4).
Το κάτω τμήμα συμπαγούς γυναικείας καθιστής μορφής με ιμάτιο και με μικρή οπή στην κάτω επιφάνεια για την προσαρμογή της.

Σ. 66. 1981/670 (Πίν. 14ζ)

Σωζ. ύψ. 0,115 μ.
Πηλός ανοικτός καφέ (5YR 6/4), άσπρο επίχρισμα.
Γυμνή γυναικεία μορφή (Αφροδίτη), συγκολλημένη από δύο κομμάτια. Λείπουν το κεφάλι και το κάτω μέρος του σώματος. Το δεξιό πόδι είναι άνετο. Στους ώμους έχει ριγμένο ιμάτιο που ανασηκώνει στα πλάγια με το δεξιό της χέρι. Το ιμάτιο καλύπτει το δεξιό πόδι κάτω από το γόνατο. Η άλλη πλευρά του ιματίου είναι τυλιγμένη γύρω από το αριστερό χέρι. Πλόκαμος μαλλιών διακρίνεται στο δεξιό ώμο.

Τ. Ειδώλια Αθηνάς

67. 1981/640 (Πίν. 14α)

Ύψ. 0,27 μ.
Πηλός κοκκινωπός κίτρινος (5YR 6/6), άσπρο επίχρισμα.
Ειδώλιο Αθηνάς, συγκολλημένο. Λείπουν τμήματα της μπροστινής και όλη σχεδόν η πίσω επιφάνεια. Η μορφή κινείται προς τα αριστερά. Φοράει ψηλά ζωσμένο χιτώνα με απόπτυγμα και περικεφαλαία με κέρατα βοδιού δεξιά και αριστερά από το λοφίο. Το τμήμα του δεξιού βραχίονα, που σώζεται, δείχνει ότι το δεξιό χέρι ήταν εκτεταμένο πλάγια. Έχει μακριά μαλλιά.

68. 1981/808 (Πίν. 14β)

Ύψ. 0,10 μ.
Πηλός σκούρος καφέ (7.5YR 4/2).
Κεφάλι ειδωλίου Αθηνάς με περικεφαλαία του τύπου του αριθ. 67. Έχει ελαφριά κλίση προς τα αριστερά. Η κόμμωση είναι κνιδιακή.

69. 1981/809 (Πίν. 14γ)

Ύψ. 0,09 μ.
Κεφάλι ειδωλίου Αθηνάς με περικεφαλαία, του τύπου του αριθ. 67. Τα χαρακτηριστικά του προσώπου είναι δυσδιάκριτα. Μακριοί πλόκαμοι μαλλιών πέφτουν στους ώμους.

70. 1981/810

Ύψ. 0,06 μ.
Πηλός σκούρος καφέ (7.5YR 4/2).
Κεφάλι ειδωλίου Αθηνάς με περικεφαλαία με αποκρούσεις του τύπου του αριθ. 67.
Μακριοί πλόκαμοι μαλλιών πέφτουν στους ώμους.

71. 1981/896

Σωζ. ύψ. 0,035 μ.
Πηλός ρόδινος (5YR 7/4).
Γυναικείο κεφάλι με κράνος (Αθηνά). Στο αριστερό αυτί διακρίνεται σκουλαρίκι.

Υ. Ειδώλια Άρτεμης

72. 1981/580 (Πίν. 15γ)

Σωζ. ύψ. 0,22 μ.
Πηλός ανοικτός καφέ (5YR 6/4), άσπρο επίχρισμα.
Ειδώλιο Άρτεμης, συγκολλημένο. Λείπουν το αριστερό πόδι και μέρος του δεξιού, τμήματα των χεριών και το κεφάλι. Φοράει κοντό χιτώνα ζωσμένο στη μέση, με απόπτυγμα και άνοιγμα σχήματος V στο λαιμό, ιμάτιο ριγμένο στους ώμους και ενδρομίδες. Το δεξιό χέρι είναι ανασηκωμένο σε ορθή γωνία. Ανάμεσα στα πόδια υπάρχει μικρή κυκλική οπή αερισμού. Η πίσω όψη είναι ελάχιστα διαμορφωμένη.

73. 1981/581

Σωζ. ύψ. 0,12 μ.
Πηλός καφέ κοκκινωπός (2.5YR 5/4), άσπρο επίχρισμα.
Ειδώλιο Άρτεμης ίδιου τύπου με το αριθ. 72 και πιθανώς από την ίδια μήτρα. Λείπουν το κεφάλι, τα χέρια και το κάτω τμήμα του σώματος. Η πτύχωση των ελεύθερων παρυφών του ιματίου στα πλάγια, που είναι επίθετες, είναι διαφορετική από του αριθ. 72.

74. 1981/614

Σωζ. ύψ. 0,13 μ.

Πηλός καφέ κοκκινωπός (2.5YR 5/4), άσπρο επίχρισμα.
Ειδώλιο Άρτεμης ίδιου τύπου με τα αριθ. 72, 73 και πιθανώς από την ίδια μήτρα. Λείπουν το κεφάλι, τα χέρια, το κάτω μέρος του σώματος και η πίσω όψη.

75. 1981/767

Σωζ. ύψ. (μαζί με το χέρι) 0,09 μ.
Πηλός ανοικτός καφέ κοκκινωπός (5YR 5/4), άσπρο επίχρισμα.
Το δεξιό χέρι, που κάμπτεται σε ορθή γωνία, και μέρος του κορμού ειδωλίου Άρτεμης του τύπου του αριθ. 72, συγκολλημένο. Διακρίνονται οι κοντές χειρίδες του χιτώνα.

76. 1981/582

Σωζ. ύψ. 0,16 μ.
Πηλός ρόδινος (7.5YR 7/4), άσπρο επίχρισμα.
Το αριστερό πόδι και τμήμα από το κάτω μέρος του σώματος συγκολλημένου ειδωλίου Άρτεμης του τύπου του αριθ. 72. Χαράξη στην κνήμη δηλώνει την ύπαρξη ενδρομίδας.
Από ειδώλια Άρτεμης προέρχονται και τα τμήματα αριθ. 1981/583-589, 615, 661.

Φ. Υδριαφόρες μορφές

77. 1981/639 (Πίν. 15δ)

Ύψ. 0,20 μ.
Πηλός ανοικτός καφέ (5YR 6/4), άσπρο επίχρισμα.
Γυναικεία μορφή συγκολλημένη από τέσσερα κομμάτια, με αποκρούσεις στη μπροστινή όψη. Λείπουν το κεφάλι και μικρό μέρος του σώματος. Φοράει χιτώνα ψηλά ζωσμένο με άνοιγμα σχήματος V στο στήθος. Είναι κατασκευασμένο από την ίδια μήτρα με το αριθ. 1 με διαφορετικό μόνον το δεξιό χέρι, που είναι υψωμένο και κρατούσε υδρία. Το ειδώλιο, κλειστό στην κάτω επιφάνεια, έχει μόνον μια μικρή κυκλική οπή.

78. 1981/762 (Πίν. 15β)

Σωζ. ύψ. 0,078 μ.
Πηλός ανοικτός καφέ (5YR 6/4), άφθονο άσπρο επίχρισμα και κόκκινο χρώμα στα μαλλιά.
Το κεφάλι και μέρος του κορμού ειδωλίου. Λείπει η πίσω όψη. Το δεξιό χέρι είναι εκτεταμένο πλάγια και πάνω· κρατούσε πιθανώς υδρία. Φοράει χιτώνα. Στο κεφάλι φέρει κυλινδρικό στεφάνι και στα αυτιά σκουλαρίκια.

79. 1981/949 (Πίν. 15ε)

Σωζ. ύψ. 0,155 μ.
Πηλός ανοικτός καφέ (5YR 6/4), άσπρο επίχρισμα.
Υδριαφόρος μορφή. Λείπει το κάτω μέρος, από τα γόνατα. Φοράει χιτώνα ζωσμένο ψηλά κάτω από το στήθος με άνοιγμα χαλαρό σχήματος V στο λαιμό. Τα μαλλιά, μακριά, πέφτουν στους ώμους. Με το δεξιό χέρι στηρίζει επάνω στο κεφάλι υδρία, το αριστερό είναι εκτεταμένο προς τα κάτω. Στον καρπό του αριστερού χεριού βραχιόλι δηλωνόταν με απολεπισμένο χρώμα. Στην πίσω όψη υπάρχει κυκλική οπή (Πίν. 16β).

80. 1981/690 (Πίν. 15α)

Σωζ. ύψ. 0,055 μ.
Πηλός κιτρινωπός κόκκινος (7.5YR 5/6), άσπρο επίχρισμα.
Τμήμα του κορμού και του λαιμού υδριαφόρου μορφής με χιτώνα και ιμάτιο. Την υδρία κρατούσε πάνω στο κεφάλι με το δεξιό χέρι. Σώζεται και μικρό μέρος της πίσω όψης.

81. 1981/950 (Πίν. 16α,δ)

Ύψ. 0,142 μ.
Πηλός κιτρινωπός, κόκκινος (7.5YR 5/6), άσπρο επίχρισμα.
Η μπροστινή όψη υδριαφόρου μορφής (πλακίδιο). Προβάλλεται το δεξιό στάσιμο πόδι, ενώ το αριστερό σύρεται προς τα πίσω. Έχει βάση, ύψ. 0,013 μ. Φοράει χιτώνα ζωσμένο ψηλά κάτω από το στήθος με χαρακτό

άνοιγμα σχήματος V στο λαιμό και απόπτυγμα. Οι πτυχές δηλώνονται με χαράξεις. Τα μαλλιά είναι μακριά με πυκνά κτυπήματα. Με το δεξιό χέρι στηρίζει πάνω στο κεφάλι υδρία, ενώ το αριστερό είναι εκτεταμένο προς τα κάτω. Στους καρπούς των χεριών υπάρχουν οριζόντιες χαράξεις. Μικρή οπή υπάρχει ανάμεσα στο αριστερό χέρι και στον κορμό. Η πίσω επιφάνεια είναι κοίλη. Από την ίδια μήτρα με το αριθ. 81 είναι κατασκευασμένα τα ειδώλια αριθ. 1981/951 (Πίν. 16γ), 953 (Πίν. 16ζ), συγκολλημένο από δύο κομμάτια, 954, 955, 960, 961, 962, 963, 968. Ίδιου τύπου είναι και τα αριθ. 1981/952, 956, 957, 958, 959, 964-967, 969, 1074, 1125, 1155, 1195, 690 και, πιθανώς, 1199.

82. 1981/736

Ύψ. 0,07 μ.
Πηλός ανοικτός καφέ (5YR 6/4), άσπρο επίχρισμα.
Το πάνω μέρος γυναικείας μορφής που κρατούσε υδρία με τα δύο χέρια. Λείπουν τα χέρια που ήταν υψωμένα προς τα πάνω. Φοράει χιτώνα ψηλά ζωσμένο με άνοιγμα σχήματος V στο στήθος. Τα μαλλιά είναι μακριά· διατηρούνται τμήματα κυλινδρικού στεφανιού.

83. 1981/737

Ύψ. 0,07 μ.
Πηλός ανοικτός καφέ (5YR 6/4), άσπρο επίχρισμα.
Το πάνω μέρος γυναικείας μορφής, ίδιου τύπου με το αριθ. 84, συγκολλημένο από δύο κομμάτια, με απόκρουση στη μπροστινή επιφάνεια.

84. 1981/738 (Πίν. 17α)

Ύψ. 0,07 μ.
Πηλός κοκκινωπός κίτρινος (5YR 7/6), άσπρο επίχρισμα.
Το πάνω μέρος γυναικείας μορφής. Λείπουν τα χέρια που είναι υψωμένα προς τα πάνω. Φοράει χιτώνα με χαλαρό άνοιγμα σχήματος V στο λαιμό. Πλόκαμοι μαλλιών πέφτουν στους ώμους. Στα μαλλιά υπάρχει χάραξη για δήλωση ταινίας που λείπει.
Από ειδώλιο ίδιου τύπου προέρχεται και το αριθ. 1981/739.

85. 1981/672 (Πίν. 17β)

Σωζ. ύψ. 0,047 μ.
Πηλός ανοικτός καφέ (5YR 6/4), άσπρο επίχρισμα.
Ο κορμός και τμήμα των βραχιόνων γυναικείας μορφής. Συγκολλημένο από δύο κομμάτια. Φοράει ψηλά ζωσμένο χιτώνα με χαλαρό άνοιγμα στο στήθος. Τα χέρια είναι υψωμένα προς τα πάνω.

86. 1981/1185 (Πίν. 16στ)

Σωζ. ύψ. 0,105 μ.
Πηλός ρόδινος (7.5YR 7/4), άσπρο επίχρισμα. Η επιφάνεια είναι μαυρισμένη.
Η μπροστινή όψη γυναικείας μορφής (πλακίδιο). Λείπουν το κεφάλι, τμήματα των χεριών και μέρος από την αριστερή πλευρά του σώματος. Η μορφή βρίσκεται σε κίνηση προς τα δεξιά. Το δεξιό χέρι, που κρατούσε την υδρία, είναι ανασηκωμένο προς τα πάνω, το αριστερό, που εκτείνεται ελαφρά προς τα πλάγια, ανασήκωνε πτυχή του ενδύματος (βλ. 1981/191). Φοράει χειριδωτό χιτώνα με άνοιγμα σχήματος V στο λαιμό και ιμάτιο που αφήνει ακάλυπτο το δεξιό μαστό. Η πίσω επιφάνεια είναι κοίλη. Διακρίνονται χαράξεις που έγιναν με αιχμηρό εργαλείο πριν από το ψήσιμο, καθώς το ειδώλιο έβγαινε από τη μήτρα.

87. 1981/1186 (Πίν. 16ε)

Σωζ. ύψ. 0,12 μ.
Πηλός ρόδινος (7.5YR 7/4), άσπρο επίχρισμα.
Η μπροστινή όψη γυναικείας μορφής (πλακίδιο). Το κεφάλι, όμως, έχει και πίσω όψη. Η πίσω όψη του ειδωλίου είναι διαμορφωμένη όπως στο ειδώλιο αριθ. 86. Λείπουν το δεξιό χέρι, τμήμα του αριστερού και το κάτω μέρος του σώματος. Έχει τον τύπο του αριθ. 86.

Στη δεξιά πλευρά του λαιμού διακρίνεται ταινία, ενώ στο πάνω μέρος του κεφαλιού υπάρχει μικρή οπή για την τοποθέτηση της υδρίας.
Όμοια είναι και τα αριθ. 1981/1189-1190 (με οπή στην κάτω επιφάνεια). Ειδώλια ίδιου τύπου είναι και τα αριθ. 1981/1187, 1188, 1191, 1193, 1194 (δύο κομμάτια). Επειδή οι μήτρες από τις οποίες βγήκαν ήταν πολύ χρησιμοποιημένες, ο κοροπλάστης αναγκάστηκε να τονίσει τα αδιάκριτα σχεδόν χαρακτηριστικά του προσώπου και τις πτυχές με χάραξη. Και αυτά τα ειδώλια έχουν οπή στο κάτω μέρος για τη στήριξή τους, καθώς και στο κεφάλι, για την τοποθέτηση της υδρίας. Το αριθ. 1981/1191 μας δίνει τη θέση του αριστερού χεριού του τύπου, που ανασηκώνει πτυχή του ενδύματος.

Χ. Αρχαϊστικές μορφές

88. 1981/1115 (Πίν. 17ε)

Σωζ. ύψ. 0,124 μ.
Πηλός ανοικτός κοκκινωπός καφέ (7.5YR 6/4), άσπρο επίχρισμα.
Η μπροστινή όψη ειδωλίου που παριστάνει γυναικεία μορφή από τα πλάγια. Το ειδώλιο είναι τελείως επίπεδο (πλακίδιο). Λείπει το κάτω τμήμα. Το κεφάλι είναι συγκολλημένο. Φοράει χειριδωτό χιτώνα και ιμάτιο που αφήνει ακάλυπτο τον αριστερό μαστό. Στο κάτω μέρος του σχηματίζονται χελιδονοειδείς απολήξεις. Με το αριστερό χέρι, που δηλώνεται ανάγλυφα, συγκρατεί πτυχή του ιματίου. Στο κεφάλι φέρει πόλο. Μικρή οπή υπάρχει στη γωνία του λυγισμένου χεριού. Όμοια είναι και τα αριθ. 1981/1114 (πιθανώς από την ίδια μήτρα με το 88· στο κάτω τμήμα του οπή), 1116, 1117, 1112 (Πίν. 17γ), 1113 (Πίν. 17δ), 1118, 1119, 1120, 1121, 1122, 1123 (κεφάλι).

89. 1981/1075 (Πίν. 17στ)

Σωζ. ύψ. 0,155 μ.
Πηλός καφέ κοκκινωπός (7.5YR 5/4), άσπρο επίχρισμα.
Η μπροστινή όψη γυναικείας μορφής. Το ειδώλιο είναι τελείως επίπεδο (πλακίδιο). Προβάλλεται το δεξιό στάσιμο πόδι, το αριστερό σύρεται ελαφρά προς τα πίσω. Το κεφάλι είναι συγκολλημένο. Λείπει μικρό τμήμα από το κάτω δεξιό μέρος. Η μορφή φοράει χειριδωτό χιτώνα και ιμάτιο που αφήνει ακάλυπτο τον αριστερό μαστό. Το δεξιό χέρι ακουμπάει στο στήθος. Δεν είναι σαφές αν κρατάει κάτι· με το αριστερό χέρι κρατάει πτυχή του ιματίου. Τα μαλλιά είναι μακριά. Στο κεφάλι φέρει πόλο.
Ίδιου τύπου είναι και τα αριθ. 1981/1076 (με κόκκινο και άσπρο ρόδινο χρώμα, Πίν. 18ε), 1077, 1078 (με οπή στο κάτω μέρος, Πίν. 18στ,ζ), 1080, 1098, 1099 (με μικρή οπή στο κάτω μέρος), 1081, 1124, 1131 (Πίν. 17η, ίδια μήτρα με το αριθ. 89), 1132-1136 (το 1136 προέρχεται από την ίδια μήτρα με το αριθ. 89), 1137-1142 (τα 1140, 1142 έχουν κοίλη την πίσω επιφάνεια), 1143, 1144 (ίδια μήτρα με το αριθ. 89, με κοίλη την πίσω επιφάνεια), 1145-1156 (το 1156 έχει μικρή οπή στην κάτω επιφάνεια), 1158-1188 (Πίν. 17ζ, 18η).
Σε όμοια ειδώλια ανήκουν και τα κεφάλια με πόλο αριθ. 1981/1079, 1082, 1083, 1084, 1086, 1087, 1094, 1095, 1096, 1097, 1104, 1105, 1106.

Ψ. Διάφορα τμήματα γυναικείων ειδωλίων

90. 1981/666

Σωζ. ύψ. 0,145 μ.
Πηλός κοκκινωπός κίτρινος (5YR 7/6), άσπρο επίχρισμα.
Το κάτω μέρος γυναικείας μορφής με χιτώνα και ιμάτιο. Φοράει υποδήματα με ψηλά καττύματα. Στην πίσω όψη διακρίνεται μια ορθογώνια οπή και μέρος δεύτερης (βλ. την πίσω όψη του αριθ. 43).

91. 1981/684

Σωζ. ύψ. 0,12 μ.
Πηλός κίτρινος κοκκινωπός (5YR 6/6).
Τμήμα από το κάτω μέρος γυναικείας μορ-

φής με μέρος του άκρου ποδιού. Φοράει χιτώνα και ιμάτιο. Στην κάτω επιφάνεια υπάρχει μικρή κυκλική οπή.
Τμήματα πτυχώσεων: Αριθ. 1981/652, 658, 754, 626, 627, 628, 634, 1548, 1559, 1550, 1552, 1554, 1546.
Τμήματα κορμών: Αριθ. 1981/779, 740, 679, 687, 677, 673, 701, 680, 685, 689, 694, 623, 1544, 1549, 1547, 683, 1200, 1191.
Τμήματα από το κάτω μέρος ειδωλίων με πόδια και βάσεις: Αριθ. 1981/657, 751, 757, 747, 748, 749, 750, 676, 621, 622, 624, 725, 1541, 1551, 1559, 1550, 1552, 1554, 1546, 1553, 1560, 1575α, 1184, 930, 931, 1130, 944, 659, 1118, 1194.
Τμήματα της πίσω όψης ειδωλίων: Αριθ. 1981/630, 631α,β, 633.
Το αριστερό χέρι μορφής τυλιγμένο με το ιμάτιο είναι το αριθ. 1981/650 (ύψ. 0,09 μ.), ενώ το αριθ. 1981/635 είναι τμήμα πεσσού πάνω στον οποίο στηρίζεται γυναικεία μορφή (ύψ. 0,11 μ.).

Ω. Κεφάλια γυναικείων μορφών

Με πεπονοειδή κόμμωση

92. 1981/853 (Πίν. 18α)

Ύψ. 0,043 μ.
Πηλός ανοικτός καφέ (5YR 6/4), άσπρο επίχρισμα, κόκκινο χρώμα.
Γυναικείο κεφάλι με πεπονοειδή κόμμωση και κόρυμβο, που σχηματίζεται με μπούκλες. Η κόμμωση δηλώνεται με οριζόντιες παράλληλες χαράξεις.

93. 1981/854

Ύψ. 0,041 μ.
Πηλός ρόδινος (5YR 7/4), άσπρο επίχρισμα.
Γυναικείο κεφάλι με πεπονοειδή κόμμωση και κόρυμβο που σχηματίζεται με μπούκλες. Πυκνά κτυπήματα στα μαλλιά.

94. 1981/857

Ύψ. 0,06 μ.
Πηλός ρόδινος (5YR 7/4), άσπρο επίχρισμα.
Γυναικείο κεφάλι με πεπονοειδή πιθανώς κόμμωση, με αποκρούσεις. Φοράει σκουλαρίκια.

95. 1981/860

Ύψ. 0,065 μ.
Πηλός ρόδινος (5YR 7/4), άσπρο επίχρισμα.
Γυναικείο κεφάλι με πεπονοειδή κόμμωση, με αποκρούσεις. Φοράει στρογγυλά σκουλαρίκια.

96. 1981/873 (Πίν. 18β)

Ύψ. 0,042 μ.
Πηλός ρόδινος (5YR 7/4).
Γυναικείο κεφάλι με πεπονοειδή κόμμωση και κόρυμβο, που σχηματίζεται με μπούκλες. Έχει μακρύ λαιμό.

97. 1981/877

Ύψ. 0,035 μ.
Πηλός ανοικτός καφέ (5YR 6/4), άσπρο επίχρισμα.
Γυναικείο κεφάλι με πεπονοειδή κόμμωση και σχηματοποιημένο κόρυμβο.

98. 1981/879

Ύψ. 0,045 μ.
Πηλός ανοικτός καφέ (5YR 6/4), άσπρο επίχρισμα.
Γυναικείο κεφάλι με πεπονοειδή πιθανώς κόμμωση. Διατηρείται μόνον η μπροστινή όψη.

«Τέττιξ»

99. 1981/838 (Πίν. 19θ)

Ύψ. 0,065 μ.
Πηλός ρόδινος (5YR 7/4), άσπρο επίχρισμα.
Γυναικείο κεφάλι με τρεις σειρές σπειροειδών βοστρύχων επάνω από το μέτωπο. Διατηρείται μόνον η μπροστινή όψη. Από το κεφάλι θα εξαρτιόταν ιμάτιο. Φοράει σκουλαρίκια.

100. 1981/875 (Πίν. 18δ)

Ύψ. 0,04 μ.
Πηλός κίτρινος κοκκινωπός (5YR 6/6), άσπρο επίχρισμα.
Γυναικείο κεφάλι με διπλή σειρά σπειροειδών βοστρύχων επάνω από το μέτωπο και κλίση προς τα αριστερά. Διατηρείται μόνον η μπροστινή όψη.

Με βοστρύχους στο μέτωπο

101. 1981/833 (Πίν. 19α)

Ύψ. 0,06 μ.
Πηλός ρόδινος (5YR 7/4).
Γυναικείο κεφάλι με παράλληλες χαράξεις σε δύο σειρές στο μπροστινό μέρος του κεφαλιού. Δύο βόστρυχοι δηλώνονται στο αριστερό μέρος του αυχένα.

102. 1981/834 (Πίν. 19β)

Ύψ. 0,065 μ.
Πηλός ρόδινος (5YR 7/4).
Γυναικείο κεφάλι. Με πυκνή χάραξη δηλώνονται στο πάνω μέρος του μετώπου βόστρυχοι, καθώς και δύο ρυτίδες στο μέτωπο. Η υπόλοιπη κόμμωση είναι αδιαμόρφωτη.

103. 1981/837 (Πίν. 19γ)

Ύψ. 0,06 μ.
Πηλός κίτρινος κοκκινωπός (5YR 7/6).
Γυναικείο κεφάλι με κόμμωση ανάλογη του αριθ. 102, αλλά με πιο πυκνά χαραγμένους και συμμετρικούς βοστρύχους. Έχει αποκρούσεις στο πρόσωπο.

104. 1981/859

Ύψ. 0,07 μ.
Πηλός κίτρινος κοκκινωπός (5YR 7/6).
Γυναικείο κεφάλι με αποκρούσεις. Στο μπροστινό μέρος του κεφαλιού και μέχρι τη μέση του λαιμού υπάρχει μια σειρά βοστρύχων, που είναι αποδοσμένη με χάραξη.

Καλυμμένα με ιμάτια

105. 1981/828 (Πίν. 20α)

Ύψ. 0,055 μ.
Πηλός ρόδινος (5YR 7/4), άσπρο επίχρισμα.
Γυναικείο κεφάλι καλυμμένο με ιμάτιο. Διατηρείται μόνον η μπροστινή όψη.

106. 1981/894

Ύψ. 0,07 μ.
Πηλός ανοικτός κόκκινος (2.5YR 6/6), άσπρο επίχρισμα και χρώμα κοκκινωπό.
Το αριστερό μέρος γυναικείου κεφαλιού με τμήμα του αντίστοιχου ώμου. Ιμάτιο καλύπτει το κεφάλι.

Με στεφάνη

107. 1981/806 (Πίν. 20στ)

Σωζ. ύψ. 0,108 μ.
Πηλός κίτρινος κοκκινωπός (5YR 6/6), άσπρο επίχρισμα.
Γυναικείο κεφάλι με στεφάνη και στεφάνι με φύλλα και καρπούς κισσού, του οποίου λείπει ένα τμήμα. Έχει αποκρούσεις.
Φοράει σκουλαρίκια. Η κόμμωση είναι κνιδιακή.

108. 1981/807 (Πίν. 20η)

Ύψ. 0,75 μ.
Πηλός ανοικτός καφέ (5YR 6/4), άσπρο επίχρισμα.
Γυναικείο κεφάλι με κνιδιακή κόμμωση και στεφάνη χωρίς κτυπήματα στην περιφέρεια. Το ιμάτιο της μορφής εξαρτιέται από τη στεφάνη και καλύπτει το κεφάλι.

109. 1981/813 (Πίν. 20ιβ)

Ύψ. 0,055 μ.
Πηλός ανοικτός καφέ (5YR 6/4), άσπρο επίχρισμα.
Γυναικείο κεφάλι με κνιδιακή κόμμωση, στεφάνη με κτυπήματα στην περιφέρεια, από την οποία σώζεται μικρό τμήμα, και κόρυμβο με μπούκλες. Φοράει σκουλαρίκια.

110. 1981/814 (Πίν. 19στ)

Ύψ. 0,07 μ.
Πηλός κίτρινος κοκκινωπός (5YR 7/8), άσπρο επίχρισμα.
Γυναικείο κεφάλι με κνιδιακή κόμμωση και στεφάνη, από την οποία μεγάλο τμήμα είναι σπασμένο. Σώζεται και τμήμα στεφανιού με φύλλα και καρπούς κισσού. Φοράει σκουλαρίκια με οξεία απόληξη.

111. 1981/816 (Πίν. 20ζ)

Ύψ. 0,095 μ.
Πηλός κίτρινος κοκκινωπός (5YR 6/6), άσπρο επίχρισμα.
Γυναικείο κεφάλι με κνιδιακή κόμμωση και στεφάνη. Από την κυλινδρική βάση της λείπει μικρό τμήμα.

112. 1981/817 (Πίν. 19ζ)

Ύψ. 0,07 μ.
Πηλός κίτρινος κοκκινωπός (5YR 6/6), άσπρο επίχρισμα.
Γυναικείο κεφάλι με κνιδιακή κόμμωση και στεφάνη, από την οποία διατηρούνται μικρά κομμάτια, καθώς και από το στεφάνι με τα φύλλα και τους καρπούς κισσού.

113. 1981/818

Ύψ. 0,065 μ.
Πηλός κίτρινος κοκκινωπός (5YR 6/6), άσπρο επίχρισμα.
Γυναικείο κεφάλι, συγκολλημένο, με στεφάνη. Σώζεται και τμήμα από τη λεπτή κυλινδρική βάση της. Η κόμμωση είναι κνιδιακή. Οι βόστρυχοι δηλώνονται με παράλληλες χαράξεις και ο κόρυμβος σχηματίζεται με μπούκλες. Φοράει σκουλαρίκια με οξεία απόληξη.

114. 1981/819 (Πίν. 19δ)

Ύψ. 0,075 μ.
Πηλός ανοικτός καφέ (5YR 6/4), άσπρο επίχρισμα.
Γυναικείο κεφάλι με στεφάνη με δακτυλιόσχημη βάση και κυλινδρικό στεφάνι. Τα μαλλιά σχηματίζουν τρεις σειρές σπειροειδών βοστρύχων πάνω από το μέτωπο. Φοράει σκουλαρίκια.

115. 1981/820

Ύψ. 0,075 μ.
Πηλός κοκκινωπός κίτρινος (5YR 6/6), άσπρο επίχρισμα.
Η μπροστινή όψη γυναικείου κεφαλιού, συγκολλημένου, με δύο σειρές σπειροειδών βοστρύχων επάνω από το μέτωπο. Λείπει η στεφάνη.

116. 1981/821 (Πίν. 20ε)

Ύψ. 0,07 μ.
Πηλός κίτρινος κοκκινωπός (5YR 6/6), άσπρο επίχρισμα.
Γυναικείο κεφάλι με κνιδιακή κόμμωση και στεφάνη με κυλινδρική βάση. Τα μαλλιά δένονται πίσω σε σχηματοποιημένο κόρυμβο, ενώ πλόκαμοι πέφτουν στους ώμους. Φοράει σκουλαρίκια.

117. 1981/822 (Πίν. 19η)

Ύψ. 0,09 μ.
Πηλός ανοικτός καφέ (5YR 6/4), άσπρο επίχρισμα.
Γυναικείο κεφάλι συγκολλημένο και απολεπισμένο στην πίσω όψη. Έχει κνιδιακή κόμμωση και φοράει στεφάνη με κτυπήματα στην περιφέρεια.

118. 1981/829 (Πίν. 20ι)

Ύψ. 0,07 μ.
Πηλός ανοικτός καφέ (5YR 6/4), άσπρο επίχρισμα.
Γυναικείο κεφάλι με κλίση προς τα αριστερά. Έχει κνιδιακή κόμμωση και φοράει στεφάνη, από την οποία μικρό τμήμα είναι σπασμένο. Στα αυτιά διακρίνονται σκουλαρίκια.

119. 1981/831 (Πίν. 20β)

Ύψ. 0,065 μ.
Πηλός κίτρινος κοκκινωπός (5YR 6/2), άσπρο επίχρισμα.
Η μπροστινή όψη γυναικείου κεφαλιού με κνιδιακή κόμμωση και στεφάνη, από την οποία λείπει η κυλινδρική βάση της. Έχει κλίση προς τα δεξιά. Σαλιγγαροειδείς βόστρυχοι σχηματίζονται στις παρειές. Το κεφάλι δεν έχει πίσω όψη (βλ. ειδώλια ομάδας Α).

120. 1981/840 (Πίν. 20δ)

Ύψ. 0,055 μ.
Πηλός ρόδινος (5YR 7/4), άσπρο επίχρισμα.
Γυναικείο κεφάλι με κνιδιακή κόμμωση και στεφάνη από την οποία σώζεται τμήμα της κυλινδρικής βάσης. Έχει σχηματοποιημένο κόρυμβο και σκουλαρίκια με οξεία απόληξη. Βαθιές χαράξεις στα μαλλιά.

121. 1981/843

Ύψ. 0,065 μ.
Πηλός κίτρινος κοκκινωπός (5YR 7/8).
Γυναικείο κεφάλι, συγκολλημένο, με στεφάνη με κυλινδρική βάση.

122. 1981/856

Ύψ. 0,065 μ.
Πηλός κίτρινος κοκκινωπός (5YR 6/6).
Γυναικείο κεφάλι, ίδιου τύπου με το αριθ. 119 και από την ίδια μήτρα. Διατηρείται μόνον η μπροστινή όψη. Λείπει η κυλινδρική βάση της στεφάνης, ενώ στο πρόσωπο υπάρχουν αποκρούσεις.

123. 1981/858

Ύψ. 0,05 μ.
Πηλός ρόδινος (5YR 7/4).
Γυναικείο κεφάλι με κνιδιακή κόμμωση και στεφάνη με κτυπήματα στην περιφέρεια, από την οποία σώζεται ένα τμήμα.

124. 1981/869

Ύψ. 0,05 μ.
Πηλός κίτρινος κοκκινωπός (5YR 6/4), άσπρο επίχρισμα.
Γυναικείο κεφάλι με κνιδιακή κόμμωση και στεφάνη.

125. 1981/892

Ύψ. 0,03 μ.
Πηλός ανοικτός κοκκινωπός (5YR 6/4), άσπρο επίχρισμα, κόκκινο χρώμα.
Τμήμα γυναικείου κεφαλιού με κνιδιακή κόμμωση και στεφάνη με κυλινδρική βάση.

126. 1981/823 (Πίν. 19ι)

Ύψ. 0,06 μ.
Πηλός ανοικτός καφέ (5YR 6/4), άσπρο επίχρισμα.
Γυναικείο κεφάλι με στεφάνη με κτυπήματα στην περιφέρεια και κυλινδρικό στεφάνι. Τα μαλλιά σχηματίζουν τρεις σειρές σπειροειδών βοστρύχων επάνω από το μέτωπο. Φοράει σκουλαρίκια.

127. 1981/861 (Πίν. 20ια)

Ύψ. 0,05 μ.
Πηλός ανοικτός καφέ (5YR 6/4), άσπρο επίχρισμα.
Γυναικείο κεφάλι με στεφάνη, από την οποία εξαρτιέται ιμάτιο. Διακρίνονται σπειροειδείς βόστρυχοι πάνω από το μέτωπο. Φοράει σκουλαρίκια.

128. 1981/841 (Πίν. 20γ)

Ύψ. 0,065 μ.
Πηλός κίτρινος κοκκινωπός (5YR 6/6), άσπρο επίχρισμα.
Γυναικείο κεφάλι, σπασμένο στην πίσω επιφάνεια, με πεπονοειδή κόμμωση. Έχει στεφάνη με κτυπήματα στην περιφέρεια και φοράει σκουλαρίκια.

129. 1981/851

Ύψ. 0,04 μ.
Πηλός ρόδινος (5YR 7/4).
Γυναικείο κεφάλι με πεπονοειδή κόμμωση και στεφάνη.

Με στεφάνι

130. 1981/811 (Πίν. 21β)

Ύψ. 0,075 μ.
Πηλός ανοικτός καφέ (5YR 6/4), άσπρο επίχρισμα.
Γυναικείο κεφάλι με κνιδιακή κόμμωση και κυλινδρικό στεφάνι, από το οποίο σώζεται ένα τμήμα. Ο σχηματοποιημένος κόρυμβος δένεται με ταινία. Στα μαλλιά υπάρχει πυκνή χάραξη.

131. 1981/812 (Πίν. 21στ)

Ύψ. 0,08 μ.
Πηλός ρόδινος (5YR 7/4), άσπρο επίχρισμα.
Γυναικείο κεφάλι με κνιδιακή κόμμωση και κυλινδρικό στεφάνι. Προσεκτική χάραξη υπάρχει στα μαλλιά.

132. 1981/824 (Πίν. 19ε)

Ύψ. 0,06 μ.
Πηλός ανοικτός καφέ (5YR 6/4).
Γυναικείο κεφάλι με κυλινδρικό στεφάνι, που λείπει. Φοράει σκουλαρίκια.

133. 1981/827 (Πίν. 21γ)

Ύψ. 0,055 μ.
Πηλός ανοικτός καφέ (5YR 6/4), άσπρο επίχρισμα.
Γυναικείο κεφάλι με κνιδιακή κόμμωση, κυλινδρικό στεφάνι και σχηματοποιημένο κόρυμβο.

134. 1981/830

Ύψ. 0,06 μ.
Πηλός ανοικτός καφέ (5YR 6/4), άσπρο επίχρισμα.
Γυναικείο κεφάλι με κνιδιακή κόμμωση και πλοκάμους στους ώμους. Σπασμένο τμήμα του στεφανιού.

135. 1981/836 (Πίν. 21δ)

Ύψ. 0,06 μ.
Πηλός κοκκινωπός καφέ (5YR 5/3), άσπρο επίχρισμα.
Γυναικείο κεφάλι με κνιδιακή κόμμωση και κυλινδρικό στεφάνι. Λείπει τμήμα της πίσω όψης. Φοράει σκουλαρίκια.

136. 1981/852 (Πίν. 21η)

Ύψ. 0,06 μ.
Πηλός ρόδινος (5YR 7/4).
Γυναικείο κεφάλι με κνιδιακή κόμμωση και κυλινδρικό στεφάνι, δεμένο με ταινίες. Φοράει σκουλαρίκια.

137. 1981/862

Ύψ. 0,045 μ.
Πηλός ρόδινος (5YR 7/4).
Γυναικείο κεφάλι με κνιδιακή κόμμωση και κυλινδρικό στεφάνι.

138. 1981/855

Ύψ. 0,065 μ.
Πηλός ρόδινος (5YR 7/4), άσπρο επίχρισμα.
Γυναικείο κεφάλι με αποκρουσμένη επιφάνεια. Έχει πεπονοειδή κόμμωση και φοράει κυλινδρικό στεφάνι και σκουλαρίκια.

139. 1981/844 (Πίν. 21α)

Ύψ. 0,06 μ.
Πηλός κίτρινος κοκκινωπός (5YR 7/6), άσπρο επίχρισμα.
Γυναικείο κεφάλι με κυλινδρικό στεφάνι που περιβάλλει λαμπάδιο στην κορυφή του κεφαλιού, ενώ ο κόρυμβος με τις μπούκλες δένεται με ταινία.

140. 1981/893

Ύψ. 0,045 μ.

Πηλός ανοικτός κόκκινος (2.5YR 6/6), άσπρο επίχρισμα.
Τμήμα από τα μαλλιά γυναικείου ειδωλίου (λαμπάδιο).

141. 1981/835

Ύψ. 0,075 μ.
Πηλός ανοικτός καφέ (5YR 6/4).
Γυναικείο κεφάλι με κυλινδρικό στεφάνι. Τα μαλλιά είναι μακριά. Φοράει σκουλαρίκια.

142. 1981/839

Ύψ. 0,055 μ.
Πηλός κίτρινος κοκκινωπός (5YR 6/6), άσπρο επίχρισμα.
Γυναικείο κεφάλι. Σπασμένο το δεξιό τμήμα του προσώπου και μέρος του στελέχους του στεφανιού.

Με κόρυμβο με μπούκλες

143. 1981/866 (Πίν. 21θ)

Ύψ. 0,04 μ.
Πηλός ρόδινος (5YR 7/4), άσπρο επίχρισμα.
Γυναικείο κεφάλι με κόρυμβο με μπούκλες και μικρά πυκνά κτυπήματα στα μαλλιά. Ο λαιμός είναι λεπτός. Στο πάνω μέρος του κεφαλιού υπάρχει μια οπή.

144. 1981/867 (Πίν. 18γ)

Ύψ. 0,04 μ.
Πηλός όπως του προηγουμένου.
Γυναικείο κεφάλι όμοιο με το αριθ. 143.

145. 1981/868

Ύψ. 0,04 μ.
Πηλός όπως του προηγουμένου, άσπρο επίχρισμα.
Γυναικείο κεφάλι με πυκνά κτυπήματα στην κόμμωση και μακρύ λαιμό. Στο μπροστινό μέρος του κεφαλιού τα μαλλιά διαμορφώνονται με βαθιές παράλληλες χαράξεις. Στο πάνω μέρος του κεφαλιού υπάρχει μικρή οπή.

146. 1981/870

Ύψ. 0,04 μ.
Πηλός όπως του προηγουμένου, άσπρο επίχρισμα και ίχνη κόκκινου χρώματος.
Γυναικείο κεφάλι με κόμμωση όπως του αριθ. 145.

147. 1981/891

Μήκ. 0,038 μ.
Πηλός ανοικτός κόκκινος (2.5YR 6/6).
Τμήμα κόμμωσης γυναικείου κεφαλιού με κόρυμβο.

Με ταινίες

148. 1981/815 (Πίν. 20ιγ)

Ύψ. 0,07 μ.
Πηλός ρόδινος (5YR 7/4).
Γυναικείο κεφάλι με πλεξίδα στο πάνω και πίσω μέρος του κεφαλιού. Φέρει δύο ταινίες και φοράει σκουλαρίκια.

149. 1981/825 (Πίν. 21ε)

Ύψ. 0,065 μ.
Πηλός ρόδινος (5YR 7/4).
Γυναικείο κεφάλι με κνιδιακή κόμμωση και ταινία. Φοράει σκουλαρίκια.

150. 1981/826 (Πίν. 20θ)

Ύψ. 0,07 μ.
Πηλός ανοικτός κόκκινος (2.5YR 6/6).
Γυναικείο κεφάλι με κνιδιακή κόμμωση. Διατηρείται μόνον η μπροστινή όψη. Λείπει η ταινία.

151. 1981/832

Ύψ. 0,06 μ.
Πηλός ανοικτός καφέ (5YR 6/4), άσπρο επίχρισμα.
Γυναικείο κεφάλι με κνιδιακή κόμμωση και κόρυμβο με μπούκλες, σπασμένο. Λείπει η ταινία. Φοράει σκουλαρίκια.

152. 1981/842 (Πίν. 21ζ)

Ύψ. 0,065 μ.
Πηλός ρόδινος (5YR 7/4).
Γυναικείο κεφάλι με αποκρούσεις. Έχει κλίση προς τα αριστερά. Η κόμμωση είναι κνιδιακή και φέρει ταινίες.

153. 1981/846

Ύψ. 0,05 μ.
Πηλός ανοικτός καφέ (5YR 6/4), άσπρο επίχρισμα.
Γυναικείο κεφάλι με κλίση προς τα αριστερά. Η κόμμωση είναι κνιδιακή. Λείπει η πίσω όψη.

154. 1981/847

Ύψ. 0,065 μ.
Πηλός κίτρινος κοκκινωπός (5YR 7/6).
Γυναικείο κεφάλι με κνιδιακή κόμμωση και ταινίες. Η επιφάνεια του προσώπου είναι αποκρουσμένη.

155. 1981/871

Ύψ. 0,034 μ.
Πηλός ρόδινος (5YR 7/4), άσπρο επίχρισμα.
Γυναικείο κεφάλι με κνιδιακή κόμμωση. Πλόκαμοι μαλλιών πέφτουν στους ώμους. Φέρει ταινία.

156. 1981/872

Ύψ. 0,04 μ.
Πηλός όπως του προηγουμένου.
Γυναικείο κεφάλι του τύπου του αριθ. 155.

157. 1981/848 (Πίν. 21ι)

Ύψ. 0,06 μ.
Πηλός ρόδινος (5YR 7/4), άσπρο επίχρισμα.
Γυναικείο κεφάλι με έντονη κλίση προς τα αριστερά και μακρύ λαιμό. Η κόμμωση αποδίδεται με πυκνά μικρά κτυπήματα και ο κόρυμβος με τέσσερις μπούκλες. Φέρει δύο ταινίες.

158. 1981/850 (Πίν. 21ια)

Ύψ. 0,045 μ.
Πηλός κίτρινος κοκκινωπός (5YR 7/6), άσπρο επίχρισμα και υπολείμματα κόκκινου χρώματος.
Γυναικείο κεφάλι με λεπτό μακρύ λαιμό και με κλίση προς τα δεξιά. Στα μαλλιά πυκνά μικρά κτυπήματα. Φέρει ταινία.

159. 1981/865

Ύψ. 0,05 μ.
Πηλός όπως του προηγουμένου.
Γυναικείο κεφάλι με λεπτό λαιμό και κλίση προς τα δεξιά. Τα μαλλιά αποδίδονται με μικρά κτυπήματα και ο κόρυμβος με ελεύθερες μπούκλες.

160. 1981/895

Σωζ. μήκ. 0,03 μ.
Πηλός όπως του προηγουμένου.
Τμήμα γυναικείου κεφαλιού με στεφάνη με κτυπήματα στην περιφέρεια και δακτυλιόσχημη βάση και ταινία που περιβάλλει λαμπάδιο.

Διάφορα

161. 1981/775

Ύψ. 0,055 μ.
Πηλός ρόδινος (5YR 7/4), άσπρο επίχρισμα.
Γυναικείο κεφάλι με μακριά μαλλιά.

162. 1981/849

Ύψ. 0,06 μ.
Πηλός ρόδινος (5YR 7/4), άσπρο επίχρισμα.
Τμήμα γυναικείου κεφαλιού με κλίση προς τα αριστερά. Φοράει σκουλαρίκια.
Από γυναικεία κεφάλια προέρχονται τα τμήματα αριθ. 1981/876, 878, 880-883, 885-890.

Τυπολογικές και ερμηνευτικές παρατηρήσεις

Τα ειδώλια των γυναικείων μορφών του ιερού της Πέλλας ξεπερνούν σε ποσότητα τα υπόλοιπα ειδώλια με μια ενδιαφέρουσα πολυμορφία τύπων. Τα ειδώλια κατατάσσονται τυπολογικά στις εξής ομάδες:

Α. Ειδώλια αριθ. κατ. 1, 2, 3 (Πίν. 7α,β, 8α)

Μορφές ψηλές με χιτώνα ζωσμένο ψηλά, με γραμμικές κάθετες πτυχές. Τα χέρια είναι τεντωμένα προς τα κάτω, τα άκρα χέρια στραμμένα προς τα έξω. Τα ειδώλια είναι κατασκευασμένα από την ίδια μήτρα· διαφοροποιείται μόνον το κεφάλι (η αριθ. 1 με στεφάνη, οι αριθ. 2, 3 με στεφάνι), η πίσω όψη και το κάτω μέρος τους[33].

Β. Ειδώλια αριθ. κατ. 4, 5 (Πίν. 7δ)

Μορφές ψηλές «μνημειακές», που διακρίνονται για τη στατικότητα και το μεγάλο πλάτος τους. Φορούν χιτώνα, ιμάτιο και υποδήματα με ψηλά καττύματα. Ομάδες από βαριές κάθετες πτυχώσεις του χιτώνα εναλλάσσονται με μεγάλες απτύχωτες επιφάνειες.

Γ. Ειδώλια αριθ. κατ. 6, 7, 8 (Πίν. 7γ)

Μορφές κινημένες (Νίκες) με χιτώνα ζωσμένο σταυρωτά στο στήθος[34] και μακριά μαλλιά. Το δεξιό χέρι είναι τεντωμένο κάτω και ελαφρά εκτεταμένο στα πλάγια (αριθ. 6, 7), όπως στα ειδώλια της ομάδας Α, το αριστερό εκτεταμένο στα πλάγια (αριθ. 8).

Δ. Ειδώλια αριθ. κατ. 9, 10 (Πίν. 8στ,β)

Μορφές ψηλές «μνημειακές», που κινούνται προς τα δεξιά (Νίκες). Φορούν χιτώνα με απόπτυγμα και υποδήματα με ψηλά καττύματα. Η κίνηση δηλώνεται με τη φορά των πτυχώσεων, ανάλαφρα κυματιστών στο πάνω μέρος του σώματος, ανεπαίσθητων στο κάτω μέρος, όπου το ρούχο απλώνεται σχεδόν απτύχωτο πάνω στο μηρό του κινημένου ποδιού δημιουργώντας το χαρακτηριστικό στοιχείο της διαφάνειας. Την κίνηση των μορφών ακολουθεί και η φορά των πτυχώσεων του αποπτύγματος.

Ε. Ειδώλια αριθ. κατ. 11, 12, 13 (Πίν. 7ε, 10α)

Τμήματα μορφών με χιτώνα (Νίκες), κινημένων δυναμικά προς τα δεξιά.

ΣΤ. Ειδώλια αριθ. κατ. 14, 15, 16, 17 (Πίν. 9α)

Νεανικές μορφές που ετοιμάζονται να γονατίσουν με το αριστερό πόδι, ενώ το δεξιό στηρίζεται στη γη. Το κεφάλι είναι στραμμένο πλάγια και πάνω. Φορούν χιτώνα και ιμάτιο ριγμένο στον αριστερό ώμο, που ανεμίζει προς τα πίσω. Το ιμάτιο καλύπτει το άκρο αριστερό χέρι, όπου χαράξεις δηλώνουν ότι οι μορφές κρατούσαν κάποιο πολύ λεπτό αδιάγνωστο αντικείμενο.

33. Βλ. κεφ. Τεχνικής ειδωλίων, σ. 77 κ.ε.
34. Βλ. Queyrel, Amathonte IV. Études Chypriotes X, 1988, πίν. 24 αριθ. 234.

Ζ. Ειδώλια αριθ. κατ. 18, 19, 20, 21 (Πίν. 9β, 8γ)

Η στάση και η ενδυμασία των ειδωλίων αυτών είναι όμοιες με αυτά της προηγούμενης ομάδας. Διαφέρουν μόνον η θέση του κεφαλιού που έχει περισσότερο έντονη στροφή προς τα πλάγια και πάνω, καθώς και η θέση των χεριών. Το αριστερό χέρι εκτείνεται προς τα πλάγια και το ιμάτιο ανεμίζει ελεύθερα κάτω από αυτό. Στο άκρο αριστερό χέρι, που είναι καλυμμένο με το ιμάτιο, διακρίνονται κι εδώ οι ίδιες χαράξεις, που έχουν παρατηρηθεί στα ειδώλια της ομάδας ΣΤ. Οι μορφές είναι μικρότερες σε μέγεθος και τα κεφάλια περισσότερο νεανικά, σχεδόν παιδικά σε σχέση με αυτά της προηγούμενης ομάδας.

Η. Ειδώλια αριθ. κατ. 22 (Πίν. 9γ)

Μορφή με χιτώνα ζωσμένο ψηλά που αφήνει ακάλυπτο τον αριστερό μαστό. Γονατίζει με το αριστερό πόδι[35].

Θ. Ειδώλια αριθ. κατ. 23, 24, 25 (Πίν. 9δ, 8δ, 8ε)

Χαρακτηριστικό της ομάδας αυτής είναι το θυμιατήρι που κρατούν οι μορφές με το αριστερό χέρι[36]. Ετοιμάζονται να γονατίσουν, με το αριστερό πόδι η αριθ. 23, με το δεξιό οι αριθ. 24, 25. Φορούν χιτώνα ζωσμένο ψηλά με κοντές χειρίδες και ιμάτιο.

Ι. Ειδώλια αριθ. κατ. 26-35 (Πίν. 10δ,β,γ,ε,στ, 12γ,α,β)

Γυναικείες μορφές με χιτώνα και ιμάτιο και με ποικίλες κομμώσεις (τέττιξ, πεπονοειδής, κνιδιακή, λαμπάδιο)[37]. Στο κεφάλι έχουν ταινίες, στεφάνη, στεφάνι ή έχουν καλυμμένο το κεφάλι με το ιμάτιο[38]. Ενδιαφέρον παρουσιάζει η αριθ. 26 με ιμάτιο που εξαρτιέται από τη

35. Βλ. ειδώλια ομάδας ΣΤ και Ζ.

36. Για πήλινα ειδώλια με θυμιατήρια, βλ. J.M.W. Stoop, Floral Figurines from South Italy, 1960.

37. Για την ιδιόμορφη κόμμωση των κεφαλιών αριθ. 102, 103 με τους βοστρύχους στο μέτωπο βλ. Besques, Louvre cat. III 206, πίν. 287 j, 1· D. Thompson, Hesperia 37 (1968), 323, πίν. 94a, c και N. Bookidis - S. R. Stroud, Demeter and Persephone in Ancient Corinth, 1987, 17 εικ. 5a, d· επίσης, Queyrel, Amathonte IV. Études Chypriotes X, 1988, πίν. 23 αριθ. 208-210. Για την πεπονοειδή κόμμωση με πυκνά μικρά κτυπήματα, ό.π., 230 πίν. 80, αριθ. 958 (αρχές 3ου αι. π.Χ.).

38. Για γυναικεία κεφάλια με κνιδιακή κόμμωση, κυλινδρικό στεφάνι και στεφάνη, βλ. Mollard-Besques, Louvre cat. II 164, πίν. 199e. Besques, Louvre cat. III 82, πίν. 106h D485· Bell, Morgantina I, 1981, 166 πίν. 65 αριθ. 285 κ.ά. Συνδυασμός στεφάνης και στεφανιού με φύλλα κισσού υπάρχει και σε πολλά ειδώλια της Αγοράς της Πέλλας και του ιερού της Αφροδίτης-Μητέρας των θεών στα βόρειά της. Για γυναικεία κεφάλια με στεφάνη και τέττιγα, βλ. Töpperwein, Pergamon 1976, 77, πίν. 50 αριθ. 349· Burr, Boston Myrinas, πίν. XXXVII, αριθ. 97, 98· Μ. Λιλιμπάκη-Ακαμάτη, Λαξευτοί θαλαμωτοί τάφοι της Πέλλας, 1994, 150, αριθ. 136, πίν. 19, 144, αριθ. 107, πίν. 17, 142, αριθ. 97, πίν. 14. Για γυναικεία κεφάλια με λαμπάδιο και ταινία, βλ. Burr-Thompson, Troy, 130, πίν. XLIII, 204, XLIV, 206· Leyenaar-Plaisier, Leiden cat., 1979, 99, πίν. 34 αριθ. 199 (β΄ μισό 2ου αι. π.Χ.)· D. Thompson, Hesperia 32 (1963), 310, πίν. 82 αριθ. 15 (± 225 π.Χ.)· Laumonier, Délos XXIII, 1956, 158, πίν. 50 αριθ. 475 (2ος, 1ος αι. π.Χ.)· Η. Ανδρέου, ΑΔ 33 (1978), Χρονικά, 179, Πίν. 65δ· Αικ. Ρωμιοπούλου, ΑΔ 30 (1975), Χρονικά, 247, Πίν. 164β· E. Pottier - S. Reinach, La Nécropole de Myrina, 1887, πίν. IX (b). Με σχηματοποιημένο λαμπάδιο, Λαζαρίδης, Άβδηρα 1960, 58, πίν. 6 B5 (β΄ μισό 2ου αι. π.Χ.)· Pottier-Reinach, ό.π., πίν. IX (a) και Queyrel, Amathonte IV. Études Chypriotes X, 1988, 183, πίν. 70 αριθ. 777. Για ειδώλια της Πέλλας με λαμπάδιο, βλ. Μ. Λιλιμπάκη-Ακαμάτη, ό.π., 177 αριθ. 277, πίν. 32, 179 αριθ. 283 πίν. 34 (Έρωτας). Για γυναικεία κεφάλια καλυμμένα με το ιμάτιο, I.R. Metzger, Eretria VII, 1985, 84, 85 αριθ. 796-822, πίν. 25· Λαζαρίδης, Άβδηρα, 1960, 54, πίν. 21, A43, A18, A42 (2ος αι. π.Χ.)· Töpperwein, Pergamon, 1976, 221, 222, πίν. 45, 296 και πίν. 46, 310 (τέλος 3ου αι. π.Χ.)· Kleiner, Tanagrafiguren,

στεφάνη[39] και αφήνει ακάλυπτο το άκρο δεξιό χέρι, που ακουμπάει πάνω στον αριστερό ώμο[40], τύπος γνωστός από την Τανάγρα[41].

Κ. Ειδώλια αριθ. κατ. 36, 37 (Πίν. 12δ)

Μορφές με χιτώνα και ιμάτιο που καλύπτει και το κεφάλι και με εκτεταμένο και λυγισμένο το αριστερό χέρι πλάγια.

Λ. Ειδώλια αριθ. κατ. 38, 39 (Πίν. 11α)

Μορφές με χιτώνα και ιμάτιο που κρατούν μικρό ερωτιδέα[42].

Μ. Ειδώλια αριθ. κατ. 40, 41, 42 (Πίν. 12ε)

Μορφές κινημένες προς τα δεξιά με αχειρίδωτο χιτώνα ζωσμένο ψηλά και γιρλάντα στα χέρια.

Ν. Ειδώλια αριθ. κατ. 43-49 (Πίν. 11β, 13α)

Μορφές με χιτώνα με απόπτυγμα, ζωσμένο ψηλά και πόλο[43].

Ξ. Ειδώλια αριθ. κατ. 50-55 (Πίν. 12στ,ζ, 13β)

Οι μορφές κινούνται προς τα δεξιά. Φορούν χιτώνα με απόπτυγμα που αφήνει γυμνό το προβαλλόμενο δεξιό πόδι (αριθ. 50) και τον αριστερό μαστό (αριθ. 51, 52)[44]. Τα χέρια εκτείνονται μπροστά, τα μαλλιά είναι μακριά.

Ο. Ειδώλιο αριθ. κατ. 56 (Πίν. 13γ)

Μορφή στατική με χιτώνα και ιμάτιο, σφιχτά τυλιγμένο γύρω από το σώμα με γραμμικές πτυχώσεις.

1942, πίν. 5 (4ος αι. π.Χ.)· Leyenaar-Plaisier, Leiden cat., 1979, 327 πίν. 119, 881 (α΄ μισό 2ου αι. π.Χ.)· Bell, Morgantina I, 1981, 201, πίν. 104 αριθ. 612· Burr-Thompson, Troy, 127, πίν. XXXVIII, 171.

39. Από τη στεφάνη εξαρτιέται το ιμάτιο και στο ειδώλιο αριθ. 33.

40. Και στο ειδώλιο αριθ. 33 το χέρι, καλυμμένο όμως από το ιμάτιο, ακουμπάει στο στήθος.

41. Για τη θέση του χεριού, Töpperwein, Pergamon, 1976, 204, πίν. 10 αριθ. 65· επίσης TK II 46,5· Bell, Morgantina I, 1981, 175, 176, πίν. 77 αριθ. 370, πίν. 78· H. Thompson, Hesperia 5 (1936), 173 εικ. 19 h^2· ακόμη, Mollard-Besques, Louvre cat. II 116, πίν. 139b MYR 1197· Besques, Louvre cat. IV/I 40, πίν. 30e D3508 (αρχές 2ου αι. π.Χ.) και Kleiner, Tanagrafiguren, 1942, πίν. 17 (β΄ σειρά), πίν. 26 (α΄ σειρά)· Queyrel, Amathonte IV. Études Chypriotes X, 1988, 129, πίν. 43 αριθ. 413.

42. Λιλιμπάκη-Ακαμάτη, ό.π., 177 αριθ. 277, πίν. 32 και 150 αριθ. 136, πίν. 19· βλ. και Δάφφα-Νικονάνου, Πρόερνα 92, πίν. 3 εικ. 1, 3.

43. Μορφές με πόλο, Λαζαρίδης, Άβδηρα, 1960, πίν. 20 Β79, Α38, Β80 (2ος αι. π.Χ.)· Davidson, Corinth XII, 1952, πίν. 20 αριθ. 239-244 (250 π.Χ.)· J. N. Coldstream, Knossos, The Sanctuary of Demeter, 1973, 82, πίν. 57 αριθ. 191· M. Borda, Ceramiche e terrecotte greche magno-greche e italiche del Museo Civico di Treviso, 1976, πίν. 139, 140 (4ος αι. π.Χ.)· F. Guidice, MonAnt 49 (1979), 281, πίν. XIV αριθ. 44, 45, 48, 48_2· Bell, Morgantina I, 1981, 138, 139, πίν. 24-27.

44. Mollard-Besques, Louvre cat. II 68 πίν. 83b MYR 994, 83e, 993, 83f B° 106 (για το ένδυμα και την κίνηση)· Töpperwein, Pergamon, 1976, 211, πίν. 24, 147, 159 (για το ένδυμα)· Mollard-Besques, Louvre cat. II 65, πίν. 80f MYR 169 (τέλος 3ου αι. π.Χ.)· Burr, Boston Myrinas, 59, πίν. XXVIII αριθ. 68 (μέσα 2ου αι. π.Χ. για το ένδυμα και την κίνηση)· Bell, Morgantina, I, 1981, 161, πίν. 60 αριθ. 239, 240· V. R. Koester - A.U. Kossatz, IstMitt 30 (1981), 50, 51,

Π. Ειδώλια αριθ. κατ. 57-60 (Πίν. 13δ)

Γυμνές μορφές του τύπου των «ιεροδούλων» με αρθρωτά μόνο χέρια[45].

Ρ. Ειδώλια αριθ. κατ. 61-65 (Πίν. 14ε, 13ε, 14στ, 14δ)

Καθιστές μορφές, όχι του ίδιου τύπου. Η αριθ. 61 με χιτώνα πρέπει να ήταν προσαρμοσμένη κάπου, μαζί με μια ακόμη πιθανώς μορφή. Οι πτυχές αποδίδονται με πυκνές χαράξεις. Η αριθ. 62 με δυσδιάκριτα χαρακτηριστικά κάθεται έχοντας σταυρωτά τα πόδια, όπου διακρίνονται υποδήματα. Ο χιτώνας αφήνει ακάλυπτο τον αριστερό ώμο. Φοράει και ιμάτιο. Τα μαλλιά είναι μακριά με λαμπάδιο στην κορυφή.

Σ. Ειδώλιο αριθ. κατ. 66 (Πίν. 14ζ)

Γυμνή γυναικεία μορφή του πολύ διαδεδομένου τύπου της Αφροδίτης που αποκαλύπτεται. Τα καλύτερα δείγματά του ανήκουν στο 2ο αι. π.Χ.[46].

Τ. Ειδώλια Αθηνάς, αριθ. κατ. 67-71 (Πίν. 14α,β,γ)

Τα περισσότερα ειδώλια Αθηνάς του ιερού ανήκουν στον τύπο της θεάς με τα κέρατα βοδιού στην περικεφαλαία, που είναι ιδιαίτερα διαδεδομένος στην Πέλλα. Ειδώλια του τύπου αυτού έχουν βρεθεί σε ανασκαφές σπιτιών και ιερών της πόλης[47].

Υ. Ειδώλια Άρτεμης, αριθ. κατ. 72-76 (Πίν. 15γ)

Τα ειδώλια της Άρτεμης του Θεσμοφορίου της Πέλλας έχουν τον ίδιο τύπο[48] και προέρχονται πιθανότατα από τις ίδιες μήτρες. Η γραμμική διαπραγμάτευση των πτυχών του χιτώνα μετριάζεται με τις κυματιστές ανομοιόμορφες επίθετες απολήξεις του ιματίου στα πλάγια.

Φ. Υδριαφόρες μορφές, αριθ. κατ. 77-87 (Πίν. 15δ,β,ε,α, 16, 17α,β)

Οι υδριαφόρες μορφές του Θεσμοφορίου της Πέλλας ανήκουν τυπολογικά σε τέσσερις κατηγορίες:

α. Με χιτώνα ζωσμένο ψηλά κάτω από το στήθος και με άνοιγμα σχήματος V στο λαιμό (αριθ. 77, 78, 79). Τα ειδώλια είναι κοίλα και έχουν πίσω όψη.

β. Με χιτώνα και ιμάτιο. Είναι κοίλα και έχουν πίσω όψη (αριθ. κατ. 80).

γ. Με χιτώνα με απόπτυγμα και με άνοιγμα σχήματος V στο λαιμό (αριθ. κατ. 81). Έχουν χαμηλή ωοειδή βάση. Τα περισσότερα ειδώλια της κατηγορίας αυτής είναι πλακίδια, έχουν

πίν. 27 αριθ. 4-7 (Μίλητος). Βλ. και Η.Η. БРИТОВА, ГРЕУЕСКАЯ ТЕРРАКОТА, 1969 εικ. 88Β, Г, για την κίνηση των χεριών.

45. Βιβλιογραφία σχετική, βλ. Μ. Λιλιμπάκη-Ακαμάτη, ό.π., 235.

46. Για τον τύπο, Mollard-Besques, Louvre cat. III 271 πίν. 339b D2150 (Ταρσός, β΄ μισό 2ου αι. π.Χ.).

47. Χ. Ι. Μακαρόνας, ΑΔ 19 (1964), Χρονικά, 340 κ.ε., Πίν. 393α, β, γ, αλλά και σε όλες σχεδόν τις ανασκαφές της Πέλλας έχουν βρεθεί ειδώλια Αθηνάς με κέρατα βοδιού στην περικεφαλαία. Τα τμήματα περικεφαλαίων αριθ. 374 του Θεσμοφορίου μαρτυρούν την ύπαρξη και άλλων ειδωλίων Αθηνάς, που δεν σώθηκαν.

48. Γενικά για ειδώλια Άρτεμης, βλ. ΤΚ ΙΙ, 166, 6· Mollard-Besques, Louvre cat. II 83, πίν. 101f MYR 198· A. Köster, Die griechischen Terrakotten, 1926, 83, πίν. 86, και το ίδιο στο E. Paul, Tanagra-Figuren, 1962, πίν. 26· Ι. Α. Παπαποστόλου, ΑΔ 32 (1977), Χρονικά, 68, Πίν. 53δ, 54α· Queyrel, Amathonte IV. Études Chypriotes X, 1988, πίν. 23 αριθ. 213 και πίν. 85. Τα εξαρτήματα της φαρέτρας αριθ. 375 που βρέθηκαν στο Θεσμοφόριο πρέπει να σχετισθούν με ειδώλια της Άρτεμης.

δηλαδή μόνο μπροστινή όψη. Η πίσω επιφάνειά τους είναι κοίλη. Χαρακτηριστικό τους είναι η έντονη γραμμική απόδοση των πτυχών του χιτώνα[49].

δ. Με χειριδωτό χιτώνα με άνοιγμα σχήματος V στο στήθος και ιμάτιο, που αφήνει ακάλυπτο το δεξιό μαστό (πλακίδια). Η πίσω επιφάνεια είναι κοίλη (αριθ. κατ. 86, 87)[50].

Οι μορφές και των τεσσάρων ομάδων κρατούν με το δεξιό χέρι τους την υδρία πάνω στο κεφάλι, ενώ το αριστερό ακουμπάει μισολυγισμένο πάνω στον αντίστοιχο μηρό (βλ. ομάδες Α, Γ) ή ανασηκώνει πτυχή του ενδύματος (βλ. ομάδα Δ).

ε. Οι μορφές αριθ. κατ. 82-85, κοίλες, με πίσω όψη, έχουν χιτώνα ζωσμένο ψηλά με χαλαρό άνοιγμα στο λαιμό σχήματος V, μακριά μαλλιά και κρατούν την υδρία με τα δύο τους χέρια πάνω στο κεφάλι.

Ο τύπος της υδριαφόρου μορφής, πολύ γνωστός στην Ελλάδα και σε περιοχές έξω από αυτήν, αντιπροσωπεύεται με ένα μεγάλο πλήθος ειδωλίων, από τα πρώιμα ακόμα κλασικά χρόνια έως το τέλος της ελληνιστικής εποχής. Οι υδριαφόρες δεν είναι πάντα ντυμένες όπως στο Θεσμοφόριο της Πέλλας. Αρκετές φορές φορούν πέπλο. Την υδρία κρατούν ή με το ένα χέρι, αριστερό ή δεξιό, ή και με τα δύο[51].

Χ. Αρχαϊστικές μορφές, αριθ. κατ. 88-89 (Πίν. 17ε,γ,δ,στ,η,ζ, 18ε-η)

Οι αρχαϊστικές μορφές του ιερού της Πέλλας διακρίνονται τυπολογικά σε δύο κατηγορίες:

α. Αριθ. κατ. 88. Παριστάνεται η πλάγια όψη γυναικείων μορφών με χειριδωτό χιτώνα με απόπτυγμα και ιμάτιο που αφήνει ακάλυπτο τον αριστερό μαστό και μηρό. Το απόπτυγμα του χιτώνα έχει χελιδονωτή απόληξη. Στο κεφάλι φέρουν πόλο. Το χέρι που ακουμπάει πάνω στο μηρό δηλώνεται ανάγλυφα, ενώ μικρή οπή στη γωνία του λυγισμένου αριστερού χεριού

49. Πλακίδιο είναι η υδριαφόρος αριθ. 81 και οι όμοιες με αυτήν, βλ. σ. 37, 38.

50. Βλ. και επόμενη ομάδα Χ. Αρχαϊστικές μορφές. Επίσης, Besques, Louvre cat. III 65 πίν. 86a, b (πλακίδια με νύμφες από περιδέραιο)· Ph.W. Lehmann - D. Spittle, The Temenos, Samothrace 5, 1982, 174 εικ. 147, 178 εικ. 149, 150 και γενικά από σ. 172 κ.ε. (M.L. Hadzi).

51. TK I, 157, 1, 3, κ.ά. (με χιτώνα με απόπτυγμα και ψηλά ζωσμένο χιτώνα)· Κ. Ρωμαίος, ΑΔ 6 (1920-21), 90 κ.ε. Πίν. 24, 25 (με πέπλο με μακρύ απόπτυγμα)· Metzger, Eretria VII, 1985, 70, πίν. 17, αριθ. 53, 59· Wiegand-Schrader, Priene, 1904, 159 εικ. 135, 140 (με χιτώνα και ιμάτιο)· V.R. Koester - A.U. Kossatz, IstMitt 30 (1980), 50-51, πίν. 27 αριθ. 1-3 (4ος αι. π.Χ., με χιτώνα-ιμάτιο και πέπλο)· Β. Καραγιώργης, ΑΔ 26 (1971), Χρονικά, 564, Πίν. 576β (Πάφος, αρχές ελληνιστικής εποχής, με χιτώνα με απόπτυγμα)· R.A. Higgins, Greek Terracottas, 1967, πίν. 27 f, g (5ος, 4ος αι. π.Χ., με χιτώνα και ιμάτιο)· Besques, Louvre cat. III 62 πίν. 77b D352 (Ιεράπετρα, ελληνιστικό, με χιτώνα)· Besques, Louvre cat. IV, I 46, πίν. 36b D3541 (Γνάθια, 3ος αι. π.Χ., με χιτώνα και ιμάτιο)· Δάφφα-Νικονάνου, Πρόερνα 87, πίν. 1 εικ. 1-4 (με πέπλο και χιτώνα-ιμάτιο)· J.N. Coldstream, ό.π., 68 πίν. 40 αριθ. 62, 63, 64b, 65a, c, πίν. 41, 67 (με χιτώνα-ιμάτιο, πέπλο-ιμάτιο)· R. Stroud, Hesperia 34 (1965), 7 πίν. 2f· D. White, AJA 80 (1976), 174, πίν. 28, εικ. 31 (με χιτώνα και ιμάτιο)· E.Töpperwein-Hoffmann, IstMitt 21 (1971), 148, πίν. 45,4 (με χιτώνα και ιμάτιο)· Chr. Brinkemberg, Les petits objets, Lindos I, 1931, 705, πίν. 140 αριθ. 3003, 3007 (με χιτώνα και ιμάτιο)· F. Işik, IstMitt, Beih. 21, 1980, 181, πίν. 9-16 (λίγες με πέπλο, οι περισσότερες με χιτώνα και ιμάτιο)· E. Diehl, Die Hydria, 1964, πίν. 45, 187· Breitenstein, Danish Museum cat., 1941, πίν. 42 αριθ. 355, 356 (Πελοπόννησος, με πέπλο)· Higgins, British Museum cat. 1954, 185, πίν. 91 αριθ. 697, 698 (με πέπλο)· W. Froehner, Terres cuites d'Asie Mineure de la collection J. Créau II, 1891, πίν. 10 αριθ. 272 (με χιτώνα με απόπτυγμα)· El. Rohde, Griechische Terrakotten, 1968, 41 εικ. 18b (Βοιωτία, ύστερος 5ος αι. π.Χ., με πέπλο)· V. Verhoogen, Terres-cuites grecques aux Musées royaux d'art et d'histoire, 1956, πίν. X (με χιτώνα και ιμάτιο)· A. Levi, Le terrecotte figurate del Museo Nazionale di Napoli, 1926, 82 εικ. 69 (με χιτώνα με απόπτυγμα)· A. Köster, Die griechischen Terrakotten, 1926, 34 (με χιτώνα με απόπτυγμα)· M.M. Kobylina, Terrakoty Severnogo Pričernomor'ja, 1970, πίν. 32 αριθ. 3· J. Schneider-Lengyel, Griechische Terrakotten 1936, αριθ. 35 (με χιτώνα με απόπτυγμα)· Queyrel, Amathonte IV. Études Chypriotes X, 1988, 109 πίν. 34, αριθ. 337 κ.ά., πίν. 35 αριθ. 339 κ.ά., πίν. 84, 85 (με χιτώνα με απόπτυγμα, με χιτώνα και ιμάτιο κ.ά.).

χρησίμευε για την προσαρμογή των ειδωλίων. Και αυτά φέρουν οπή στο κάτω μέρος για τη στήριξή τους (αριθ. 1981/1114)[52], ενώ η πίσω όψη είναι επίπεδη[53].

β. Στην κατηγορία αυτή ανήκουν τα περισσότερα ειδώλια των αρχαϊστικών μορφών (αριθ. 89 κ.ά.)[54]. Οι μορφές φέρουν πόλο. Φορούν χιτώνα με απόπτυγμα και ιμάτιο που αφήνει ακάλυπτο τον αριστερό μαστό. Το δεξιό χέρι ακουμπάει στο στήθος, με το αριστερό κρατούν το ρούχο. Τα μαλλιά είναι μακριά.

Όλα τα ειδώλια της ομάδας αυτής έχουν μόνο μπροστινή όψη, είναι δηλαδή πλακίδια. Στα περισσότερα ειδώλια η πίσω όψη είναι επίπεδη. Στο κάτω τμήμα τους τα περισσότερα έχουν μια οπή για την προσαρμογή τους.

Ο τύπος της γυναικείας μορφής με το χέρι στο στήθος, με χιτώνα και λοξά ριγμένο ιμάτιο με ημικυκλική απόληξη στους μηρούς, είναι αττικός και αρχίζει με τη μορφή της Κόρης, πολύ κοινή στην αρχαϊκή Ελλάδα. Ειδώλια του τύπου αυτού με διάφορες παραλλαγές, κατασκευάζονταν έως τα ελληνιστικά χρόνια. Οι αρχαϊστικές μορφές του ιερού της Πέλλας, αν και είναι δεμένες με την παράδοση και θυμίζουν κάποιο παλαιό καλλιτεχνικό πρότυπο, ελάχιστα πλησιάζουν τα παλαιότερα έργα από αισθητική άποψη. Χαρακτηριστικά τους είναι η διακοσμητικότητα του ενδύματος και η ακαμψία στη στάση[55].

Δεν είναι σαφές αν οι μορφές κρατούν κάποιο αντικείμενο στο στήθος. Φαίνεται ότι δεν ενδιέφερε τον κοροπλάστη να αποδώσει το αντικείμενο της προσφοράς, αλλά την πράξη της προσφοράς.

Ο μεγάλος αριθμός τους στο ιερό δείχνει ότι ήταν πολύ συνηθισμένη προσφορά και όχι δαπανηρή. Η μέτρια ποιότητα είναι χαρακτηριστική της μαζικής παραγωγής τους.

Η έντονη αρχαϊστική επιμέλεια, οι αυστηρά περιορισμένοι και επαναλαμβανόμενοι τύποι και η ύπαρξη του πόλου διαφοροποιούν τις μορφές από άλλα ειδώλια του ιερού, που παριστάνουν γυναίκες της καθημερινής ζωής.

Τα γυναικεία ειδώλια του Θεσμοφορίου της Πέλλας μπορούν να χαρακτηρισθούν ως γυναίκες που μετέχουν σε τελετουργίες, απλές αναθέτριες, θεότητες, Νίκες και «ιερόδουλοι»[56].

Στην πρώτη κατηγορία, των γυναικών που μετέχουν σε τελετουργίες, μπορούν να ενταχθούν τα ειδώλια των ομάδων Α, ΣΤ, Ζ, Η, Θ και Μ. Με τα τεντωμένα και στραμμένα προς τα έξω άκρα χέρια οι μορφές των ομάδων Α και Γ, συμμετέχουν σε κάποια τελετή της γιορτής. Στα ειδώλια της ομάδας Θ απεικονίζεται τελετουργία με χρησιμοποίηση θυμιατηριού. Τελετουργικές είναι και οι κινήσεις των νεανικών μορφών των ομάδων ΣΤ και Ζ, που ετοιμάζονται να γονατίσουν, στρέφουν το κεφάλι πλάγια ανασηκώνοντάς το και εκτείνουν τα χέρια. Οι κινήσεις τους θα μπορούσαν να χαρακτηρισθούν ακόμη και χορευτικές[57]. Το ιδιαίτερα

52. Βλ. υδριαφόρες μορφές ομάδων Γ και Δ.

53. Βλ. ειδώλια αριθ. 1981/ 1112, 1113.

54. D. Thompson, Hesperia 28 (1959), 133, πίν. 27 αριθ. 9 και T2942, T186, T1629. Βλ. και πίν. 18 για το ένδυμα. Gl. Davidson, Hesperia 11 (1942), 113, 115 εικ. 5· η ίδια, Corinth XII, 1952, 43 αριθ. 238 πίν. 20 (4ος/3ος αι. π.Χ.)· Γ. Σταϊνχάουερ, ΑΔ 30 (1975), Χρονικά, 79, Πίν. 46γ, δ· N. Bookidis, Hesperia 41 (1972), πίν. 62d· Γρ. Κωνσταντινόπουλος, ΑΔ 23 (1968), Χρονικά 439, Πίν. 408β (κορμός αρχαϊστικού αγάλματος από τη Ρόδο, για το ένδυμα). Επίσης, Töpperwein, Pergamon, 1976, 35, πίν. 19 αριθ. 121, πίν. 20 αριθ. 122.

55. Γενικά για ειδώλια αρχαϊστικών μορφών, βλ. D. Thompson, ό.π., και 61· Gl. Davidson, ό.π. Για το αρχαϊστικό στυλ, Ph.W. Lehmann - D. Spittle, ό.π., 304 (M. L. Hadzi).

56. Η αποσπασματικότητα και η κακή διατήρηση των ειδωλίων ορισμένων ομάδων δεν επιτρέπει περαιτέρω παρατηρήσεις, όπως π.χ. τα ειδώλια της ομάδας Ρ (καθιστές γυναικείες μορφές).

57. Για χορούς σε θρησκευτικές γιορτές, L. Lawler, The Dance in Ancient Greece, 1964, 108 και ειδικότερα 93, 94 για χορούς στα Θεσμοφόρια.

λεπτό αντικείμενο που κρατούν με το καλυμμένο με το ιμάτιο αριστερό χέρι ήταν ίσως κάποιο άνθος ή φυτό.

Η γιρλάντα των μορφών της ομάδας Μ, είναι ένας ανθοπλοχμός, σαν τους πραγματικούς που προσφέρονταν ή ακόμα και το *μόροττον* των γραπτών πηγών, η χρήση του οποίου μαρτυρείται στα Θεσμοφόρια. Με αυτό, που ήταν καμωμένο από φλοιούς δένδρων, οι γυναίκες χτυπούσαν η μια την άλλη στη διάρκεια της γιορτής, σε μια τελετή που είχε σχέση με τη γονιμότητα[58].

Ο μεγάλος αριθμός των υδριαφόρων μορφών (ομάδα Φ), απαραίτητων αναθημάτων των Θεσμοφορίων σχετίζεται αναμφισβήτητα με κάποια τελετή υδροφορίας[59]. Φαίνεται ότι το νερό με την εξαγνιστική του ιδιότητα έπαιζε καθοριστικό ρόλο σε αυτή την τελετή[60].

Στην κατηγορία των απλών αναθετριών ανήκουν τα ειδώλια της ομάδας Ι. Παρόμοια ειδώλια, με την ενδυμασία των γυναικών της καθημερινής ζωής και με ποικίλες κομμώσεις, έχουν βρεθεί σε ανασκαφές σπιτιών και τάφων της Πέλλας. Είναι οι γυναίκες της καθημερινής ζωής που αφιερώνονται στους θεούς της γονιμότητας της γης για να έχουν την εύνοια και την προστασία τους[61].

Η γυναικεία μορφή με τον ερωτιδέα της ομάδας Λ είναι πολύ διαδεδομένη στην Πέλλα. Έχει τον τύπο της κουροτρόφου, για τη λατρεία της οποίας υπάρχουν ποικίλα στοιχεία τόσο από τη γραπτή παράδοση, όσο και από τα αρχαιολογικά ευρήματα[62]. Οι γυναικείες μορφές με τον έρωτα του ιερού, είναι αφιερωμένες στη χθόνια θεότητα της βλάστησης και της γονιμότητας της γης. Παρόμοιες μορφές που έχουν βρεθεί σε τάφους, θεωρήθηκαν αφιερώματα στη χθόνια θεά των νεκρών, που έχει τα χαρακτηριστικά της Αφροδίτης-Περσεφόνης, θεότητες με συγγενικές υποστάσεις. Ο έρωτας, όπως και το περιστέρι, είναι συνηθισμένα σύμβολα της θεότητας. Τα περιστέρια αριθ. κατ. 231-234 του Θεσμοφορίου ήταν πιθανότατα κολλημένα σε παρόμοιες μορφές.

Δύσκολα μπορεί να συσχετίσει κανείς με απόλυτη βεβαιότητα ειδώλια του Θεσμοφορίου με την κύρια τιμώμενη θεά του ιερού, τη Δήμητρα. Οι μνημειακές μορφές των ομάδων Β και Ο που θυμίζουν έργα πλαστικής, με την αυστηρή μετωπική στάση οι πρώτες και τη στατικότητά της η δεύτερη, μπορούν να θεωρηθούν απόηχοι κάποιου λατρευτικού αγάλματος της θεάς. Οι μορφές, όμως, με πόλο της ομάδας Ν και οι αρχαϊστικές μορφές με πόλο (ομάδα Χ) είναι αυτές που συγκεντρώνουν τις περισσότερες πιθανότητες, εφόσον ο πόλος από τον 7ο αι. π.Χ.[63] χαρακτηρίζει διάφορες θεότητες και πολλές μορφές με πόλο που έχουν βρεθεί σε ιερά Δήμητρας έχουν ερμηνευθεί ως Δήμητρα ή Περσεφόνη[64]. Δεν πρέπει όμως να παραβλε-

58. Hesychii Alexandrini Lexikon II, λ. μόροττον: *ἐκ φλοιοῦ πλέγμα τι, ᾧ ἔτυπτεν τοῖς Δημητρίοις*· Πλουτάρχου Ηθικά 693F· L. Deubner, Attische Feste, 1932, 58 σημ. 6.

59. Ένα ειδώλιο υδριαφόρου μορφής έχει βρεθεί στις παλαιές ανασκαφές της Πέλλας, το Ε3527 (ύψ. 0,10 μ.). Είναι σπασμένα το άκρο δεξιό χέρι και η υδρία. Σώζεται ως τα γόνατα. Φοράει χιτώνα ζωσμένο ψηλά, όπως το αριθ. 79. Τα υπόλοιπα ειδώλια υδριαφόρων μορφών από τις παλαιές ανασκαφές είναι κυρίως κεφάλια με υδρίες (Ε1553, Ε1515, Ε1905, Ε279, Ε2562, Ε2419, Ε2390). Προέρχονται από τον τομέα Ι και βρέθηκαν κυρίως σε επιχώσεις δρόμων και στο τετράγωνο 2.

60. Δάφφα-Νικονάνου, Πρόερνα 88· στην ανασκαφή του Θεσμοφορίου της Πέλλας δεν βρέθηκαν, εντούτοις, μεγάλες πήλινες υδρίες.

61. Μ. Λιλιμπάκη-Ακαμάτη, ό.π., 249-251.

62. Για τα ειδώλια του τύπου αυτού στην Πέλλα, βλ. Μ. Λιλιμπάκη-Ακαμάτη, ό.π., 150, αριθ. 136, 227· Th. Hadzisteliou-Price, Kourotrophos, 1978.

63. Για σχήματα πόλων, V.K. Müller, Der Polos der griechische Götterkrone, 1915, πίν. Α, Β· γενικά για τον πόλο, Δάφφα-Νικονάνου, Πρόερνα 116· D. Thompson, Hesperia 23 (1954), 100· Bell, Morgantina I, 1981, 81.

64. Bell, Morgantina I, 1981, 32, 34, 35.

φθεί και η τάση των θνητών να προσθέσουν στο ανάθημα χαρακτηριστικά στοιχεία της θεότητας, προσδοκώντας έτσι μια αμεσότερη προσέγγιση μ' αυτήν, ιδίως όταν οι αναθηματικές μορφές παριστάνονται να εκτελούν κάποιες τελετουργικές πράξεις.

Ωστόσο, αν οι μορφές με πόλο θεωρηθούν αναθέτριες παραδοσιακού τύπου, ο οποίος επιβιώνει για πολλά χρόνια σε θρησκευτικά θέματα, τότε μένει ανεξήγητη η απουσία στο ιερό της Πέλλας ειδωλίων που παριστάνουν τη Δήμητρα, την κύρια τιμώμενη θεά της γιορτής, ενώ υπάρχουν άφθονα ειδώλια άλλων θεοτήτων που μόνον έμμεσα σχετίζονται με τα Θεσμοφόρια, λόγω του αγροτικού χαρακτήρα τους. Γι' αυτό είναι πιο πιθανό οι μορφές με πόλο να παριστάνουν τη Δήμητρα.

Η παρουσία στο Θεσμοφόριο της Πέλλας ειδωλίων Αθηνάς με κέρατα βοδιού στην περικεφαλαία (ομάδα Τ) ενισχύει την ερμηνεία της παρουσίας των κεράτων βοδιού ως attribut μιας θεάς που ήταν προστάτιδα των βοοειδών σε μια περιοχή όπου αυτά αφθονούσαν[65]. Σε ένα ιερό όπου γίνονταν τελετές για την ευφορία της γης και τον πολλαπλασιασμό των καρπών, είναι απολύτως δικαιολογημένη η παρουσία αναθημάτων που σχετίζονται με μια θεότητα που προστάτευε άλλη μια πηγή διατροφής, όπως ήταν τα βοοειδή[66]. Με τη λατρεία της θεάς σχετίζεται πιθανότατα και ο μεγάλος αριθμός βουκράνων που βρέθηκαν στο ιερό[67].

Η ιδιότητα της Άρτεμης (ειδώλια ομάδας Υ) ως θεάς της ευφορίας της φύσης φαίνεται ότι ήταν γνωστή και στην περιοχή της Πέλλας[68]. Η σπανιότητα ειδωλίων Άρτεμης σε άλλους ανασκαφικούς τομείς της πόλης, είναι αποδεικτικό στοιχείο του χαρακτήρα της θεάς στην περιοχή αυτή, όπου δεν σχετίζεται με την αστική ζωή, αλλά ως προστάτιδα του κυνηγιού και της βλάστησης, λατρεύεται στην ύπαιθρο.

Η παρουσία της Αφροδίτης, τέλος (ειδώλιο ομάδας Θ), θεάς του έρωτα και της ζωής, που γεννιέται απ' αυτόν, είναι απόλυτα δικαιολογημένη σε ένα ιερό, όπου οι τελετές απέβλεπαν

65. Μ. Λιλιμπάκη-Ακαμάτη, Μνήμη Δ. Λαζαρίδη, 1990, 195· η ίδια, Πέλλα, πρωτεύουσα των αρχαίων Μακεδόνων, οδηγός έκθεσης, 1987, 22.

66. Και στο ιερό της Περσεφόνης στη Morgantina έχουν βρεθεί ειδώλια Αθηνάς, Bell, Morgantina I, 1981, 157, πίν. 55 αριθ. 215, 218, πίν.56. Η αναφορά της Αθηνάς στον Ομηρικό Ύμνο ως φίλης της Περσεφόνης δεν είναι άσχετη με την παρουσία της στα ιερά της κόρης της Δήμητρας. Οι Θεσμοφοριάζουσες του Αριστοφάνη επικαλούνται την Παλλάδα (στ. 1136). Σε παραστάσεις αγγείων με θέμα την αρπαγή της Περσεφόνης από τον Πλούτωνα εικονίζεται και η Αθηνά, A.D. Trendall, The Red-figured Vases of Apulia II, 1982 πίν. 333,2· P. Lindner, JdI 97 (1982), 382 εικ. 55.

Η παρουσία των ειδωλίων Αθηνάς στο ιερό χθόνιων θεοτήτων ενισχύει την άποψη που έχει διατυπωθεί για τη στενή σχέση Άδη και Αθηνάς στην Κορώνεια της Βοιωτίας, όπου η Αθηνά Ιτωνία λατρευόταν ως πάρεδρος του Άδη (Παυσανίου IX, 34, 1). Για τη χθόνια υπόστασή της στην περιοχή αυτή, βλ. Γ. Δεσπίνης, Συμβολή στη μελέτη του έργου του Αγοράκριτου, 1971, 144, 145.

67. Αριθ. κατ. 238-242.

68. Στη Μεγάλη Ελλάδα η παρουσία της Άρτεμης στη χθόνια λατρεία είναι καλά μαρτυρημένη, Bell, Morgantina I, 1981, 91. Στην Πελοπόννησο η λατρεία της συνδέεται με τη λατρεία των δένδρων και γενικά την ευφορία, L.R. Farnell, The Cults of Greek States II, 1896, 428 κ.ε., 434· Δάφφα-Νικονάνου, Πρόερνα 53. Στη Μουνιχία, όπου η θεά λατρευόταν μέσα στην πόλη, ήταν η προστάτιδα της γονιμότητας των γυναικών, Λ. Παλαιοκρασά, Το ιερό της Αρτέμιδος Μουνιχίας, 1991, 00. Για τη λατρεία της Άρτεμης στη Βραυρώνα ως θεάς της γονιμότητας, L. Kahill, Mythological Repertoire of Brauron, Ancient Greek Art and Iconography, 1983, 231. Στην Ελευσίνα η Δήμητρα θεωρούνταν μητέρα της Άρτεμης (Παυσανίου VIII, 37,6). Στον Ομηρικό Ύμνο, στ. 424, γίνεται επίκληση στην Αθηνά και την Άρτεμη. Σε παραστάσεις αγγείων με θέμα την αρπαγή της Περσεφόνης από τον Πλούτωνα, εικονίζεται και η Άρτεμη, A.D. Trendall, ό.π.· P. Lindner, ό.π.

Για τη σχέση της Άρτεμης με τα ζώα του αγρού και ειδικότερα την αίγα, βλ. L.R. Farnell, ό.π., 434 κ.ε.· E. Simon, Die Götter der Griechen, 1980, 162, εικ. 146 (ερυθρόμορφος κρατήρας του μουσείου Νεάπολης με προσφορά κριαριού στην Άρτεμη). Το ειδώλιο της αίγας του Θεσμοφορίου αριθ. 230 πιθανότατα σχετίζεται με την Άρτεμη.

στη γονιμότητα της γης και κατ' επέκταση και στη γονιμότητα αυτών που έπαιρναν μέρος στη γιορτή[69].

Μεγάλος είναι ο αριθμός των κινημένων μορφών των ομάδων Γ, Δ, Ε και Ξ. Η κίνηση και η ενδυμασία μας επιτρέπει να τις χαρακτηρίσουμε Νίκες[70]. Οι Νίκες στα ιερά, όπως και οι Έρωτες, έχουν θεωρηθεί σύμβολα θεογαμίας[71]. Η παρουσία τους σε σκηνές γάμου είναι ιδιαίτερα συχνή. Τα τεχνικά χαρακτηριστικά των ειδωλίων των Νικών της ομάδας Ξ συνηγορούν για την τοποθέτησή τους πάνω σε μικρά ξύλινα άρματα που τα έσερναν πήλινα ειδώλια αλόγων[72], στηριγμένες με κάποιο λεπτό σύνδεσμο, μεταλλικό ή ξύλινο, που έμπαινε στην κυκλική οπή στο κάτω ή στο πίσω μέρος των ειδωλίων. Με τα τεντωμένα χέρια τους φαίνεται ότι κρατούν συμβολικά τους δερμάτινους ιμάντες της ιπποσκευής[73]. Αν η ερμηνεία αυτή είναι σωστή, τότε τα αναθήματα αυτά, τα άρματα που τα έσερναν άλογα και είχαν ηνιόχους Νίκες, μπορούν να συνδεθούν με το μύθο της αρπαγής της Κόρης από τον Πλούτωνα[74].

Αυτή είναι και η μόνη σαφής ένδειξη της λατρείας της Κόρης στο Θεσμοφόριο, εφόσον κανένα από τα αναθήματα δεν μπορεί να διακριθεί και να ταυτισθεί με τη νεαρή θεά, εκτός από τις μορφές με πόλο που ταυτίζονται, όμως, με μεγαλύτερη πιθανότητα με την κύρια τιμώμενη θεά της γιορτής, τη Δήμητρα. Ίσως στο Θεσμοφόριο της Πέλλας δεν υπήρχε σαφής διαφοροποίηση της λατρείας των δύο θεοτήτων. Ωστόσο, ο μύθος της αρπαγής της Κόρης φαίνεται ότι ήταν γνωστός και οικείος, όπως δείχνουν τα αναθήματα που έχουν αναφορές σε αυτόν[75].

Τα πολυσυζητημένα, τέλος, ειδώλια των «ιεροδούλων» (ομάδα Π) δεν λείπουν και από το ιερό της Πέλλας. Η παρουσία τους δεν μπορεί να θεωρηθεί συμπτωματική, εφόσον ο αριθμός τους δεν είναι μικρός. Έτσι, βλέπουμε τις «ιεροδούλους», που έχουν επιδεχθεί πλήθος ερμηνειών, να συσχετίζονται και με τη χθόνια θεότητα της γονιμότητας της γης[76].

ΑΝΔΡΙΚΕΣ ΜΟΡΦΕΣ

163. 1981/594 (Πίν. 22δ)

Σωζ. ύψ. 0,20 μ.
Πηλός κίτρινος κοκκινωπός (5YR 7/6), άσπρο επίχρισμα.

Ανδρική μορφή που κινείται προς τα δεξιά. Λείπουν το κεφάλι, τα χέρια και μικρό τμήμα από το αριστερό κάτω μέρος του σώματος. Η μπροστινή επιφάνεια είναι απολεπισμένη. Φοράει ιμάτιο, που καλύπτει το μέρος του σώματος κάτω από την κοιλιά, με

69. Η παρουσία ενός μόνον ειδωλίου Αφροδίτης στο ιερό μπορεί να θεωρηθεί συμπτωματική. Άγαλμα Αφροδίτης και βωμός της βρέθηκαν και στο ιερό της Δήμητρας στο Δίον, Δ. Παντερμαλής, Αρχαιολογία 33 (1989), 17.

70. Δεν σώζονται τα φτερά όλων των μορφών.

71. Bell, Morgantina I, 1981, 94.

72. Για τα πήλινα ειδώλια αλόγων, βλ. σ. 68 κ.ε.

73. Για απεικονίσεις Νικών σε θέση ηνιόχων, βλ. Γ. Ακαμάτης, Πήλινες μήτρες αγγείων από την Πέλλα. Συμβολή στη μελέτη της ελληνιστικής κεραμικής, 1993, 273, όπου και σχετική βιβλιογραφία.

74. Πλήθος παραστάσεων αρπαγής της Κόρης από τον Πλούτωνα πάνω σε άρμα που το σέρνουν άλογα υπάρχει στην αγγειογραφία, R. Lindner, Der Raub der Persephone in der antiken Kunst, 1984, πίν. 4 αριθ. 10 (το άρμα το οδηγεί Νίκη), 5 αριθ. 16, 6, 7 αριθ. 18a, 8 αριθ. 18, 10 αριθ. 14, 11 αριθ. 19, 12 αριθ. 17· η ίδια, JdI 97 (1982), 382 εικ. 55. Επίσης, βλ. A.D. Trendall, ό.π.· K. Schauenburg, JdI 73 (1958), 58 εικ. 5,6· F. Hölscher, Tainia, Festschrift für R. Hampe, 1980, 173, πίν. 42· βλ. και Λοκρικούς πίνακες, H. Prückner, Die lokrischen Tonreliefs, 1968, 69 εικ. 11, 75 εικ. 13. Ακόμη, Μ. Ανδρόνικος, ΑΕ 126, 1987, 373 εικ. 2 και Ομηρικό Ύμνο στ. 5, 16, 80, 415, 424.

75. Τα άλογα, οι Νίκες, τα ειδώλια νέων ανδρών, βλ. σ. 72 κ.ε., 63.

76. Για τις ερμηνείες των «ιεροδούλων» και τη σχετική βιβλιογραφία, βλ. Μ. Λιλιμπάκη-Ακαμάτη, ό.π., 235. Ειδώλια «ιεροδούλων» βρέθηκαν και στο Θεσμοφόριο της Θάσου, G. Daux, Chronique des fouilles 1963, BCH 88 (1964), 879, εικ. 29.

ελάχιστες πτυχές ανάμεσα στα πόδια. Ημικυκλική χάραξη στην περιοχή της κοιλιάς δείχνει τη θέση της επίθετης αναδιπλωμένης επάνω παρυφής του ιματίου που λείπει. Ο κορμός αποδίδεται πλαστικά, ενώ στο ιμάτιο υπάρχουν χαράξεις. Το ειδώλιο είναι ανοικτό στο κάτω μέρος και η πίσω όψη αδιαμόρφωτη, αλλά λειασμένη.

164. 1981/752 (Π ί ν. 22γ)

Ύψ. 0,147 μ.
Πηλός ανοικτός καφέ (5YR 6/4), άσπρο επίχρισμα.
Το κάτω τμήμα ανδρικής μορφής με ιμάτιο αναδιπλωμένο στην κοιλιά, που καλύπτει το κάτω μέρος του σώματος. Συγκολλημένο από τρία κομμάτια. Λείπει το άνετο δεξιό πόδι. Οι πτυχές του ιματίου, ελαφρώς ανάγλυφες, ακολουθούν την κίνηση του άνετου ποδιού. Στην πίσω όψη του ειδωλίου δηλώνονται ελάχιστες πτυχώσεις, ενώ στην αριστερή πλευρά του διατηρούνται υπολείμματα της ελεύθερης παρυφής του ιματίου. Η μορφή φοράει κλειστά υποδήματα. Το ειδώλιο είναι ανοικτό ανάμεσα στα πόδια.

165. 1981/753

Σωζ. ύψ. 0,125 μ.
Πηλός κίτρινος κοκκινωπός (7.5YR 6/6), άσπρο επίχρισμα.
Τμήμα ανδρικής μορφής με ιμάτιο που καλύπτει το κάτω μέρος του σώματος. Ίδιος τύπος με το αριθ. 164, αλλά όχι από την ίδια μήτρα. Σώζεται μόνον η μπροστινή όψη. Προβάλλεται το αριστερό άνετο πόδι. Στο δεξιό μέρος της κοιλιάς διακρίνεται χάραξη, σε σημείο όπου θα υπήρχε πιθανώς κάποιο επίθετο αντικείμενο.

166. 1981/758 (Π ί ν. 22α)

Ύψ. 0,195 μ.
Πηλός κοκκινωπός κίτρινος (5YR 6/6), άσπρο επίχρισμα.
Ανδρική νεανική μορφή, συγκολλημένη από τρία κομμάτια. Λείπει το δεξιό χέρι, που πρέπει να εκτεινόταν πλάγια. Η μορφή έχει άνετο το αριστερό πόδι και είναι γυμνή. Χλαμύδα πορπωμένη στο δεξιό ώμο και ριγμένη στο αριστερό μέρος του σώματος καλύπτει το αριστερό χέρι. Η απόδοση των πτυχώσεων είναι γραμμική και η απόληξή τους ευθύγραμμη. Τα μαλλιά είναι κοντά. Στο κεφάλι διατηρείται τμήμα δισκόμορφου πίλου (καυσία). Οριζόντια χάραξη στην κνήμη του αριστερού ποδιού δηλώνει πιθανώς το πάνω μέρος ενδρομίδων που λείπουν. Το ειδώλιο είναι ανοικτό στο κάτω μέρος. Η πίσω όψη είναι ελαφρώς κυρτή και λειασμένη.

167. 1981/759

Σωζ. ύψ. 0,19 μ.
Πηλός ρόδινος (5YR 7/4), άσπρο επίχρισμα.
Ανδρική νεανική μορφή, ίδιου τύπου με το αριθ. 166 και από την ίδια μήτρα, αλλά περισσότερο χρησιμοποιημένη. Λείπουν το δεξιό χέρι και κομμάτια του σώματος, καθώς και τμήμα του πίλου. Στο πρόσωπο υπάρχουν αποκρούσεις. Στις κνήμες διατηρείται το πάνω μέρος ενδρομίδων.

168. 1981/760 (Π ί ν. 22β)

Σωζ. ύψ. 0,145 μ.
Πηλός καφέ κοκκινωπός (5YR 6/4), άσπρο επίχρισμα.
Ανδρική νεανική μορφή. Λείπουν το κεφάλι και τμήμα του εκτεταμένου στα πλάγια δεξιού χεριού. Φοράει κοντό χιτώνα ζωσμένο στη μέση και χλαμύδα που πορπώνεται στο δεξιό ώμο, καλύπτει το αριστερό μέρος του σώματος και τυλίγεται γύρω από το λυγισμένο πάνω στο μηρό αριστερό χέρι. Η απόδοση των πτυχώσεων τόσο του χιτώνα όσο και της χλαμύδας είναι γραμμική. Η μορφή κινείται προς τα δεξιά με ελαφρώς λυγισμένο προς τα πίσω το αριστερό πόδι. Φοράει ενδρομίδες. Το ειδώλιο στο κάτω μέρος είναι ανοικτό και η πίσω όψη αδιαμόρφωτη, αλλά λειασμένη.

169. 1981/761 (Π ί ν. 23α)

Ύψ. 0,10 μ.

Πηλός καφέ (5YR 5/4), άσπρο επίχρισμα.
Το κεφάλι και μέρος του κορμού ανδρικής μορφής, ίδιου τύπου με το αριθ. 168, αλλά από άλλη μήτρα. Είναι συγκολλημένο από δύο κομμάτια. Έχει εκτεταμένο προς τα πλάγια και πάνω το δεξιό χέρι, από το οποίο λείπει τμήμα του άκρου του. Φοράει χιτώνα με κοντές χειρίδες και χλαμύδα που πορπώνεται στο δεξιό ώμο. Βόστρυχος των μαλλιών καλύπτει το δεξιό τμήμα του αυχένα. Στο πάνω μέρος του κεφαλιού υπάρχει ελαφριά κοιλότητα για τον επίθετο πίλο.

170. 1981/764

Σωζ. ύψ. 0,07 μ.
Πηλός ανοικτός κοκκινωπός καφέ (5YR 6/3), άσπρο επίχρισμα.
Τμήμα από το πάνω μέρος ανδρικής νεανικής μορφής, του τύπου των αριθ. 168, 169, χωρίς κεφάλι, συγκολλημένο από δύο κομμάτια. Σώζεται και τμήμα του εκτεταμένου προς τα πλάγια βραχίονα του δεξιού χεριού. Προέρχεται πιθανώς από την ίδια μήτρα με το αριθ. 168.

171. 1981/671

Σωζ. ύψ. 0,085 μ.
Πηλός κοκκινωπός κίτρινος (5YR 7/6), άσπρο επίχρισμα.
Τμήμα ανδρικής νεανικής μορφής ίδιου τύπου με το αριθ. 168, από το αριστερό μέρος του σώματος.

172. 1981/599

Σωζ. ύψ. 0,045 μ.
Πηλός κοκκινωπός κίτρινος (5YR 7/6).
Το πάνω τμήμα ανδρικής μορφής με χλαμύδα· του τύπου πιθανώς του αριθ. 168.

173. 1981/796 (Πίν. 23γ)

Σωζ. ύψ. 0,08 μ.
Πηλός ανοικτός καφέ (5YR 6/4), άσπρο επίχρισμα. Η επιφάνεια είναι μαυρισμένη.
Κεφάλι και μέρος κορμού ανδρικής γενειοφόρας μορφής με ιμάτιο ριγμένο στον αριστερό ώμο. Μακριοί, ακατάστατοι βόστρυχοι μαλλιών πλαισιώνουν το πρόσωπο και καλύπτουν τον αυχένα. Υπάρχει άφθονη χρήση χάραξης στα μαλλιά και στα γένια, που αποδίδονται με παχιές μάζες πηλού.
Η πίσω όψη του κεφαλιού είναι αδιαμόρφωτη.

Ανδρικά κεφάλια

Γενειοφόρα κεφάλια

174. 1981/788 (Πίν. 23ε)

Σωζ. ύψ. 0,065 μ.
Πηλός ρόδινος (5YR 7/4), άσπρο επίχρισμα.
Κεφάλι ανδρικής γενειοφόρας μορφής. Μακριοί, ακατάστατοι βόστρυχοι μαλλιών πλαισιώνουν το πρόσωπο και καλύπτουν τον αυχένα. Υπάρχει άφθονη χρήση χάραξης στα μαλλιά, γένια, στόμα και μάτια. Οι όγκοι του προσώπου αποδίδονται πλαστικά. Σώζονται φύλλα από στεφάνι. Η πίσω όψη του κεφαλιού είναι αδιαμόρφωτη.

175. 1981/789 (Πίν. 23στ)

Σωζ. ύψ. 0,065 μ.
Πηλός κοκκινωπός κίτρινος (5YR 6/6), άσπρο επίχρισμα.
Κεφάλι ανδρικής γενειοφόρας μορφής με μεγάλη χρήση χάραξης στα μαλλιά, γένια, μάτια, μύτη και στόμα. Τα γένια αποδίδονται με παχιές μάζες πηλού που ξεχωρίζουν με βαθιά χάραξη. Τα μαλλιά είναι πιο κοντά από του αριθ. 174. Και στο κεφάλι αυτό υπήρχε πιθανώς στεφάνι. Η πίσω όψη του είναι αδιαμόρφωτη.

176. 1981/790 (Πίν. 23β)

Σωζ. ύψ. 0,05 μ.
Πηλός ανοικτός καφέ (5YR 6/4), άσπρο επίχρισμα.
Κεφάλι ανδρικής γενειοφόρας μορφής με άφθονη χρήση βαθιάς χάραξης. Οι βόστρυχοι των μαλλιών είναι ακτινωτά διατεταγμένοι γύρω από το πρόσωπο, τα μουστάκια μα-

κριά, τα γένια χωρισμένα σε δύο μέρη με οριζόντιες παράλληλες χαράξεις. Τα μάτια έχουν επίμηκες σχήμα. Στο πάνω μέρος του κεφαλιού λοξές παράλληλες χαράξεις δείχνουν τη θέση επίθετου στεφανιού που λείπει. Η πίσω όψη του κεφαλιού είναι αδιαμόρφωτη.

177. 1981/791 (Πίν. 23δ)

Σωζ. ύψ. 0,05 μ.
Πηλός ανοικτός καφέ (5YR 6/4), άσπρο επίχρισμα.
Κεφάλι ανδρικής γενειοφόρας μορφής. Σώζεται η μπροστινή όψη. Διακρίνεται τμήμα κυλινδρικού στεφανιού.

178. 1981/792 (Πίν. 23η)

Σωζ. ύψ. 0,04 μ.
Πηλός ρόδινος (5YR 7/4).
Ανδρικό γενειοφόρο κεφάλι. Σώζεται μόνον η μπροστινή όψη. Μακριοί βόστρυχοι μαλλιών πλαισιώνουν το πρόσωπο, τα χαρακτηριστικά του οποίου δεν είναι πολύ ευδιάκριτα.

179. 1981/793 (Πίν. 23ι)

Σωζ. ύψ. 0,038 μ.
Πηλός ανοικτός καφέ κοκκινωπός (5YR 6/3).
Ανδρικό γενειοφόρο κεφάλι με κλίση προς τα δεξιά. Σώζεται μόνον η μπροστινή όψη. Μακριοί βόστρυχοι διατηρούνται στην αριστερή πλευρά του κεφαλιού.

180. 1981/794 (Πίν. 23ζ)

Σωζ. ύψ. 0,045 μ.
Πηλός ανοικτός καφέ (5YR 6/4).
Ανδρικό γενειοφόρο κεφάλι με παχύ κυλινδρικό στεφάνι με πυκνά κτυπήματα. Στους βοστρύχους των μαλλιών που πλαισιώνουν το πρόσωπο και στα γένια υπάρχουν βαθιές χαράξεις. Η πίσω όψη είναι αδιαμόρφωτη.

181. 1981/795 (Πίν. 23θ)

Σωζ. ύψ. 0,06 μ.
Πηλός κίτρινος κοκκινωπός (7.5YR 8/6), υπολείμματα κόκκινου χρώματος.
Ανδρικό γενειοφόρο κεφάλι με κυλινδρικό στεφάνι που φέρει καρπούς κισσού, από τους οποίους σώζεται μόνον ένας επάνω από το μέτωπο. Η πίσω όψη είναι αδιαμόρφωτη.

Νεανικά κεφάλια

Με πλεξίδα

182. 1981/773 (Πίν. 24ια)

Σωζ. ύψ. 0,07 μ.
Πηλός κίτρινος κοκκινωπός (5YR 7/6), άσπρο επίχρισμα.
Νεανικό ανδρικό κεφάλι και μέρος του κορμού. Τα μαλλιά φθάνουν ως τον αυχένα και είναι ελαφρώς φουντωτά. Στην κορυφή του κεφαλιού σχηματίζουν πλεξίδα με παράλληλες χαράξεις. Η πίσω όψη έχει κάποια διαμόρφωση.

183. 1981/776

Σωζ. ύψ. 0,035 μ.
Πηλός κίτρινος κοκκινωπός (5YR 6/6).
Νεανικό ανδρικό κεφάλι με κόμμωση ανάλογη του αριθ. 182.

184. 1981/781 (Πίν. 24ι)

Σωζ. ύψ. 0,045 μ.
Πηλός κίτρινος κοκκινωπός (5YR 7/6), υπολείμματα κόκκινου χρώματος.
Νεανικό ανδρικό κεφάλι με κλίση προς τα αριστερά και μαλλιά που καλύπτουν τον αυχένα, με πυκνές χαράξεις. Στην κορυφή του κεφαλιού υπήρχε επίθετη πλεξίδα που λείπει. Η πίσω όψη είναι αδιαμόρφωτη.

185. 1981/863 (Πίν. 24γ)

Σωζ. ύψ. 0,03 μ.
Πηλός κίτρινος κοκκινωπός (5YR 7/6).
Νεανικό ανδρικό κεφάλι με πλεξίδα στην κορυφή του κεφαλιού.

186. 1981/783 (Πίν. 24α)

Σωζ. ύψ. 0,03 μ.
Πηλός κίτρινος κοκκινωπός (5YR 7/6).
Νεανικό ανδρικό κεφάλι με πλεξίδα στην κορυφή.

Με κυλινδρικό στεφάνι

187. 1981/785 (Πίν. 24ε)

Σωζ. ύψ. 0,03 μ.
Πηλός ανοικτός καφέ (5YR 6/4), άσπρο επίχρισμα.
Νεανικό ανδρικό κεφάλι με χοντρό κυλινδρικό στεφάνι με πυκνά κτυπήματα. Στον αυχένα διακρίνονται οι άκρες ταινίας.

188. 1981/786 (Πίν. 24δ)

Σωζ. ύψ. 0,03 μ.
Πηλός ανοικτός καφέ (5YR 6/4), άσπρο επίχρισμα.
Νεανικό ανδρικό κεφάλι με κυλινδρικό στεφάνι με πυκνά κτυπήματα.

Με κοντά μαλλιά

189. 1981/897 (Πίν. 24β)

Ύψ. 0,06 μ.
Πηλός ρόδινος (7.5YR 7/4), άσπρο επίχρισμα.
Νεανικό ανδρικό κεφάλι με κλίση προς τα αριστερά και μακρύ λαιμό. Στα κοντά μαλλιά υπάρχουν πυκνά κτυπήματα.

190. 1981/777

Σωζ. ύψ. 0,07 μ.
Πηλός ρόδινος (5YR 7/5).
Νεανικό ανδρικό κεφάλι με κοντά μαλλιά, σπασμένο στο πάνω μέρος.

Με μακριά μαλλιά

191. 1981/778 (Πίν. 24στ)

Σωζ. ύψ. 0,05 μ.
Πηλός ανοικτός καφέ (5YR 6/4).
Νεανικό ανδρικό κεφάλι με μακριά μαλλιά και ελαφριά κλίση προς τα αριστερά. Συγκολλημένο από δύο κομμάτια. Στο πρόσωπο υπάρχουν αποκρούσεις. Στα μαλλιά διακρίνονται μικρά πυκνά κτυπήματα. Η πίσω όψη είναι αδιαμόρφωτη.

Με δυσδιάκριτα χαρακτηριστικά και τμήματα κεφαλιών

192. 1981/779

Σωζ. ύψ. 0,06 μ.
Πηλός ρόδινος (5YR 7/4).
Νεανικό ανδρικό κεφάλι και μέρος του κορμού. Τα χαρακτηριστικά του προσώπου είναι δυσδιάκριτα.

193. 1981/780

Σωζ. ύψ. 0,07 μ.
Πηλός ρόδινος (5YR 7/4).
Νεανικό ανδρικό κεφάλι και μέρος του κορμού. Τα χαρακτηριστικά του προσώπου είναι δυσδιάκριτα.

194. 1981/884 (Πίν. 24ζ)

Ύψ. 0,045 μ.
Πηλός ρόδινος (5YR 7/4), άσπρο επίχρισμα.
Η μπροστινή όψη νεανικού ανδρικού κεφαλιού με κλίση προς τα αριστερά (βλ. αριθ. 189).

195. 1981/1198

Ύψ. 0,03 μ.
Πηλός ανοικτός καφέ (5YR 6/4).
Το κάτω τμήμα ανδρικού κεφαλιού.

196. 1981/784

Ύψ. 0,038 μ.
Πηλός ρόδινος (5YR 7/4).
Νεανικό ανδρικό κεφάλι με κοντά μαλλιά. Λείπει η μπροστινή όψη.

Τυπολογικές και ερμηνευτικές παρατηρήσεις

Τα ειδώλια των ανδρικών μορφών του ιερού της Πέλλας, αν και λιγότερα από τα γυναικεία, είναι τα περισσότερα ανδρικά ειδώλια που έχουν βρεθεί ως σήμερα σε ανασκαφή της Πέλλας. Τα ειδώλια αυτά μπορούν να ενταχθούν τυπολογικά σε τρεις ομάδες:

Α. Ημίγυμνες ανδρικές μορφές με ιμάτιο εξαρτημένο από τον αριστερό ώμο, που καλύπτει το κάτω από την κοιλιά μέρος του σώματος[77] (αριθ. κατ. 163-165, 173, Πίν. 22δ,γ, 23γ). Η πάνω παρυφή του ιματίου σχηματίζει στην κοιλιά παχιά αναδίπλωση, ενώ ελάχιστες ελαφρώς ανάγλυφες πτυχές διαμορφώνονται ανάμεσα στα πόδια. Το ιμάτιο έπεφτε ελεύθερο στην αριστερή πλευρά του σώματος. Η μορφή αριθ. 164 και πιθανώς η αριθ. 165 φορούν κλειστά υποδήματα[78]. Η μορφή αριθ. 173[79] είναι γενειοφόρα. Γενειοφόρα πρέπει να ήταν και τα κεφάλια των υπόλοιπων ειδωλίων της ομάδας αυτής.

Β. Γυμνές νεανικές ανδρικές μορφές με χλαμύδα πορπωμένη στο δεξιό ώμο και τυλιγμένη γύρω από το αριστερό χέρι. Το δεξιό χέρι είναι εκτεταμένο πλάγια (αριθ. κατ. 166, 167, Πίν. 22α)[80]. Οι μορφές φορούν δισκόμορφο πίλο και ενδρομίδες.

Γ. Νεανικές ανδρικές μορφές με κοντό χειριδωτό χιτώνα και χλαμύδα πορπωμένη στο δεξιό ώμο και τυλιγμένη γύρω από το αριστερό χέρι. Το δεξιό χέρι είναι εκτεταμένο πλάγια και πάνω. Οι μορφές φορούν ενδρομίδες, και στο κεφάλι φέρουν δισκόμορφο πίλο (αριθ. κατ. 168-171, Πίν. 22β, 23α)[81].

Στις ομάδες Β και Γ η απόδοση των πτυχώσεων των ενδυμάτων είναι έντονα γραμμική, διακοσμητική.

Στα κεφάλια των γενειοφόρων μορφών αριθ. κατ. 174, 175, 178, 179, 180[82] (Πίν. 23ε,στ, η,ι,ζ), μακριοί, ακατάστατοι βόστρυχοι πλαισιώνουν το πρόσωπο. Τα γένια και το μουστάκι αποδίδονται με παχιές μάζες πηλού. Χαρακτηριστική είναι η άφθονη χρησιμοποίηση βαθιάς

77. Για τις μορφές αριθ. κατ. 163, 164, βλ. Higgins, British Mus. cat., 1954, 139, 140 πίν. 69 αριθ. 508, 509, 516 (Αλικαρνασσός, μέσα 4ου αι. π.Χ.)· γενικά για γενειοφόρες μορφές με ιμάτιο στο κάτω μέρος του σώματος, ό.π., 66 αριθ. 485, πίν. 55 αριθ. 363, 364· επίσης, F. Işik, IstMitt, Beih. 21, 1980, 229 κ.ε., πίν. 19-24 (με φιάλη). Για το ιμάτιο της αριθ. 1981/752, βλ. ακόμη Mollard-Besques, Louvre cat. II πίν. 156f, MYR 663· επίσης, S.S. Weinberg, Hesperia 18 (1949), 149, πίν. 14,7· J.N. Coldstream, Knossos, The Sanctuary of Demeter, 1973, 85, πίν. 61 αριθ. 217· Δάφφα-Νικονάνου, Πρόερνα 124, πίν. 10 εικ. 1 (Πλούτων).

78. Για τα υποδήματα, H. Blanck, Einführung in das Privatleben der Griechen und Römer, 1976, 57f· E. Abrahams - L. Evans, Ancient Greek Dress, 1964, πίν. 88g (113). Βλ. και S. Reinach, Repertoire de la statuaire grecque et romaine I, 1965, εικ. 180.

79. Για το αριθ. 173, Laumonier, Délos XXIII, 1956, 132, πίν. 38 αριθ. 354 (Ηρακλής, 2ος/1ος αι. π.Χ.). Γενικά για κεφάλια γενειοφόρων μορφών, Besques, Louvre cat. III 196 κ.ε., 332, πίν. 278, 279, 280, 409· Κ. Ρωμαίος, ΑΔ 6 (1920-21), Πίν. 17,2 (Δίας, Ασκληπιός, 4ος αι. π.Χ.)· Α.Σ. Αρβανιτόπουλος, ΠΑΕ 1915, 192· R. Stroud, Hesperia 37 (1968), 325, πίν. 97c (Διόνυσος)· D. White, AJA 80 (1976), 165.

80. Για την ενδυμασία της μορφής αριθ. 166, W. Froehner, Collection J. Créau II, 1891, πίν. XXVI αριθ. 326· E. Breccia, Terrecotte figurate greche e greco-egizie del Museo di Alessandria, 1930, πίν. Q αριθ. 1· J.N. Coldstream, ό.π., 157, πίν. 60 αριθ. 220.

81. Για τη μορφή αριθ. 168, J. Sieveking, Die Terrakotten der Sammlung Loeb, 1916, πίν. 65. Για την ενδυμασία της μορφής αριθ. 169 και τη θέση του δεξιού χεριού, Mollard-Besques, Louvre cat. 11, 143, πίν. 176a. Για νεανικές ανδρικές μορφές, βλ. και F. Işik, ό.π.

82. Για το κεφάλι αριθ. κατ. 174, TK II 377,4 (Ασκληπιός, Δίας, Σάραπις και θεοί του Κάτω Κόσμου)· V. Canarache, Masks and Tanagra figurines (Made in the Workshops of Callatis) 1969, 83 αριθ. 79. Για το κεφάλι αριθ. 175, Besques, Louvre cat. III 139, πίν. 176 D950 (Σμύρνη, 2ος-1ος αι. π.Χ., Δίας;) με μεγαλύτερη πλαστικότητα από το αριθ. 175.

χάραξης στα μαλλιά, στα γένια και στο πρόσωπο, οι όγκοι του οποίου αποδίδονται με έντονη πλαστικότητα. Η μορφή αριθ. 174 και πιθανώς και η αριθ. 175 έφεραν στεφάνια. Διαφορετική διαμόρφωση έχει η κόμμωση του κεφαλιού, αριθ. 176[83] (Πίν. 23β) με τους ακτινωτά διατεταγμένους βοστρύχους των μαλλιών γύρω από το πρόσωπο και τις βαθιές παράλληλες χαράξεις στα γένια. Τα κεφάλια αριθ. 177[84] και 181 (Πίν. 23δ,θ) χαρακτηρίζονται από το παχύ πλούσιο γένι, το μακρύ μουστάκι και την έλλειψη βοστρύχων γύρω από το πρόσωπο. Φέρουν κυλινδρικό στεφάνι.

Τα κεφάλια των νεανικών αγένειων ανδρικών μορφών αριθ. 189[85], 194 (Πίν. 24β,ζ), έχουν μακρύ λαιμό με έντονη κλίση προς τα αριστερά και μαλλιά κοντά με πυκνά μικρά κτυπήματα. Η κλίση του κεφαλιού και η ανάταση του βλέμματος αντανακλά σκοπαδικά πρότυπα του 4ου αι. π.Χ. Μικρά πυκνά κτυπήματα υπάρχουν και στα μακριά μαλλιά του νεανικού κεφαλιού αριθ. 191 (Πίν. 24στ). Χαρακτηριστική είναι η κόμμωση των νεανικών κεφαλιών αριθ. 182, 183, 184, 185, 186 (Πίν. 24ια,ι,γ,α). Έχουν κοντά μαλλιά, ελαφρώς φουντωτά κάτω και πλεξίδα στην κορυφή του κεφαλιού[86]. Χονδρό κυλινδρικό στεφάνι, τέλος, με πυκνά κτυπήματα, δεμένο με ταινία, φέρουν οι νεανικές παιδικές μορφές αριθ. 187, 188[87] (Πίν. 24ε,δ).

Στα ιερά της Δήμητρας η ερμηνεία των ανδρικών ειδωλίων ως αναθετών ελάχιστες φορές έχει υποστηριχθεί[88]. Οι εικονογραφικοί τύποι είναι συνήθως περιορισμένοι και έχουν χαρακτηριστικά που ενισχύουν την ταύτισή τους με θεότητες των οποίων η λατρεία στα ιερά της Δήμητρας είναι μαρτυρημένη.

Τα χαρακτηριστικά των γενειοφόρων κεφαλιών του ιερού της Πέλλας απαντούν στις απεικονίσεις γενειοφόρων θεοτήτων, όπως του Δία και του Πλούτωνα[89]. Τα πλούσια ακατάστατα μαλλιά που πλαισιώνουν το πρόσωπο είναι ενδεικτικά της χθόνιας υπόστασης του Δία[90]. Η λατρεία του κύριου θεού του Κάτω Κόσμου, του Άδη, ήταν ιδιαίτερα περιορισμένη έως τα μέσα του 5ου αι. π.Χ.· τότε, ο χθόνιος θεός ονομάζεται κατ' ευφημισμόν Πλούτων και γίνεται υποστηρικτής της γονιμότητας της γης[91]. Ο Πλούτων παριστάνεται πάντα με τα γενικά χαρακτηριστικά του Δία, με μακριά μαλλιά και σκήπτρο. Έως την ύστατη αρχαιότητα τα μακριά ακατάστατα μαλλιά αποτέλεσαν το κυριότερο φυσιογνωμικό χαρακτηριστικό του. Στην αγγειογραφία των κλασικών χρόνων, όπου ταυτίζεται και με επιγραφές, παριστάνεται με χιτώνα και ιμάτιο ή μόνον ιμάτιο, κλειστά υποδήματα, κρατάει σκήπτρο και κέρας Αμαλθείας ή φιάλη[92].

83. Για το κεφάλι αριθ. 176, Bell, Morgantina I, 1981, 173, πίν. 73 αριθ. 352 (Πάνας).

84. Για το κεφάλι αριθ. κατ. 177, ΤΚII 2,379, 1, 2, 7 (Μύρινα, Ακράγας, Μ. Ασία)· Besques, Louvre cat. III 197, πίν. 279a D1462· Leyenaar-Plaisier, Leyden cat. 1979, 217, πίν. 80 αριθ. 546· H. Goldman, Tarsus I, 1950, 327 εικ. 224· D. Burr-Thompson, Hesperia 34 (1965), 54, πίν. 18, 4a (με στροφίο, πρώιμος 4ος αι. π.Χ.).

85. Για το κεφάλι αριθ. κατ. 189, Besques, Louvre cat. III 207, πίν. 288j D1541.

86. Για τα κεφάλια με πλεξίδα, Burr-Thompson, Troy, 123 αριθ. 145, πίν. XXXI· Bell, Morgantina I, 1981, 172 αριθ. 339, 340 πίν. 72· Mollard-Besques, Louvre cat. II 51, MYR 69, πίν. 62b· Queyrel, Amathonthe IV. Études Chypriotes X, 1988, 233, πίν. 13 αριθ. 127, πίν. 87 αριθ. 977 (3ος-2ος αι. π.Χ.).

87. Για τα κεφάλια με χοντρό κυλινδρικό στεφάνι, D. Thompson, Hesperia 28 (1959), 132 και Hesperia 34 (1965), 64· Bell, Morgantina I, 1981, 89 και Burr-Thompson, Troy, 45.

88. J.N. Coldstream, ό.π., 185.

89. Παρόμοια φυσιογνωμικά χαρακτηριστικά έχουν και άλλες θεότητες, όπως ο Ασκληπιός και ο Σάραπις, για τις λατρείες των οποίων τα στοιχεία στην περιοχή της Πέλλας είναι σπάνια ή ανύπαρκτα. Το όνομα του Ασκληπιού αναφέρεται σε επιγραφή της Πέλλας, Ph. Petsas, BalkSt 4 (1963), 158 πίν. I, 1.

90. Γ. Δεσπίνης, Συμβολή στη μελέτη του έργου του Αγοράκριτου, 1971, 138.

91. Γ. Δεσπίνης, ό.π., 139, 140. Βλ. και L. Farnell, The Cults of Greek States III, 1907, 280.

92. Γ. Δεσπίνης, ό.π.

Οι ανδρικές γενειοφόρες μορφές του ιερού της Πέλλας έχουν ορισμένα βασικά χαρακτηριστικά του Πλούτωνα, όπως παριστάνεται σε άλλα μνημεία: τα ακατάστατα μαλλιά, το ιμάτιο και τα κλειστά υποδήματα. Το στεφάνι του κεφαλιού αριθ. 174 (Πίν. 23ε) ίσως είναι βαλανιδιάς ή μύρινας, που μαρτυρούνται για το θεό[93]. Δεν μπορούμε να είμαστε σίγουροι για τα αντικείμενα που κρατούσαν οι μορφές. Ορισμένα κέρατα Αμαλθείας που βρέθηκαν στην ανασκαφή του ιερού[94] μπορούν ίσως να συνδεθούν με τα ειδώλια αυτά, ενώ το αντικείμενο που κολλούσε στη μορφή αριθ. 165 πιθανότατα να ήταν μια φιάλη[95]. Η νηφάλια, τέλος, και γλυκειά έκφραση του προσώπου των μορφών είναι απόλυτα εναρμονισμένη με τον ευεργετικό χαρακτήρα του θεού της γονιμότητας της γης. Η λατρεία της Δήμητρας μαζί με το χθόνιο θεό μαρτυρείται πολλές φορές από τις γραπτές πηγές, από επιγραφές, από παραστάσεις αγγειογραφίας και από ανασκαφικά ευρήματα[96]. Με τα ειδώλια του ιερού της Πέλλας ενισχύεται ακόμα μια φορά με ανασκαφικά στοιχεία η στενή σχέση των δύο θεοτήτων.

Τα κεφάλια των μορφών αριθ. 177, 181 (Πίν. 23δ,θ) έχουν τα φυσιογνωμικά χαρακτηριστικά του Ηρακλή[97], ενώ το κεφάλι αριθ. 176 (Πίν. 23β) διακρίνεται για το διονυσιακό του χαρακτήρα[98].

Τα πήλινα ειδώλια ή αγαλματίδια νεανικών αγένειων ανδρικών μορφών που έχουν βρεθεί σε ιερά Δήμητρας έχουν ταυτισθεί με το νεαρό Άδη[99], Διόνυσο ή Τριπτόλεμο[100]. Η ιδιότητα

93. Γ. Μυλωνάς, ΑΕ 1960, 108. Και στο κεφάλι αριθ. 175 υπάρχουν οπές για την ένθεση φύλλων στεφανιού, ενώ στο κεφάλι αριθ. 176 οι παράλληλες χαράξεις δείχνουν το σημείο συγκόλλησής του.

94. Τα κέρατα Αμαλθείας αριθ. κατ. 377 πιθανότατα ανήκουν στα ειδώλια των γενειοφόρων μορφών. Η αποσπασματικότητα όμως των ειδωλίων αυτών κάνει αδύνατη τη συγκόλληση των κεράτων.

95. Αν και στην ανασκαφή του ιερού της Πέλλας δεν βρέθηκαν τέτοιες φιάλες, δεν μπορούμε να αποκλείσουμε την ύπαρξή τους.

96. Ο Ησίοδος στη Θεογονία, στ. 969, συνιστά στο γεωργό να κάνει επίκληση στο Δία Χθόνιο και στη Δήμητρα. Για τη λατρεία των θεοτήτων αυτών στον Ακροκόρινθο, R. Stroud, Hesperia 37 (1968), 321. O Ch.H. Morgan II υποστήριξε ότι λατρεία του χθόνιου Δία υπήρχε σε υπόγειο ιερό της Κορίνθου, Ch.H. Morgan II, AJA 41 (1937), 539, ενώ ο Broneer συνέδεσε το ιερό με τη λατρεία του Δία, Ποσειδώνα και Άδη, Hesperia 11 (1942), 128.

Ναός της Δήμητρας και του Πλούτωνα αναφέρεται και στην Ερμιόνη της Πελοποννήσου (Παυσανίου II, 35, 7). Στον Φλυούντα υπήρχε ναός με βωμούς του Δία Κτησία, της Δήμητρας Ανησιδώρας και της Κόρης Πρωτογένης, (Παυσανίου I, 31, 4 και IV, 7, Πλουτάρχου, Θεμιστοκλής 1)· στο δήμο των Φρεαρίων της Αττικής επιγραφή αναφέρει θυσία στους Πλούτωνα, Δήμητρα και Κόρη, E. Vanderpool, Hesperia 39 (1970), 47. Σε επιγραφές της Δημητριάδας και της Λάρισας αναφέρεται η Δήμητρα και ο Πλούτων, Fr. Stählin, AM 54 (1929), 201· H.v. Gärtringen, Gnomon 6 (1930), 234· Α.Σ. Αρβανιτόπουλος, Πολέμων (1929), 37· επιγραφή της Θάσου αναφέρεται σε ιερό του Δία Ευβουλέα και σε βωμό της Δήμητρας, Cl. Rolley, BCH 89 (1965), 411. Σε επιγραφή της Δήλου αναφέρονται οι Δήμητρα, Κόρη και Δίας Ευβουλέας, Fr. Salviat, BCH 87 (1963), 489. Επιγραφή, επίσης, σε βάθρο της Πάρου, αναφέρεται σε ιερό του Δία Ευβουλέα και σε βωμό της Δήμητρας, Cl. Rolley, BCH 89 (1965), 441. Για την Κνίδο, Newton, Halicarnassus, Cnidus and Branchidae, 1862, 382, 405· βλ. και E. Harrison, Prolegomena to the Study of Greek Religion, 1960, 641-644· M. Nilsson, Geschichte der griechischen Religion I^3, 1967, 669. Ειδώλιο γενειοφόρας μορφής έχει βρεθεί και στο Θεσμοφόριο της Θάσου, G. Daux, BCH 88 (1964), 878 εικ. 28.

97. D. Burr-Thompson, Hesperia 34 (1965), πίν. 18, 4a. Για τη λατρεία του Ηρακλή στην Πέλλα ενδεικτικές είναι τρεις επιγραφές που αναφέρονται σ' αυτόν με την προσωνυμία Φύλακος και Κυναγίδας, Δ. Παπακωνσταντίνου-Διαμαντούρου, Πέλλα I, 1971, 44, 45· Th. Hadzisteliou-Price, AJA 77 (1973), 66. Βλ. και Μ. Λιλιμπάκη-Ακαμάτη, Λαξευτοί θαλαμωτοί τάφοι της Πέλλας, 1994, 237, για τη σχέση του Ηρακλή με τον Κάτω Κόσμο.

98. Bell, Morgantina I, 1981, 173 αριθ. 352, πίν. 73 (Πάνας). Και τα ειδώλια των Πανών αριθ. κατ. 197-207, εντάσσονται στην ομάδα των αναθημάτων του ιερού με διονυσιακό χαρακτήρα, βλ. σ. 64 κ.ε.

99. Ελάχιστες φορές ο Άδης παριστάνεται νέος, κυρίως όταν οι παραστάσεις έχουν ως θέμα το γάμο του με την Περσεφόνη, Bell, Morgantina I, 1981, 88.

100. R. Stroud, Hesperia, 37 (1968), 299, 325, 326 σημ. 31. Ειδώλια γυμνών εφήβων βρέθηκαν στο Θεσμοφόριο της Θάσου, A. Muller, Μνήμη Δ. Λαζαρίδη, 1990, 438 σημ. 6.

του Διονύσου ως θεού της βλάστησης είναι πολύ γνωστή και η σχέση του με το χθόνιο θεό μαρτυρημένη. Λατρεία, εξάλλου, Διονύσου και Δήμητρας μαρτυρείται και από τις γραπτές πηγές και από τα μνημεία[101]. Λατρεία Διονύσου υπήρχε στην Πέλλα. Πολυάριθμα ειδώλια του θεού και των ακολούθων του, σατύρων και σιληνών, έχουν βρεθεί στις ανασκαφές[102]. Η ύπαρξη μορφών με διονυσιακό χαρακτήρα στο ιερό της Πέλλας ενισχύει την άποψη της λατρείας του και στο χώρο αυτό[103]. Ωστόσο, κανένα εικονογραφικό στοιχείο των νεανικών ανδρικών μορφών του ιερού δεν συνηγορεί στην ταύτισή τους με το Διόνυσο.

Αντίθετα, οι νεανικές ανδρικές μορφές του Θεσμοφορίου της Πέλλας βρίσκονται περισσότερο κοντά σε παραστάσεις του Ερμή, που απαραίτητα σχεδόν παρουσιάζεται στις σκηνές αρπαγής της Κόρης από τον Πλούτωνα[104]. Η ενδυμασία των ειδωλίων, με κοντό χιτώνα, χλαμύδα, πίλο και ενδρομίδες είναι αυτή που έχει συνήθως ο θεός στις παραπάνω παραστάσεις. Εφόσον υπάρχουν στο ιερό και άλλα αναθήματα, συμβολικά της αρπαγής της Κόρης, όπως τα άρματα που τα έσερναν άλογα[105], αλλά και θεότητες που σχετίζονται έμμεσα με την αρπαγή, όπως η Αθηνά και η Άρτεμη, είναι απόλυτα δικαιολογημένη και η παρουσία του Ερμή, του οποίου η συμβολή στην υπόθεση της αρπαγής, αλλά και της ανόδου ήταν καθοριστική.

Από την άλλη πλευρά, η συσχέτιση των νεανικών ανδρικών μορφών με νέους άνδρες αναθέτες, θα μας έφερνε αντιμέτωπους με ένα νέο στοιχείο της τελετουργίας των Θεσμοφορίων στην Πέλλα, τη συμμετοχή δηλαδή και νεαρών ανδρών στη γιορτή, πράγμα το οποίο ελάχιστα έχει υποστηριχθεί για άλλα ιερά[106]. Αλλά και στο ιερό της Πέλλας, εκτός από την ύπαρξη των παραπάνω ειδωλίων ανδρικών νεανικών μορφών, που με βάση τα μορφολογικά τους χαρακτηριστικά συσχετίσθηκαν με τον Ερμή, κανένα άλλο στοιχείο δεν θα μπορούσε να ενισχύσει αυτήν την άποψη. Η ανάθεση, ωστόσο, παιδικών μορφών όπως συμβαίνει και σε άλλα ιερά[107], μπορεί να θεωρηθεί ενδεικτική της συμμετοχής μικρών παιδιών στη γιορτή των Θεσμοφορίων.

101. Για τη σχέση Διονύσου-Πλούτωνα, M. Daraki, Dionysos, 1985, 51· N. Bookidis - J. Fischer, Hesperia 43 (1974), 267· Newton, ό.π., 325· K. Schauenburg, JdI 68 (1953), 38. Στις Ποτνιές Θήβες υπήρχε ναός του Διονύσου (Παυσανίου IX, 8,1). Στον Φλυούντα της Σικυώνας υπήρχαν αγάλματα των Διονύσου, Δήμητρας και Κόρης (Παυσανίου II, 11, 3). Λατρεία Δήμητρας, Κόρης και Διονύσου μαρτυρείται στη γιορτή των Αλώων, P. Foucart, BCH VII (1883), 387. Επίσης, E. Harrison, ό.π., 560. Στο στ. 991 του Ομηρικού Ύμνου στη Δήμητρα γίνεται επίκληση στο Διόνυσο. Βλ. και παράσταση των θεών της βλάστησης Διονύσου και Δία με σκήπτρο, σε κοτύλη του Βρεττανικού Μουσείου, Γ. Μυλωνάς, ΑΕ 1960, 90 εικ. 4. Ακόμα, M. Anabolu, Archaeology and Fertility Cult in the Ancient Mediterranean. Papers Presented at the First International Conference on Anthropology of the Ancient Mediterranean, 1985, 267. Για τη θέση του Διονύσου στην Ελευσίνα, Γ. Μυλωνάς, ό.π., 68.

102. Μ. Λιλιμπάκη-Ακαμάτη, Αμητός, τιμ. τόμος στον καθ. Μ. Ανδρόνικο 1987, 455· η ίδια, Η καλλιέργεια του αμπελιού και στοιχεία λατρείας του Διονύσου στην Πέλλα, Αμπελοοινική ιστορία στη Μακεδονία και Θράκη, συνέδριο Νάουσας, 1993 (υπό εκτύπωσιν).

103. Βλ. υποσημ. 101.

104. Βλ. υποσημ. 74, σ. 55 (Γυναικείες μορφές). Στον Ομηρικό Ύμνο ο Ερμής σέρνει το άρμα της Περσεφόνης, ενώ στον Άρειο Πάγο αναφέρονται τρία αγάλματα, του Πλούτωνα, του Ερμή και της Γης, P. Foucart, ό.π. Το ειδώλιο αριθ. 1981/167 παρά την κακή του διατήρηση διασώζει καλύτερα απ' όλα τα άλλα τα εικονογραφικά στοιχεία του Ερμή.

105. Βλ. σ. 72 κ.ε.

106. J.N. Coldstream, ό.π., 84, 185· N. Bookidis - J. Fischer, Hesperia 41 (1972), 283.

107. Βλ. αριθ. κατ. 182-185. Για αναθήματα παιδικών μορφών σε ιερά, Κ. Κουρουνιώτης, ΑΔ 8 (1923), 161.

Έρωτες

197α. 1981/730 (Πίν. 24ιβ)

Σωζ. ύψ. 0,080 μ.
Πηλός κοκκινωπός κίτρινος (5YR 6/6), άσπρο επίχρισμα, ρόδινο χρώμα.
Ειδώλιο γυμνής ανδρικής νεανικής μορφής (Ερωτιδέα). Λείπουν το κεφάλι, τα φτερά, το αριστερό χέρι και τα πόδια από τους μηρούς και κάτω. Το δεξιό χέρι υψώνεται προς τα πάνω.
Από ειδώλια του ίδιου τύπου προέρχονται και τα κομμάτια από τη μπροστινή όψη αριθ. 1981/731, 732, στα οποία σώζεται κόκκινο και κίτρινο χρώμα.
Πιθανώς σε Έρωτες ανήκουν τα φτερά αριθ. 1981/1519, 1520[108].

Τυπολογικές και ερμηνευτικές παρατηρήσεις

Ο τύπος του Έρωτα που στηρίζεται σε πεσσό και είναι ευρύτατα διαδεδομένος στην Πέλλα[109] δεν απαντά στο ιερό. Δεν υπάρχουν επίσης οι Έρωτες-παιδιά που πετούν[110]. Οι τρεις Έρωτες του ιερού είναι μικρές γυμνές νεανικές μορφές που στέκονται με υψωμένο το ένα χέρι.

Η παρουσία Ερώτων σε ιερά χθόνιων θεοτήτων στα ελληνιστικά χρόνια δεν είναι ιδιαίτερα συχνή. Σε ιερά της Περσεφόνης, όπως και οι Νίκες, έχουν ερμηνευθεί ως σύμβολα θεογαμίας[111]. Θα μπορούσαν έτσι και τα ειδώλια των Ερώτων στο ιερό της Πέλλας να συσχετισθούν με τη μυθική αρπαγή της Κόρης από το θεό του Κάτω Κόσμου[112].

ΔΙΟΝΥΣΙΑΚΕΣ ΜΟΡΦΕΣ

Πάνες

197. 1981/898 (Πίν. 24η,θ)

Ύψ. 0,23 μ.
Πηλός ρόδινος (5YR 7/4), άσπρο επίχρισμα, ρόδινο χρώμα.
Ειδώλιο αγένειου Πάνα, συγκολλημένο από τέσσερα κομμάτια. Έχει ενωμένα τα τριχωτά πόδια με τις οπλές και φοράει κοντό χιτώνα με πυκνή χάραξη, που καλύπτει την κοιλιά και μέρος των μηρών. Ο κορμός είναι γυμνός με τονισμένους πλαστικά τους μαστούς και τους μυς. Φέρει τα χέρια πίσω από το κεφάλι. Τα χαρακτηριστικά του προσώπου είναι χονδροειδή, ενώ η κόμμωση διογκώνεται πάνω από το μέτωπο. Στην κορυφή του κεφαλιού υπάρχει μια ασύμμετρη οπή από την ένωση της πίσω με τη μπροστινή επιφάνεια. Στην πίσω επιφάνεια υπάρχουν ακόμη δύο επιμήκεις, σχεδόν ορθογώνιες εγκοπές, έτσι ώστε το ειδώλιο φαίνεται ότι έχει μόνον μπροστινή όψη στο πάνω ήμισυ του σώματος και ενώνεται με την πίσω, στην περιοχή των γλουτών.

198. 1981/904 (Πίν. 25β)

Σωζ. ύψ. 0,112 μ.
Πηλός έντονα καφέ (5YR 5/6), άσπρο επίχρισμα.

108. Mollard-Besques, Louvre cat. II 42, πίν. 49e MYR 832· επίσης, Besques, Louvre cat. III 314, πίν. 389a, b D2639, D2640.

109. Για σχετική βιβλιογραφία, βλ. Μ. Λιλιμπάκη-Ακαμάτη, ό.π., 232.

110. Βλ. υποσημ. 109.

111. Bell, Morgantina I, 1981, 94. G. Zunz, Persephone. Three Essays on Religion and Thought in Magna Craecia, 1971, 165.

112. Για το θέμα, βλ. σ. 55, 73.

Το πάνω μέρος της μπροστινής όψης ειδωλίου του τύπου του αριθ. 197, αλλά με γένια. Συγκολλημένο. Σώζεται το μεγαλύτερο μέρος του κεφαλιού, τμήμα του δεξιού χεριού, μεγάλο μέρος του κορμού και τμήμα του κοντού χιτώνα. Στα μαλλιά, γένια, χιτώνα υπάρχει χάραξη. Οι μύες του κορμού αποδίδονται πλαστικά.

199. 1981/899

Σωζ. ύψ. 0,08 μ.
Πηλός γκρίζος ρόδινος (7.5YR 6/2), άσπρο επίχρισμα.
Το πάνω μέρος ειδωλίου νέου Πάνα, χωρίς γένια του τύπου του αριθ. 197, αλλά από διαφορετική και μεγαλύτερη μήτρα. Το ειδώλιο είναι ανοικτό στην πάνω επιφάνεια.

200. 1981/900 (Πίν. 25α)

Σωζ. ύψ. 0,07 μ.
Πηλός κοκκινωπός κίτρινος (5YR 6/6), άσπρο επίχρισμα, κιτρινωπό χρώμα.
Το πάνω μέρος του σώματος ειδωλίου του τύπου του αριθ. 199, αλλά από διαφορετική και μεγαλύτερη μήτρα, χωρίς γένια. Συγκολλημένο. Σώζονται το κεφάλι, τα χέρια και μικρό μέρος του κορμού.

201. 1981/907 (Πίν. 25ζ)

Σωζ. ύψ. 0,12 μ.
Πηλός ανοικτός καφέ κοκκινωπός (7.5YR 6/4), άσπρο επίχρισμα.
Τμήμα ειδωλίου του τύπου του αριθ. 199, από διαφορετική και μεγαλύτερη μήτρα. Συγκολλημένο. Διατηρούνται οι μηροί, μέρος των κνημών χωρίς απόδοση των τριχών και τμήμα του κοντού χιτώνα.
Από την ίδια πιθανώς μήτρα είναι και το αριθ. 1981/908, τμήμα ποδιών, ύψ. 0,125 μ.
Όμοιου τύπου με τα παραπάνω ειδώλια είναι και τα κομμάτια αριθ. 1981/901, 902, 905, 906, 909, 911, 914α,β, 915, 925, 927, 928, 929, 916, 924, 926, 912, 913, 1126 και πιθανώς τα 933, 934.

202. 1981/733 (Πίν. 25γ)

Σωζ. ύψ. 0,08 μ.
Πηλός κόκκινος (2.5YR 5/6), άσπρο επίχρισμα, κόκκινο χρώμα στον κορμό και στο πρόσωπο.
Η μπροστινή όψη ειδωλίου νεαρού Πάνα (πλακίδιο), συγκολλημένο από δύο κομμάτια. Η πίσω όψη είναι ελαφρά κοίλη. Λείπουν τα χέρια και το κάτω τμήμα. Φοράει κοντό χιτώνα. Τα μαλλιά φθάνουν στο ύψος των ώμων, ενώ στην κορυφή σχηματίζουν χαμηλό λαμπάδιο. Διακρίνονται και κέρατα.

203. 1981/1196

Σωζ. ύψ. 0,03 μ.
Πηλός όπως του προηγουμένου.
Κεφάλι ειδωλίου ίδιου τύπου με το αριθ. 202. Ίδιου τύπου είναι και το κεφάλι αριθ. 1981/1197, καθώς και τα κομμάτια αριθ. 1981/912, 913, 917, 918, 919, 920, 921, 922, 923, 925, 943, 1120, 1127, 1128.

204. 1981/756

Σωζ. ύψ. 0,069 μ.
Πηλός ρόδινος (5YR 7/4), άσπρο επίχρισμα.
Η μπροστινή όψη κορμού ειδωλίου ίδιου τύπου με το αριθ. 202, αλλά από μεγαλύτερη μήτρα.

205. 1981/770 (Πίν. 25δ)

Σωζ. ύψ. 0,075 μ.
Πηλός ανοικτός καφέ (5YR 6/4), άσπρο επίχρισμα, κιτρινωπό χρώμα.
Η μπροστινή όψη με το κεφάλι και μέρος του κορμού νεαρού Πάνα με τμήμα του εκτεταμένου στα πλάγια δεξιού βραχίονα.

206. 1981/774

Σωζ. ύψ. 0,04 μ.
Πηλός γκρίζος (5YR 7/3).
Κεφάλι ειδωλίου ίδιου τύπου με το αριθ. 205. Ίδιου τύπου είναι και το κεφάλι αριθ. 1981/772.

207. 1981/936 (Πίν. 25ε)

Σωζ. ύψ. 0,09 μ.
Πηλός ανοικτός καφέ κοκκινωπός (2.5YR 6/4), άσπρο επίχρισμα.
Τμήμα ειδωλίου Πάνα, συγκολλημένο. Διατηρούνται τα πόδια και μέρος του κοντού χιτώνα. Στα πόδια αβαθείς χαράξεις, για δήλωση μακριού ενδύματος. Ίδιου τύπου είναι και τα κομμάτια αριθ. 1981/937 και πιθανώς το 1981/944.

Κένταυρος

208. 1981/946 (Πίν. 25στ)

Σωζ. ύψ. 0,062, μήκ. 0,07 μ.
Πηλός ανοικτός κόκκινος (2.5YR 6/2), άσπρο επίχρισμα.
Σώζεται ο κορμός και μέρος του δεξιού βραχίονα ειδωλίου Κενταύρου, που εκτείνεται στα πλάγια.

Τυπολογικές και ερμηνευτικές παρατηρήσεις

Πάνες

Τα ειδώλια των Πανών του ιερού της Πέλλας ανήκουν σε δύο τύπους:

Α. Ο Πάνας έχει ανασηκωμένα τα δυο του χέρια πίσω από το κεφάλι. Στα ειδώλια αριθ. 197, 198 (Πίν. 24η,θ, 25β) είναι μεσήλικας· στο αριθ. 198 έχει και γενειάδα. Στα ειδώλια αριθ. 199-201 (Πίν. 25α,ζ) ο Πάνας είναι νέος με χονδροειδή χαρακτηριστικά προσώπου.

Β. Η μπροστινή όψη νεαρών Πανών (πλακίδια) με μακριά μαλλιά στο ύψος των ώμων, που σχηματίζουν λαμπάδιο στην κορυφή του κεφαλιού (αριθ. 202-207, Πίν. 25γ,δ,ε).

Οι Πάνες και των δύο τύπων φορούν κοντό χιτώνα (χορταίο), που καλύπτει την κοιλιά και το πάνω μέρος των μηρών. Πυκνή χάραξη αποδίδει την υφή του ενδύματος και τα τριχωτά πόδια, ενώ οι μύες του κορμού αποδίδονται με έντονη πλαστικότητα στα ειδώλια του πρώτου τύπου.

Τα ειδώλια των Πανών δείχνουν ότι τα διονυσιακά στοιχεία δεν έλειπαν από τη γιορτή των Θεσμοφορίων στην Πέλλα[113]. Ιδιόμορφη είναι η θέση των χεριών των ειδωλίων του πρώτου τύπου, πίσω από το κεφάλι. Τα χέρια δεν φαίνονται δεμένα, όπως σε πολυάριθμες παραστάσεις του δεμένου Μαρσύα[114]. Ο τονισμός των μυών του κορμού δείχνει ότι ο κοροπλάστης ήθελε να τονίσει την προσπάθεια των μορφών που ανασηκώνουν κάποιο βάρος. Μορφές του τύπου αυτού, του Άτλαντα, απαντούν ευρύτατα στην ύστερη ελληνιστική και ρωμαϊκή εποχή, ενταγμένες σε αρχιτεκτονικά σύνολα, αλλά και σε διακοσμήσεις επίπλων. Σάτυροι, σιληνοί, μαινάδες, γίγαντες, βαρβαρικές μορφές, Πάνες έχουν πολλές φορές τον ίδιο λειτουργικό ρόλο[115]. Τα ειδώλια των Πανών του Θεσμοφορίου δεν μπορούν να στηρι-

113. Για τη λατρεία του Διονύσου σε ιερά της Πέλλας, βλ. κεφ. ΙΙα2 (Ανδρικές μορφές) σ. 63, υποσημ. 101, 102. Για τη σχέση του Πάνα με τη Δήμητρα, R. Osborne, Classical Landscape with Figures. The Ancient Greek City and its Countryside, 1987, 189, 191. Για τη λατρεία του Πάνα γενικά, R. Herbig, Pan, 1949, 41 κ.ε.

114. H.A. Weis, The Hanging Marsyas. The Origin and History of the Statue, 1979, όπου και η παλαιότερη σχετική βιβλιογραφία.

115. LIMC II, 1, 1986, 9, 11 κ.ε., 16 κ.ε.· F. Schaller, Stützfiguren in der griechischen Kunst, 1973, 70 κ.ε., 146 κ.ε.· E. Schmidt, Geschichte der Karyatide, 1982, πίν. 28, 29, 31, 2. Ακόμη, Γ. Σταϊνχάουερ, ΑΔ 27 (1972), Χρονικά, 248, Πίν. 186α· σε έπιπλα, R. Herbing, ό.π., πίν. XVI 1 και LIMC III, 1, ό.π., 12 αριθ. 71, πίν. 13. Για την αρχιτεκτονική χρήση μορφών του τύπου του Άτλαντα, βλ. και Vitruvius, De Architectura VI, 7, 6 και γενικότερα για Άτλαντες, RE II^{2} (1896), 2107-2109.

χθούν μόνα τους, έτσι ώστε να υποστηρίξει κανείς ότι στο ανοικτό πάνω μέρος τους υπήρχε κάποιο ένθετο αντικείμενο, που οι μορφές παριστάνονται να σηκώνουν. Ακόμα, το ανοικτό πάνω μέρος δεν είναι σε όλες τις μορφές ομοιόμορφο, ώστε να υποστηριχθεί η στήριξη κάποιου συγκεκριμένου αντικειμένου πάνω σε δύο ή περισσότερες μορφές[116]. Αν αποκλεισθεί η περίπτωση να είναι εξαρτημένα από κάπου, εφόσον ο χώρος του ιερού δεν προσφέρεται για εξαρτήσεις[117], θα μπορούσε να υποθέσει κανείς ότι τα ειδώλια αυτά μεταφέρονταν από τις προσκυνήτριες στο ιερό ως αντικείμενα στήριξης κάποιων οργανικών προσφορών (π.χ. κλαδιών από φυτά, στάχυα), που τοποθετούνταν μέσα στο διαμπερές τμήμα που δημιουργείται ανάμεσα στις δύο όψεις του ειδωλίου. Τα ειδώλια μαζί με τις προσφορές, που συμβολικά φαίνεται ότι στήριζαν οι μορφές των Πανών πάνω στο κεφάλι τους, τοποθετούνταν στο βωμό. Αλλά αν κι αυτή η ερμηνεία, που βασίζεται σε τεχνικά κυρίως στοιχεία των ειδωλίων, είναι καθαρά υποθετική, μπορούμε να υποστηρίξουμε ότι ο κοροπλάστης της Πέλλας δημιούργησε τον τύπο εμπνευσμένος από παραστάσεις Ατλάντων, που χρησιμοποιούνταν για στηρίγματα σε κτίρια ή σε άλλες κατασκευές μέσα στην πόλη.

Κένταυρος

Στην ομάδα των διονυσιακών μορφών του ιερού εντάσσεται και το μοναδικό ειδώλιο Κενταύρου (αριθ. 208, Πίν. 25στ). Η μορφή του Κενταύρου, αν και είναι από τις πιο παλιές και περισσότερο οικείες στην ελληνική τέχνη, δεν είναι ιδιαίτερα συχνή στην πηλοπλαστική[118].

Η στενή σχέση των Κενταύρων με τους Σατύρους δικαιολογεί την παρουσία τους σε διονυσιακές σκηνές· ο διονυσιακός χαρακτήρας τους ενισχύεται συνήθως με την παρουσία αγγείων για κρασί ή με τα στεφάνια από κισσό που φορούν μερικές φορές[119].

ΖΩΑ

Χοίροι

209. 1981/575 (Πίν. 26α)

Μήκ. 0,165, σωζ. ύψ. (στο πίσω τμήμα) 0,095 μ.
Πηλός έντονα καφέ (5YR 5/6), άσπρο επίχρισμα.
Ειδώλιο χοίρου. Λείπουν τμήματα των ποδιών. Μέρος του δεξιού πίσω ποδιού είναι συγκολλημένο. Στο σώμα υπάρχουν αποκρούσεις. Η χαίτη, τα μάτια, τα αυτιά, το ρύγχος τονίζονται με άφθονη χάραξη. Στην κάτω επιφάνεια υπάρχει μικρή κυκλική οπή αερισμού.

210. 1981/576 (Πίν. 26β)

Μήκ. 0,125, ύψ. 0,09 μ.
Πηλός ρόδινος (5YR 7/4), άσπρο επίχρισμα.
Ειδώλιο χοίρου, ίδιου τύπου με το αριθ. 209, αλλά από διαφορετική μήτρα, μικρότερων διαστάσεων. Λείπουν τμήματα των ποδιών,

116. Η σχεδόν κυκλική οπή στο πάνω μέρος του ειδωλίου αριθ. 1981/198 είναι μικρότερη από αυτή του αριθ. 1981/197. Στο ειδώλιο αριθ. 1981/199 δημιουργείται στο πάνω μέρος του επίμηκες άνοιγμα, ενώ στα όμοιου τύπου ειδώλια αριθ. 1981/200, 201 το άνοιγμα είναι μικρότερο και περισσότερο ωοειδές.

117. Το μέγεθος των ειδωλίων είναι μεγάλο σε σχέση με τα πλακίδια, για τα οποία έχει υποστηριχθεί περισσότερο βάσιμα ότι ήταν εξαρτημένα από κάποιες επιφάνειες, πιθανότατα ξύλινες, βλ. σ. 106.

118. R.A. Higgins, Greek Terracottas, 1967, πίν. 58Β· Besques, Louvre cat. IV, I 145, πίν. 157a D4210· A. Levi, Le terrecotte figurate del Museo Nazionale di Napoli, 1926, 127 εικ. 102 αριθ. 571.

119. Μ. Λιλιμπάκη-Ακαμάτη, Αμητός, 1987, τιμ. τόμος στον καθ. Μ. Ανδρόνικο, 463, όπου γίνεται λόγος και για τις απεικονίσεις κενταύρων σε ψηφιδωτά της Πέλλας.

που είναι συγκολλημένα. Στην κάτω επιφάνεια, όπου υπάρχει μια σχεδόν τετράγωνη οπή αερισμού, διακρίνονται τα γεννητικά του όργανα.

211. 1981/577 (Πίν. 26γ)

Μήκ. 0,115, σωζ. ύψ. 0,055 μ.
Πηλός ρόδινος (5YR 7/4), άσπρο επίχρισμα.
Ειδώλιο χοίρου διαφορετικού τύπου και μικρότερων διαστάσεων από τα αριθ. 209, 210. Λείπουν τμήματα των ποδιών και της ουράς. Στην κάτω επιφάνεια υπάρχει μικρή κυκλική οπή αερισμού.

212. 1981/578

Σωζ. μήκ. 0,028 μ.
Πηλός όπως του προηγουμένου.
Τμήμα κεφαλιού χοίρου.
Τμήματα κεφαλιών χοίρου είναι και τα αριθ. 1981/1517, 1518.

Άλογα

213. 1981/533 (Πίν. 26ε)

Μήκ. 0,16, σωζ. ύψ. 0,145 μ.
Πηλός ανοικτός καφέ (5YR 6/4), άσπρο επίχρισμα.
Ειδώλιο αλόγου, συγκολλημένο. Λείπουν τα πόδια, σώζεται μόνο μικρό τμήμα του ενός πίσω ποδιού. Το άλογο πατούσε με τα τεντωμένα πίσω πόδια του στο έδαφος, τα μπροστινά ήταν ανασηκωμένα. Στο κεφάλι διατηρούνται δύο μικροί επίθετοι δίσκοι, εξαρτήματα ιπποσκευής. Στη χαίτη και στο κεφάλι υπάρχει άφθονη χρήση χάραξης. Στις δύο πλευρές του σώματος, πίσω, κάτω από την ουρά που λείπει και στην κάτω επιφάνεια υπάρχουν μικρές κυκλικές οπές. Δύο πολύ μικρές κυκλικές οπές υπάρχουν και στο πάνω μέρος του κεφαλιού.

214. 1981/537 (Πίν. 26δ)

Μήκ. 0,16, σωζ. ύψ. 0,13 μ.
Πηλός ανοικτός καφέ κοκκινωπός (5YR 6/3), άσπρο επίχρισμα.
Ειδώλιο αλόγου, ίδιου τύπου με το αριθ. 213. Λείπουν τμήματα των ποδιών, που είναι συγκολλημένα και η ουρά. Το ζώο έχει τεντωμένα προς τα πίσω τα πίσω πόδια και πατάει μ' αυτά στο έδαφος, ενώ τα μπροστινά είναι ανασηκωμένα. Στο κεφάλι διατηρούνται έξι μικροί επίθετοι δίσκοι, εξαρτήματα ιπποσκευής. Στη χαίτη και στο κεφάλι υπάρχει άφθονη χρήση χάραξης. Στην κάτω επιφάνεια του ειδωλίου διακρίνονται τα γεννητικά του όργανα, ενώ στις πλευρές του σώματος, κάτω από την ουρά και στην κάτω επιφάνεια υπάρχουν μικρές κυκλικές οπές.

215. 1981/530

Σωζ. μήκ. 0,135 μ.
Πηλός έντονα καφέ (5YR 5/6), άσπρο επίχρισμα.
Μέρος του σώματος και των πίσω ποδιών ειδωλίου αλόγου, ίδιου πιθανώς τύπου με τα αριθ. 213 και 214. Στην πλευρά του σώματος, που σώζεται και πίσω, κάτω από την ουρά, υπάρχουν μικρές κυκλικές οπές.

216. 1981/531

Σωζ. μήκ. 0,17 μ.
Πηλός έντονα καφέ (5YR 5/6), άσπρο επίχρισμα.
Το σώμα και μέρος των ποδιών ειδωλίου αλόγου, ίδιου τύπου με τα αριθ. 213, 214· πιθανώς είναι κατασκευασμένο από την ίδια μήτρα με το αριθ. 213.

217. 1981/545 (Πίν. 27α)

Μήκ. 0,21, σωζ. ύψ. 0,11 μ.
Πηλός ανοικτός καφέ (5YR 6/4), άσπρο επίχρισμα, καλά διατηρημένο.
Ειδώλιο αλόγου, με αποκρούσεις. Λείπουν τμήματα των ποδιών και η ουρά. Μέρη των μπροστινών ποδιών είναι συγκολλημένα. Το ζώο στηρίζεται στα πίσω πόδια του. Τα μπροστινά είναι τεντωμένα μπροστά· το αριστερό πατούσε στο έδαφος (βλ. αριθ. 218). Στο κεφάλι υπάρχει χάραξη. Στην κάτω επιφάνεια υπάρχει ωοειδής οπή αερισμού και πίσω μικρή κυκλική οπή.

218. 1981/529 (Πίν. 27β)

Σωζ. μήκ. 0,135 μ.
Πηλός έντονα καφέ (5YR 5/6), άσπρο επίχρισμα.
Ειδώλιο αλόγου, μεγαλύτερων διαστάσεων από τα προηγούμενα, του τύπου του αριθ. 217. Είναι συγκολλημένο. Λείπουν τμήματα του σώματος και το κεφάλι. Στην οπλή, που διασώζεται, υπάρχει άφθονη χάραξη. Στην κάτω επιφάνεια διακρίνεται τμήμα μικρής κυκλικής οπής.

219. 1981/528

Σωζ. μήκ. 0,19 μ.
Πηλός ανοικτός καφέ (7.5YR 6/4), άσπρο επίχρισμα.
Ειδώλιο αλόγου, ίδιου τύπου με το αριθ. 217. Λείπει το κεφάλι και μέρος του σώματος και των ποδιών. Στην κάτω επιφάνεια υπάρχει μικρή κυκλική οπή, καθώς και στη δεξιά πλευρά του σώματος. Τμήμα οπής διακρίνεται και κάτω από την ουρά.

220. 1981/536

Σωζ. ύψ. 0,11 μ.
Πηλός ανοικτός καφέ (7.5YR 6/4), άσπρο επίχρισμα.
Το κεφάλι, ο λαιμός και τμήμα των μπροστινών ποδιών αλόγου, του τύπου του αριθ. 217. Στο κεφάλι υπάρχουν έξι επίθετοι μικροί δίσκοι και στο μέτωπο ένας ωοειδής, εξαρτήματα της ιπποσκευής.

221. 1981/534 (Πίν. 27γ)

Μήκ. 0,18 μ.
Πηλός κοκκινωπός κίτρινος (7.5YR 6/6), άσπρο επίχρισμα.
Τμήμα ειδωλίου αλόγου, συγκολλημένο, του τύπου του αριθ. 217.
Στις πλευρές του σώματος υπάρχουν δύο επιμήκεις ορθογώνιες εγκοπές.

222. 1981/532 (Πίν. 27ε)

Σωζ. μήκ. 0,20 μ.
Πηλός ανοικτός καφέ (5YR 6/4), άσπρο επίχρισμα.
Το κεφάλι και μέρος του σώματος αλόγου, συγκολλημένα.

223. 1981/1539

Μήκ. 0,065, σωζ. ύψ. 0,035 μ.
Πηλός ρόδινος (5YR 7/4), άσπρο επίχρισμα.
Κεφάλι αλόγου με έξι μικρούς επίθετους δίσκους και έναν ωοειδή στο μέτωπο.

224. 1981/535 (Πίν. 27δ)

Σωζ. ύψ. 0,16 μ.
Πηλός ρόδινος (5YR 7/4), άσπρο επίχρισμα.
Το κεφάλι και ο λαιμός αλόγου, συγκολλημένα. Στο κεφάλι υπάρχει άφθονη χρήση χάραξης. Διατηρούνται δύο μικροί επίθετοι δίσκοι.

225. 1981/538

Σωζ. μήκ. 0,06 μ.
Πηλός ρόδινος (5YR 7/4), άσπρο επίχρισμα.
Τμήμα από το πίσω μέρος του σώματος αλόγου.

226. 1981/539

Σωζ. μήκ. 0,095 μ.
Πηλός όπως του προηγουμένου.
Μέρος του σώματος αλόγου και των πίσω ποδιών. Στην κάτω επιφάνεια διακρίνονται τα γεννητικά του όργανα.

227. 1981/540

Σωζ. ύψ. 0,11 μ.
Πηλός ανοικτός κοκκινωπός καφέ (5YR 6/4), άσπρο επίχρισμα.
Το πίσω μέρος του σώματος αλόγου και μέρος των πίσω ποδιών. Μικρή κυκλική οπή διακρίνεται κάτω από την ουρά.

228. 1981/541

Μήκ. 0,115 μ.
Πηλός ρόδινος (5YR 7/4), άσπρο επίχρισμα.
Τμήμα του λαιμού αλόγου με άφθονη χάραξη στη χαίτη.

229. 1981/542

Σωζ. ύψ. 0,06 μ.
Πηλός ανοικτός καφέ κοκκινωπός (5YR 6/4), άσπρο επίχρισμα.
Τμήμα του σώματος και των μπροστινών ποδιών αλόγου, του τύπου του αριθ. 217.
Από ειδώλια αλόγων προέρχονται και τα κομμάτια αριθ. 1981/546-571 (κεφάλια), 572 (ουρές), 573 (πίσω πόδια), 574, 543, 544 (τμήματα σωμάτων).

Άλλα ζώα

230. 1981/579 (Πίν. 28α)

Μήκ. 0,15, σωζ. ύψ. 0,075 μ.
Πηλός ρόδινος (5YR 7/4), άσπρο επίχρισμα.
Ειδώλιο αίγας. Το κεφάλι είναι συγκολλημένο, λείπουν τμήματά του, καθώς και μέρος των ποδιών. Το σώμα είναι επίμηκες, το κεφάλι στρέφεται προς τα αριστερά. Στην κάτω επιφάνεια υπάρχει μικρή κυκλική οπή αερισμού.

231. 1981/1538

Μήκ. 0,075, ύψ. 0,045 μ.
Πηλός κίτρινος κοκκινωπός (5YR 7/6).
Ειδώλιο περιστεριού. Λείπει τμήμα της ουράς. Στην κάτω επιφάνεια υπάρχει μικρή κυκλική οπή αερισμού.

232. 1981/1512 (Πίν. 28β)

Μήκ. 0,069, ύψ. 0,04 μ.
Πηλός καφέ (5YR 5/4), άσπρο επίχρισμα.
Ειδώλιο περιστεριού.

233. 1981/1513

Σωζ. μήκ. 0,065 μ., σωζ. ύψ. 0,045 μ.
Πηλός όπως του προηγουμένου.
Ειδώλιο περιστεριού. Λείπει η ουρά.

234. 1981/1514

Σωζ. μήκ. 0,052, σωζ. ύψ. 0,04 μ.
Πηλός όπως του προηγουμένου.
Ειδώλιο περιστεριού. Λείπουν το κεφάλι και μέρος της ουράς.
Από ειδώλια περιστεριών προέρχονται και τα τμήματα αριθ. 1981/1515, 1516.

Τυπολογικές και ερμηνευτικές παρατηρήσεις

Χοίροι

Ο αριθμός των ειδωλίων χοίρων (αγριόχοιρων) στο ιερό της Πέλλας είναι σχετικά περιορισμένος. Βρέθηκαν μόνο τρία, σχεδόν ακέραια, ειδώλια και τρία τμήματα κεφαλιών. Ο τύπος των ειδωλίων αυτών είναι κοινός και πολύ διαδεδομένος από τα κλασικά ακόμα χρόνια[120]. Τα ειδώλια αριθ. κατ. 209, 210 (Πίν. 26α,β) διαφέρουν μόνο στις διαστάσεις και σε

120. Mollard-Besques, Louvre cat. I, πίν. XXXIII B307 (6ος αι. π.Χ.)· Leyenaar-Plaisier, Leyden cat. 1979, 74 αριθ. 146, πίν. 25 (Ρόδος, αρχές 5ου αι. π.Χ.)· Robinson, Olynthus XIV, 1952, 244, πίν. 100 αριθ. 308-311 (5ος ή πρώϊμος 4ος αι. π.Χ.)· L.A. Scatozza-Höricht, Studia Archaeologica 49 (1987), πίν. XXI QIIa1, XXII QIIa2 (5ος αι. π.Χ.)· Laumonier, Délos XXIII[1], 1956, 106 πίν. 25 αριθ. 265 (αρχαϊκό), 279, πίν. 99 αριθ. 1338 (2ος/1ος αι. π.Χ.)· Besques, Louvre cat. III 39, πίν. 48a D218 (ελληνιστικό)· Besques, Louvre cat. IV, I 86, πίν. 79c, d D3790, D3788 (ελληνιστικά)· V.R. Köster - A.U. Kossatz, IstMitt 30 (1980), 53, πίν. 27 αριθ. 10 (Μίλητος, ελληνιστικό)· Cl. Rolley, BCH 89 (1965), 470 εικ. 30, 31 (Θάσος)· R. Stroud, Hesperia 34 (1965), 22 πίν. 2, 8, 11b (Ακροκόρινθος)· Α. Τζιαφάλιας, ΑΔ 29 (1973-74), Χρονικά, 578, Πίν. 385α (Φρούριο Φαρσάλων)· Δάφφα-Νικονάνου, Πρόερνα 134, πίν. 14 εικ. 3, 4, 5· Bell, Morgantina I, 1981, 226 πίν. 132 αριθ. 878, 879· Wiegand-Schrader, Priene, 1904, 161, εικ. 155, 156· J.N. Coldstream, Knossos. The Sanctuary of Demeter, 1973, 90 πίν. 65 αριθ. 262· D. White, AJA 80 (1976), 165, 172. Τα αριθ. E207, E1260 και E2586 ειδώλια χοίρων των παλαιότερων ανασκαφών της Πέλλας προέρχονται από το τετράγωνο 2 και το δρόμο του τομέα Ι.

μερικά επίθετα στοιχεία, όπως στη δήλωση των γεννητικών οργάνων και στην ουρά (αριθ. 210), καθώς και στο σχήμα της οπής αερισμού. Το αριθ. 211 (Πίν. 26γ) είναι πολύ μικρότερο και έχει διαφορετικό τύπο. Ειδώλια χοίρων ανοικτά στο κάτω μέρος, όπου δηλώνονται τα εντόσθια, έχουν βρεθεί μόνο στο Θεσμοφόριο της Θάσου[121].

Ο χοίρος είχε σημαντική θέση στη λατρεία της Δήμητρας και ήταν το απαραίτητο ζώο στις τελετουργίες των Θεσμοφορίων[122]. Κόκαλα μικρών χοίρων έχουν βρεθεί σε πολλά Θεσμοφόρια, ενώ τα πήλινα ειδώλια του ζώου είναι το απαραίτητο ανάθημα των ιερών της Δήμητρας Θεσμοφόρου, για τη συμβολική σημασία του που πηγάζει από την ευγονία του, αλλά και ως υποκατάστατο ζωντανών ζώων, όσες φορές δεν υπήρχε η δυνατότητα τέτοιας προσφοράς[123].

Στο ιερό της Πέλλας ελάχιστα κόκαλα μικρών χοίρων βρέθηκαν στα λαξεύματα του δαπέδου, στα «μέγαρα», όπου ρίχνονταν τα κομμάτια των ζώων και καλύπτονταν με χώμα, καθώς και στο βωμό, όπου τοποθετούνταν από τις «αντλήτριες» στη γιορτή των Θεσμοφορίων, μαζί με σπόρους σιταριού, πριν σκορπισθούν στους αγρούς[124]. Ο περιορισμένος αριθμός κοκάλων χοίρων δείχνει ότι στο ιερό της Πέλλας ο χοίρος δεν ήταν το συνηθισμένο ζώο των τελετουργιών, αλλά χρησιμοποιούνταν άλλα ζώα, κυρίως αιγοπρόβατα, που προφανώς αφθονούσαν στην περιοχή[125]. Αξιοσημείωτο είναι ότι στο ιερό της Πέλλας δεν βρέθηκαν ειδώλια γυναικείων μορφών που κρατούν χοιρίδια, όπως σε άλλα ιερά[126].

Άλογα

Τα περισσότερα ειδώλια αλόγων του ιερού της Πέλλας κατατάσσονται τυπολογικά σε δύο ομάδες[127]. Στην πρώτη ανήκουν τα άλογα αριθ. κατ. 213, 214, 215, 216, 219, 220, 223, 229

121. Cl. Rolley, ό.π.

122. Για το ρόλο των χοίρων στα Θεσμοφόρια, E. Simon, Die Götter der Griechen, 1980, 91, 92. Αρχαίες πηγές: Αριστοφάνους Βάτραχοι, στ. 337, 339, Παυσανίου IX, 8, 1 και σ. 104.

123. Προσφορές χοίρων γίνονταν ιδιαίτερα στους θεούς που σχετίζονται με την καλλιέργεια των αγρών, RE II A1 (1921), 811. Κόκαλα χοίρων έχουν βρεθεί και στο ιερό των χθόνιων θεοτήτων στην Αγορά της Κορίνθου, Ch. H. Morgan, II, AJA 41 (1937), 545-546 και O. Broneer, Hesperia 11 (1942), 143 κ.ε.· επίσης σε αποθέτες του Ακροκορίνθου, όπου οι χοίροι θυσιάζονταν και καίγονταν, R. Stroud, Hesperia 34 (1965), 22. Στην Όλυνθο ειδώλια χοίρων έχουν βρεθεί μέσα και κοντά σε τάφους και έχουν ερμηνευθεί ως παιχνίδια· εκεί υπήρχαν ακόμη και αγγεία σε σχήμα χοίρων, Robinson, Olynthus XIV, 1952, 244 κ.ε., πίν. 100 και Olynthus VII, 1933, 106, πίν. 60 αριθ. 410 (5ος-4ος αι. π.Χ.).

124. Για τις τελετές της γιορτής, βλ. κεφ. Λατρεία, σ. 103 κ.ε.

125. Για την ταύτιση των κοκάλων ζώων, βλ. σ. 24, υποσημ. 20. Επίσης, J.N. Coldstream, ό.π., 177.

126. Ιδιαίτερα διαδεδομένος ο τύπος της γυναικείας μορφής με χοιρίδιο ήταν στη Σικελία στα αρχαϊκά χρόνια. Από το τέλος του 5ου αι. έως το α΄ μισό του 4ου αι. π.Χ. ο τύπος απαντά και σε ιερά της Δήμητρας έξω από την Σικελία, M. Sguaitamatti, L'offrante de porcelet dans la coroplathie Geleénne, 1984, 50 κ.ε.· R. Osborne, Classical Landscape with Figures, 1987, 169, 173 εικ. 57 (Δήμητρα με χοίρο). Για τη σημασία της έλλειψης ειδωλίων γυναικών με χοιρίδια στο Θεσμοφόριο της Πέλλας, βλ. κεφ. Λατρεία, σ. 104. Πήλινο ειδώλιο γυναικείας μορφής με χοιρίδιο έχει βρεθεί στην ανασκαφή του κτιριακού συγκροτήματος του Καναλιού της Πέλλας (περίοδος 1984), στο εσωτερικό του κυκλικού κτιρίου, Μ. Λιλιμπάκη-Ακαμάτη, ΑΕΜΘ 1 (1987), 137. Για μορφές με χοιρίδια, βλ. και N. Bookidis - J.E. Fischer, Hesperia 41 (1972), 316, πίν. 62d, N. Bookidis - S. R. Stroud, Demeter and Persephone in Ancient Corinth, 1987, 15 εικ. 13, a, b, c, W. Froehner, Collection J. Créau II, 1891, πίν. XXVII αριθ. 372, P. Orsi, MonAnt XVII (1906), 700-703, εικ. 523-527, G. Rizza, BdA 45 (1960), 262 εικ. 24. Στη Γέλα ειδώλια χοίρων έφεραν ταινία και στεφάνια θυσιών, M. Sguaitamatti, ό.π., 33, 34.

127. Για την ιπποσκευή, J.K. Anderson, Ancient Greek Horsemanship, 1961, P. Vigneron, Le cheval dans l'antiquité greco-romaine, 1968, Π. Φάκλαρης, Ιπποσκευές από τη Βεργίνα, ΑΔ 41 (1986), Μελέτες, 1 κ.ε.

και τα 1981/548 (Πίν. 26δ,ε). Τα άλογα αυτά φέρουν ανάγλυφα εξαρτήματα ιπποσκευής στο κεφάλι (φάλαρα). Στις πλευρές του σώματος, πίσω, κάτω από την ουρά και στο κάτω μέρος του σώματος, κοντά στα μπροστινά πόδια, υπάρχουν μικρές κυκλικές οπές. Τα άλογα παριστάνονται τη στιγμή που είναι έτοιμα να σταματήσουν τον καλπασμό τους έχοντας ανασηκωμένα τα μπροστινά πόδια, ενώ τα πίσω πατούν στο έδαφος. Στην ομάδα αυτή ανήκουν πιθανώς και τα τμήματα αλόγων αριθ. 228, 224 (Πίν. 27δ) με ανάγλυφα εξαρτήματα ιπποσκευής στο κεφάλι, αλλά είναι μεγαλύτερα σε μέγεθος.

Στη δεύτερη ομάδα ανήκουν τα άλογα αριθ. 217, 218 (Πίν. 27α,β). Τα άλογα αυτά καλπάζουν κάνοντας περίπου την ίδια κίνηση, το ένα πίσω πόδι πατάει στο έδαφος, το άλλο το αγγίζει ελαφρά, τα δύο μπροστινά πόδια είναι ανασηκωμένα, το ένα ψηλότερα από το άλλο. Στο άλογο αριθ. 218, που είναι και το μεγαλύτερο, τα πίσω πόδια είναι περισσότερο τεντωμένα προς τα πίσω. Τα άλογα αυτά δεν φέρουν εξαρτήματα ιπποσκευής, πράγμα που δείχνει ότι παριστάνονται να καλπάζουν ελεύθερα. Δεν φέρουν, επίσης, οπές στο σώμα, παρά μόνο μια οπή αερισμού στο κάτω μέρος. Η μικρή κυκλική οπή στη θέση της ουράς, που λείπει, στο άλογο αριθ. 217 προοριζόταν πιθανώς για την ένθεσή της. Το άλογο αριθ. 218 ξεχωρίζει από όλα τα άλογα του ιερού όχι μόνο για το μεγάλο μέγεθος, αλλά και για το έντονο πλάσιμο του σώματος με την αδρή δήλωση των μυών. Η αντίθεση με τα άλογα της πρώτης ομάδας είναι ιδιαίτερα έντονη. Από όμοια άλογα, αλλά μικρότερα σε μεγέθος, προέρχονται πιθανώς και τα κομμάτια αριθ. 222, 226 (Πίν. 27ε). Τα επιμήκη κεφάλια αριθ. 1981/547, 552, 555 με την έντονη χάραξη ανήκουν πιθανώς σε άλογα του τύπου του αριθ. 218. Το άλογο, τέλος, αριθ. 221 (Πίν. 27γ), ιδιαίτερα ογκώδες, με ορθογώνιες εγκοπές στις πλευρές του σώματος, δεν εντάσσεται στις παραπάνω ομάδες.

Ο μεγάλος αριθμός ειδωλίων αλόγων στο ιερό της Πέλλας είναι αξιοπαρατήρητος[128]. Τα άλογα και των δύο τύπων βρίσκονται σε κίνηση· της πρώτης ομάδας παριστάνονται τη στιγμή που είναι έτοιμα να σταματήσουν, καθώς κάποιος τραβάει τα χαλινάρια. Τα άλογα της δεύτερης ομάδας καλπάζουν ελεύθερα. Η ύπαρξη των μικρών οπών στις πλευρές του σώματος των αλόγων της πρώτης ομάδας μπορεί να δικαιολογηθεί αν σκεφθούμε ότι από αυτές περνούσε λεπτή ξύλινη ράβδος, που συνέδεε τέσσερα ειδώλια αλόγων. Σε αυτή τη ράβδο δένονταν άλλες όμοιου πάχους, οι οποίες προσαρμόζονταν πιθανότατα σε μικρά ξύλινα άρματα, που δεν έχουν διασωθεί. Επομένως, τα ειδώλια των αλόγων με τις οπές στο σώμα πρέπει να ανήκουν σε μικρά ξύλινα τέθριππα άρματα. Στη ζωγραφική αναπαράσταση που έγινε από το ζωγράφο Ν. Σφήκα (Σχέδ. Γ) δηλώνεται ο τρόπος της σύνδεσης των αλόγων

128. Εκτός από τα άλογα που περιλαμβάνονται στον κατάλογο υπάρχουν και πάρα πολλά κομμάτια που δεν συγκολλούνται: 1981/1539: μήκ. 0,065 μ., σωζ. ύψ. 0,035 μ. Πηλός ρόδινος (5YR 7/4), άσπρο επίχρισμα. Κεφάλι αλόγου με έξι μικρούς επίθετους δίσκους και έναν ωοειδή στο μέτωπο. 1981/546-571: 25 κεφάλια αλόγων. 1981/572: 21 ουρές αλόγων, μέγ. μήκ. 0,118 μ. 1981/574, 543, 544: 70 κομμάτια από σώματα αλόγων.

Τα ειδώλια αλόγων του ιερού της Πέλλας υπολογίζονται σε 34 περίπου. Γενικά για ειδώλια αλόγων: Besques, Louvre cat. III 306, πίν. 381· Besques, Louvre cat. IV, I, πίν. 157b, c, d D4121, D4122, D4125, πίν. 158a, b, (προτομές αλόγων, 4ος-3ος αι. π.Χ.)· Н.Н. БРЫТОВА, ГРЕЧЕСКАЯ ТЕРРАКОТА, 1964, εικ. 88Δ· R.A. Lunsingh-Scheurleer, Grieken in het Klein, 1986, 63, αριθ. 59 (τέλος 4ου αι. π.Χ.)· C.E. Vafopoulou-Richardson, Greek Terracottas, 1981, 22b (±400 π.Χ.)· W. Froehner, Collection J. Créau II, 1891, πίν. LI αριθ. 472 (κεφάλι αλόγου με χαλινάρια)· J. Schneider-Lengyel, Griechische Terrakotten, 1936, αριθ. 95· Δάφφα-Νικονάνου, Πρόερνα 135, πίν. 13 εικ. 1 (μικρά σχηματοποιημένα ειδώλια αλόγων)· Töpperwein, Pergamon, 1976, 240 κ.ε., πίν. 82, 83 (τμήματα αλόγων)· H. Goldman, Tarsus I, 1950, 380 κ.ε., πίν. 253 (τμήματα αλόγων)· P. Orlandini - D. Adamestanu, Gela, Nuovi Scavi 1956, 67, 75, εικ. 5. Για τα χαλινάρια, H.V. Roques de Maumont, Antike Reiterstandbilder, 1958, 84, 85 εικ. 43, 44.

Σχέδ. Γ. Ζωγραφική αναπαράσταση πήλινων ειδωλίων αλόγων με τις ξύλινες ράβδους εξάρτησης από άρμα.

και της εξάρτησής τους από το άρμα. Από τα φάλαρα, που δηλώνονται ανάγλυφα, δεν είναι πρακτικά δυνατό να εξαρτηθούν ακόμα και πολύ λεπτές δερμάτινες λωρίδες, που θα έπρεπε να κρατά ο αναβάτης του άρματος. Αυτό όμως δεν ήταν απαραίτητο, εφόσον πρόκειται για μικρά, καθαρά συμβολικά, αναθήματα. Τα άλογα, έτσι, της πρώτης ομάδας μπορούν να συσχετισθούν με τα άλογα εκείνα που έσυραν το άρμα της μυθικής αρπαγής της Κόρης[129]. Τα υπόλοιπα άλογα είναι συνηθισμένα αναθήματα στο ιερό μιας περιοχής, με άφθονη κτηνοτροφία.

129. Για το συσχετισμό με τα ειδώλια αριθ. κατ. 50, 51, βλ. σ. 55 και 63. Σε όστρακο ερυθρόμορφου αγγείου από το ιερό της Δήμητρας στον Ακροκόρινθο απεικονίζεται τέθριππο άρμα με τις μορφές του Άδη, της Περσεφόνης, του Ερμή, της Εκάτης με δάδες, R. Stroud, Hesperia 37 (1968), 321 πίν. 93a· N. Bookidis - S. R. Stroud, Demeter and Persephone in Ancient Corinth, 1987, 5, εικ. 3 (απουλιακός ερυθρόμορφος κρατήρας με τέθριππο άρμα με τον Άδη και την Περσεφόνη, τον Ερμή και την Εκάτη). Στο ιερό της Δήμητρας στην Κνωσό έχουν βρεθεί ένα χειροποίητο ειδώλιο αλόγου που έσυρε άρμα, καθώς και το κεφάλι ενός ακόμη αλόγου, J.N. Coldstream, ό.π., 90. Σχετικά με την αρπαγή της Κόρης, βλ. αναφορές στον Ομηρικό Ύμνο στ. 16, 80, 375, 380.

Αίγα-Περιστέρια

Το ειδώλιο της αίγας, αριθ. κατ. 230 (Πίν. 28α) μπορεί να συσχετισθεί με τη λατρεία της Άρτεμης[130], ενώ τα ειδώλια των περιστεριών (αριθ. 231-234, Πίν. 28β) θεωρούνται καθοριστικά σύμβολα της χθόνιας θεότητας που έχει συγχωνευμένες τις υποστάσεις της Αφροδίτης-Περσεφόνης[131].

ΓΟΡΓΟΝΕΙΑ - ΒΟΥΚΡΑΝΑ - ΡΟΔΑΚΕΣ

Γοργόνεια (πλακίδια)

235. Α. 1981/1410 (Πίν. 29β)

Διαστ. 0,065x0,05 μ.
Πηλός ανοικτός καφέ κοκκινωπός (5YR 6/4), άσπρο επίχρισμα, κόκκινο χρώμα.
Γοργόνειο με ανεμιζόμενους μακριούς πλοκάμους, διάτρητο στο μέτωπο, συγκολλημένο. Στην κορυφή του κεφαλιού συμπλεκόμενα φίδια και στα πλάγια φτερά που λείπουν. Η πίσω επιφάνεια είναι ελαφρως κοίλη.
Όμοια τα αριθ. 1981/1407α, 1409, 1411-1416, 1417 (Πίν. 29α), 1418-1425, 1427-1438, 1440-1447, 1449-1482.

236. Β. 1981/1483 (Πίν. 29στ)

Διάμ. 0,035 μ.
Πηλός ρόδινος (7.5YR 7/4), άσπρο επίχρισμα.
Γοργόνειο με ακτινωτά διατεταγμένους κοντούς βοστρύχους γύρω από το πρόσωπο. Η πίσω όψη είναι επίπεδη (πλακίδιο).
Όμοιο το αριθ. 1981/1484 (Πίν. 29ε).

237. Γ. 1981/1346 (Πίν. 29δ)

Διάμ. 0,039 μ.
Πηλός ανοικτός καφέ κοκκινωπός (2.5YR 6/4), άσπρο επίχρισμα, κίτρινο-κοκκινωπό χρώμα.
Γοργόνειο κυκλικό με κοντά σγουρά μαλλιά, που τονίζονται με χάραξη. Η πίσω όψη είναι επίπεδη (πλακίδιο).
Όμοια τα αριθ. 1981/1316, 1332, 1340-1371 (Πίν. 29γ), 1372, 1374-1391, 1394-1407, 1439α.

Βούκρανα (πλακίδια)

238. Α. 1981/1206 (Πίν. 28ε)

Μήκ. 0,09 μ.
Πηλός ανοικτός καφέ κοκκινωπός (5YR 6/4), άσπρο επίχρισμα.
Βούκρανο με επίμηκες ρύγχος, διάτρητο στο μέτωπο. Λείπει το δεξιό κέρατο. Βαθιές χαράξεις υπάρχουν στο ρύγχος και στα μάτια και μικρά πυκνά κτυπήματα στο μέτωπο. Η πίσω όψη είναι επίπεδη (πλακίδιο).
Όμοια τα αριθ. 1981/1201-1212, 1214-1218, 1220-1225, 1226, 1228.

239. Αα. 1981/1213 (Πίν. 28γ)

Μήκ. 0,07 μ.
Πηλός ανοικτός καφέ γκρίζος (10YR 6/2).
Βούκρανο του τύπου Α, αλλά χωρίς κτυπήματα στο μέτωπο και με λιγότερη χάραξη.
Όμοιο το αριθ. 1981/1219.

240. Β. 1981/1263

Μήκ. 0,04 μ.
Πηλός ανοικτός καφέ κοκκινωπός (5YR 6/4), άσπρο επίχρισμα.
Βούκρανο του τύπου Α, αλλά μικρότερο και

130. Βλ. σ. 54. Πρέπει να σημειωθεί ότι στο ιερό βρέθηκαν και πολλά κόκαλα αιγοπροβάτων, βλ. σ. 24.
131. Βλ. σ. 53 (Γυναικείες Μορφές). Για περιστέρια σε ιερά της Δήμητρας και Κόρης, Δάφφα-Νικονάνου, Πρόερνα 136, πίν. 14 εικ. 1· Bell, Morgantina I, 1981, 227, πίν. 133 αριθ. 883, 886. Για τη σημασία του περιστεριού, Α. Κώστογλου-Δεσποίνη, Προβλήματα της παριανής πλαστικής του 5ου αι. π.Χ., 1979, 113.

όχι διάτρητο. Οι χαράξεις είναι βαθιές, ρηχές ή λείπουν τελείως στα βούκρανα του τύπου αυτού, που είναι επίσης πλακίδια.
Όμοια τα αριθ. 1981/1222 (Πίν. 28ζ), 1223, 1224, 1227, 1230, 1231-1247, 1248 (Πίν. 28η), 1249-1262, 1264, 1265.

241. Γ. 1981/1266 (Πίν. 28στ)

Μήκ. 0,065 μ.
Πηλός ανοικτός καφέ (10YR 613).
Βούκρανο διάτρητο στο μέτωπο με ιωνικό κυμάτιο ανάμεσα στα κέρατα. Το ρύγχος είναι σπασμένο. Η πίσω όψη είναι επίπεδη (πλακίδιο).
Όμοια τα αριθ. 1981/1219, 1267, 1268, 1270.

242. Δ. 1981/1289 (Πίν. 28δ)

Μήκ. 0,05 μ.
Πηλός ανοικτός γκρίζος (10YR 7/1), άσπρο επίχρισμα.
Βούκρανο μικρού μεγέθους, επίμηκες, χωρίς κτυπήματα, χαράξεις και οπή, τελείως σχηματοποιημένο (πλακίδιο).
Όμοια τα αριθ. 1981/1229, 1272, 1273, 1275, 1276, 1277, 1288, 1290-1295.

Ρόδακες (πλακίδια)

243. Α. 1981/1317 (Πίν. 29ια)

Διάμ. 0,042 μ.
Πηλός ανοικτός κόκκινος (2.5YR 6/6), άσπρο επίχρισμα.
Οκταπέταλος ρόδακας με λογχοειδή πέταλα, μεταξύ των οποίων υπάρχουν και οκτώ μικρότερα λογχοειδή.
Όμοιοι οι αριθ. 1981/1318 (Πίν. 29ιζ), 1319, 1320.

244. Βα. 1981/1308 (Πίν. 29ι)

Διάμ. 0,045 μ.
Πηλός ρόδινος (5YR 7/4), άσπρο επίχρισμα.
Οκταπέταλος ρόδακας με επιμήκη ωοειδή πέταλα.
Όμοιοι οι αριθ. 1981/1297, 1298, 1299, 1302, 1310.

245. Ββ. 1981/1306 (Πίν. 29ζ)

Διάμ. 0,035 μ.
Πηλός ανοικτός καφέ κοκκινωπός (7.5YR 6/4), άσπρο επίχρισμα.
Επταπέταλος ρόδακας με επιμήκη ωοειδή πέταλα.
Όμοιοι οι αριθ. 1981/1304, 1307 (Πίν. 29η), 1309, 1311.

246. Γ. 1981/1323

Διάμ. 0,035 μ.
Πηλός ανοικτός κοκκινωπός καφέ (7.5YR 6/4), άσπρο επίχρισμα.
Ρόδακας με δύο σειρές από πέντε πέταλα και ισάριθμες εγκοπές στην περιφέρεια.
Όμοιοι οι αριθ. 1981/1321 (Πίν. 29ιε), 1322, 1324, 1325, 1327, 1328, 1329.

247. Δ. 1981/1312 (Πίν. 29θ)

Διάμ. 0,042 μ.
Πηλός γκρίζος (5YR 5/1), άσπρο επίχρισμα.
Οκταπέταλος ρόδακας με λεπτά νεύρα ανάμεσα στα πέταλα.
Όμοιοι οι αριθ. 1981/1300, 1301, 1303, 1305, 1305α, 1312, 1313, 1314, 1315, 1316.

248. Ε. 1981/1335 (Πίν. 29ιβ)

Διάμ. 0,04 μ.
Πηλός κόκκινος κιτρινωπός (7.5YR 5/6), άσπρο επίχρισμα.
Δωδεκαπέταλος ρόδακας με κοίλη επιφάνεια. Τα πέταλα είναι χαρακτά και στην περιφέρεια υπάρχουν κουκίδες.
Όμοιοι οι αριθ. 1981/1330, 1331 (Πίν. 29ιδ), 1332, 1333, 1334 (τα πέταλα κυμαίνονται από εννιά έως δώδεκα).

249. ΣΤ. 1981/1338 (Πίν. 29ιστ)

Σωζ. διάμ. 0,032 μ.
Πηλός κοκκινωπός καφέ (2.5YR 5/4), άσπρο επίχρισμα.
Τμήμα ρόδακα με τρία πέταλα έντονα ανάγλυφα, που περιβάλλονται από καμπύλες γραμμές σχηματίζοντας ιωνικό κυμάτιο.

250. Ζ. 1981/1337 (Πίν. 29ιγ)

Διάμ. 0,013 μ.
Πηλός ανοικτός κοκκινωπός (2.5YR 6/4), άσπρο επίχρισμα.

Δωδεκαπέταλος ρόδακας με επιμήκη πέταλα και αστράγαλο στην περιφέρεια.
Όμοιοι οι αριθ. 1981/1334, 1336.

Τυπολογικές και ερμηνευτικές παρατηρήσεις

Στο ιερό της Πέλλας υπάρχουν τρία είδη γοργονείων[132].

Α. Γοργόνειο διάτρητο στο μέτωπο με ανεμιζόμενους μακριούς πλοκάμους. Στην κορυφή του κεφαλιού συμπλεκόμενα φίδια και στα πλάγια φτερά (αριθ. 235, Πίν. 29β,α).

Β. Γοργόνειο με κοντούς βοστρύχους ακτινωτά διατεταγμένους γύρω από το μέτωπο (αριθ. 236, Πίν. 29στ).

Γ. Γοργόνειο με κοντά σγουρά μαλλιά που τονίζονται με χάραξη (αριθ. 237, Πίν. 29δ).

Τα βούκρανα[133] διακρίνονται σε τέσσερις κατηγορίες:

Α. Βούκρανα μεγάλα, διάτρητα, με βαθιές χαράξεις στο ρύγχος και στα μάτια και πυκνά κτυπήματα στο μέτωπο (αριθ. 238, 239, Πίν. 28ε,γ).

Β. Βούκρανα, μικρότερα, με χαράξεις και πυκνά κτυπήματα, χωρίς οπή (αριθ. 240, Πίν. 28ζ,η).

Γ. Βούκρανα μεγάλα, με οπή και ανάγλυφο ιωνικό κυμάτιο ανάμεσα στα κέρατα (αριθ. 241, Πίν. 28στ).

Δ. Βούκρανα μικρά, επιμήκη, χωρίς χαράξεις, κτυπήματα και οπή (αριθ. 242, Πίν. 28δ).

Οι ρόδακες[134] διακρίνονται σε επτά κατηγορίες:

Α. Οκταπέταλος ρόδακας με λογχοειδή πέταλα και οκτώ μικρότερα λογχοειδή ανάμεσά τους (αριθ. 243, Πίν. 29ια).

Β. Επταπέταλος ρόδακας με επιμήκη ωοειδή πέταλα (αριθ. 244, 245, Πίν. 29ι,ζ).

Γ. Ρόδακας με δύο σειρές από πέντε πέταλα και πέντε εγκοπές στην περιφέρεια (αριθ. 246, Πίν. 29ιε).

Δ. Οκταπέταλος ρόδακας με λεπτά νεύρα ανάμεσα στα πέταλα (αριθ. 247, Πίν. 29θ).

Ε. Εννεαπέταλος ή δωδεκαπέταλος ρόδακας. Τα πέταλα δηλώνονται με χάραξη και στην περιφέρεια υπάρχουν κουκίδες (αριθ. 248, Πίν. 29ιβ).

ΣΤ. Ρόδακας με ανάγλυφα πέταλα που περιβάλλονται από καμπύλες γραμμές σχηματίζοντας ένα είδος ιωνικού κυματίου (αριθ. 249, Πίν. 29ιστ).

Ζ. Δωδεκαπέταλος ρόδακας με επιμήκη πέταλα και αστράγαλο στην περιφέρεια (αριθ. 250, Πίν. 29ιγ).

132. Bell, Morgantina I, 1981, 232, 233 αριθ. 922-929, πίν. 137, 138· Besques, Louvre cat. III 42, 65 D236, 237, πίν. 50e και 86c D386-391· V. Poulsen, Catalogue des terres cuites grecques et romaines, 1949, 42 αριθ. 88, πίν. L (Τάρας)· P. Orlandini, ArchCl 9 (1957), πίν. LXVI, 2 και LXXI 2· P. Orsi, MonAnt 27 (1906), 753 (Γέλα) και P. Griffo - L. von Matt, Gela, Destin d'un côté grecque de Sicile, 1964, 182 εικ. 134· Φ. Πέτσας, ΑΔ 22 (1967), Χρονικά, 400, Πίν. 303α (Άγ. Αθανάσιος)· E. Breccia, La necropoli di Sciatbi, 1912, πίν. LXXIX· Breitenstein, Danish Museum cat. 1941, πίν. 71 αριθ. 583. Βλ. και μήτρα, D. Thompson, Hesperia 21 (1952), 147, αριθ. 56, πίν. 40. Μάσκες γοργόνων, Besques, Louvre cat. IV, I 148, πίν. 161d, e, f D4138, 4140, 4141 (Ganosa, 4ος-3ος αι. π.Χ.), Γ. Τουράτσογλου, Αρχαία Μακεδονία IV, 1983, 654.

133. E. Breccia, ό.π., πίν. LXXIX.

134. Besques, Louvre cat. III 43, 65, 81, 264 D249, 239-248, 484, 2108, 2109, πίν. 50b, 51d,e 86c, 106b, 335l, o· Besques, Louvre cat. IV, I 101, πίν. 96c, d D386-396, 3900, 3901-3902· Breitenstein, Danish Museum cat. 1941, πίν. 71 αριθ. 573, 584, 585.

Ο αποτρόπαιος χαρακτήρας του κεφαλιού της Γοργόνας είναι γνωστός από παλαιότερες εποχές. Η ανάγκη των ανθρώπων να «εξορκίσουν το κακό» δικαιολογεί το μεγάλο αριθμό αυτών των αναθημάτων σε ιερά. Η προσφορά των βουκράνων και των ροδάκων υποκαθιστά ίσως την προσφορά πραγματικών ζώων και λουλουδιών. Η εκτροφή βοοειδών ήταν μια βασική πηγή διατροφής των κατοίκων της Πέλλας, όπως δείχνει η ύπαρξη λατρείας της Αθηνάς ως προστάτιδας των βοοειδών. Δικαιολογείται, έτσι, η αφιέρωση του μεγάλου αριθμού πήλινων κρανίων βοδιών στο ιερό, όπου η λατρεία σκοπό είχε την προστασία των πηγών διατροφής των κατοίκων της περιοχής[135].

Βούκρανα και ρόδακες ήταν συνηθισμένα διακοσμητικά στοιχεία ιερών κτιρίων[136]. Όσα από τα αντικείμενα αυτά του Θεσμοφορίου είχαν οπές (γοργόνεια, βούκρανα), ήταν προσαρμοσμένα σε κάποια επιφάνεια, πιθανότατα ξύλινη ή και κρεμασμένα. Τα υπόλοιπα τοποθετούνταν στο βωμό μαζί με τα άλλα αναθήματα[137].

ΤΕΧΝΙΚΗ ΤΩΝ ΕΙΔΩΛΙΩΝ ΤΟΥ ΘΕΣΜΟΦΟΡΙΟΥ

Τα ειδώλια του Θεσμοφορίου αποτελούν μια ενότητα που διακρίνεται από τα άλλα ειδώλια της Πέλλας για τους νέους ιδιόμορφους τύπους και τα διαφορετικά τεχνικά στοιχεία.

Τα ειδώλια είναι κατασκευασμένα με τον τοπικό πηλό της Πέλλας, που έχει λίγη μαρμαρυγία. Ο πηλός είναι κυρίως κοκκινωπός κίτρινος (5YR 6/6), ανοικτός καφέ (5YR 6/4), καφέ κοκκινωπός (2.5YR 5/4) και ρόδινος (5YR 7/4)[138].

Ένας μεγάλος αριθμός ειδωλίων είναι κατασκευασμένος με τη γνωστή τεχνική των ειδωλίων της Πέλλας[139], αλλά και άλλων περιοχών, δηλαδή η κύρια όψη βγαλμένη με μήτρα και η πίσω όψη διαμορφωμένη με το χέρι. Πολυάριθμα, ωστόσο, είναι και τα πλακίδια· αυτά έχουν μόνο μπροστινή όψη που είναι κατασκευασμένη με μήτρα. Η πίσω όψη σε ορισμένα από αυτά τα ειδώλια γεμίζει με πηλό και λειαίνεται καλά ώστε να γίνει επίπεδη. Σε άλλα μένει κοίλη. Με την τεχική αυτή είναι κατασκευασμένες οι αρχαϊστικές[140] και οι περισσότερες υδριαφόρες μορφές[141]. Οι τύποι των ειδωλίων αυτών είναι περιορισμένοι[142], αλλά ο αριθμός τους είναι πολύ μεγάλος. Σε ορισμένα ειδώλια είναι δυνατό να διακρίνει κανείς τη χρησιμοποίηση ίδιας μήτρας (στις υδριαφόρες αριθ. κατ. 81 και 1981/951, 954, 955, 960-963, 968, στις αρχαϊστικές μορφές αριθ. κατ. 89, 1981/1131, 1136, 1144). Οι μήτρες φαίνεται ότι έχουν χρησιμοποιηθεί πολύ, γι' αυτό και στα περισσότερα ειδώλια αυτής της ομάδας τα χαρακτηριστικά του προσώπου είναι δυσδιάκριτα. Οι πτυχώσεις του ενδύματος μόνο σε λίγα κομμάτια, προφανώς σε αυτά που βγήκαν πρώτα από τις μήτρες, διακρίνονται καλά.

135. Βλ. σ. 54. Βούκρανα βρέθηκαν και στο Θεσμοφόριο της Θάσου, A. Muller, Μνήμη Δ. Λαζαρίδη, 1990, 438.

136. Ph. W. Lehmann - D. Spittle, The Temenos, Samothrace 5, 1982, 262 εικ. 215.

137. P. Orsi, ό.π., 753 κ.ε., όπου υποστηρίζεται ότι τα δισκάρια με τα ανάγλυφα κεφάλια κρέμονταν από κλαδιά δένδρων.

138. Σε λίγα ειδώλια ο πηλός έχει χρώμα σκούρο καφέ (7.5YR 4/2), γκρίζο ρόδινο (7.5YR 6/2), κόκκινο (2.5YR 5/6), γκρίζο (5YR 7/3) και καφέ (5YR 5/4). Οι διαφοροποιήσεις αυτές οφείλονται στην καθαρότητα του πηλού, στη θερμοκρασία του ψησίματος και τις ατμοσφαιρικές συνθήκες μέσα στον κλίβανο. Για τον πηλό στην περιοχή, Γ. Ακαμάτης, Πήλινες μήτρες αγγείων από την Πέλλα. Συμβολή στη μελέτη της ελληνιστικής κεραμικής, 1993, 144.

139. Μ. Λιλιμπάκη-Ακαμάτη, Λαξευτοί θαλαμωτοί τάφοι της Πέλλας, 1994, 214.

140. Αριθ. κατ. 88-89 κ.ά., βλ. σ. 39.

141. Αριθ. κατ. 81 κ.ά., βλ. σ. 37, 38.

142. Βλ. σ. 37 κ.ε., 39 κ.ε., 50, 51.

Όλα σχεδόν τα ειδώλια-πλακίδια είναι καλυμμένα με άσπρο επίχρισμα, πάνω στο οποίο θα υπήρχε χρώμα που δεν σώζεται. Για την εξάρτηση ή τη στήριξή τους τα ειδώλια έχουν μικρές οπές ανάμεσα στο αριστερό χέρι και στον κορμό (αριθ. κατ. 86, αριθ. 1981/1112, 1113, αριθ. κατ. 81) ή στο κάτω μέρος τους (αριθ. κατ. 89, 1981/1193 κ.ά.).

Μορφή πλακιδίων έχουν ακόμα μερικά ειδώλια Πανών (αριθ. κατ. 202, 203 κ.ά.), τα γοργόνεια, οι ρόδακες και τα βούκρανα. Σε ορισμένα γοργόνεια (αριθ. κατ. 235) η πίσω όψη δεν έχει γεμίσει με πηλό, έτσι ώστε είναι ελαφρά κοίλη. Μερικές φορές σώζεται και χρώμα[143]. Στα περισσότερα βούκρανα και σε ορισμένα γοργόνεια και ρόδακες γίνεται μεγάλη χρήση χάραξης[144]. Μικρή οπή εξάρτησης, τέλος, υπάρχει στο μεγαλύτερο μέρος των βουκράνων και σε λίγα γοργόνεια.

Τα ειδώλια που είναι κατασκευασμένα με τη γνωστή τεχνική, δηλαδή η κύρια όψη κατασκευασμένη με μήτρα και η πίσω διαμορφωμένη με το χέρι, παρουσιάζουν μερικά νέα τεχνικά στοιχεία. Σε ένα μεγάλο αριθμό ειδωλίων η οπή αερισμού δεν βρίσκεται στην πίσω όψη, όπως συνήθως, αλλά σε άλλες θέσεις: στο ειδώλιο της Άρτεμης αριθ. κατ. 73, η οπή, μικρή και κυκλική, βρίσκεται ανάμεσα στα πόδια. Σε άλλα ειδώλια μια μικρή κυκλική ή ορθογώνια οπή βρίσκεται στην κάτω επιφάνεια, που είναι κλειστή[145]. Αρκετά ειδώλια δεν έχουν καθόλου οπή, αλλά είναι ανοικτά στο κάτω μέρος[146]. Τελείως ιδιόμορφη είναι η διαμόρφωση της πίσω όψης των ειδωλίων αριθ. κατ. 197[147], 43 και 1, 3, στα οποία τα κεφάλια δεν έχουν πίσω όψη, ενώ στο πάνω μέρος του σώματος ανοίγονται δύο ορθογώνιες εγκοπές στο αριθ. 197 και τρεις στα αριθ. 1 και 3[148]. Στα υπόλοιπα ειδώλια υπάρχουν κανονικές οπές αερισμού στην πίσω όψη, κυρίως κυκλικές-ωοειδείς[149] και σπανιότερα ορθογώνιες[150]. Στα ειδώλια των ζώων μικρές οπές, κυκλικές-ωοειδείς ή τετράγωνες-ορθογώνιες, βρίσκονται στο κάτω μέρος του σώματός τους.

Ειδώλια αυτής της τεχνικής κατασκευασμένα από ίδιες μήτρες έχουν αναγνωρισθεί σε αρκετές ομάδες (Α, Μ, Π, Υ).

Ο πηλός στην πίσω όψη των ειδωλίων αυτών είναι απλά λειασμένος, χωρίς να υπάρχει άλλη διαμόρφωση. Σε λίγες περιπτώσεις οι πίσω όψεις είναι ελαφρά κοίλες σύμφωνα με την κίνηση των μορφών στην κύρια όψη. Χωρίς ιδιαίτερη διαμόρφωση είναι και οι πίσω όψεις των κεφαλιών[151]. Λίγα είναι τα συμπαγή ειδώλια του Θεσμοφορίου. Στις καθιστές μορφές (ομάδα Ρ) μόνον η μπροστινή όψη είναι βγαλμένη με μήτρα. Στην πίσω όψη ο πηλός που γέμιζε τις κοιλότητες της κύριας όψης διαμορφωνόταν με το χέρι. Συμπαγείς είναι και ορισμένες χειροποίητες μορφές, όπως το ειδώλιο της Νίκης αριθ. κατ. 50.

Χαρακτηριστική είναι η έλλειψη βάσης στα περισσότερα ειδώλια του Θεσμοφορίου[152].

143. Στο γοργόνειο αριθ. κατ. 235 υπάρχει κόκκινο χρώμα και στο αριθ. 237 και 1981/1345 κίτρινο, κοκκινωπό.

144. Γοργόνειο αριθ. 1981/1345, ρόδακας αριθ. κατ. 248.

145. Αριθ. κατ. 2, 77, 23, 40, 51, 11.

146. Αριθ. κατ. 163, 164, 16, 166, 168,1.

147. Παρόμοια διαμόρφωση έχει η πίσω όψη και των άλλων ειδωλίων, του τύπου αυτού, αριθ. κατ. 197.

148. Το ειδώλιο της Νίκης αριθ. κατ. 50 έχει μια πολύ μικρή κυκλική οπή πίσω, ενώ το αριθ. κατ. 22 έχει μικρές οπές στην πίσω όψη, που σχετίζονται πιθανώς με τη στήριξή τους. Βλ. και Queyrel, Amathonte I. Études Chypriotes X, 1988, 165 πίν. 62 αριθ. 663, πίν. 63 αριθ. 673 με μικρές οπές.

149. Αριθ. κατ. 79, 10, 28, 32, 33, 34, 35, 38, 39.

150. Αριθ. κατ. 27.

151. Εξαίρεση αποτελούν τα κεφάλια των γυναικείων μορφών με κόρυμβο, αριθ. κατ. 120, 159, 133, 130.

152. Βάσεις έχουν μόνον τα ειδώλια αριθ. κατ. 35, 56 και τα πλακίδια των υδριαφόρων μορφών αριθ. κατ. 81, 1981/951, 953 κ.ά.

Μεγάλη χρήση χάραξης παρατηρείται στα κεφάλια των μορφών, ιδίως των ανδρικών, για τη ρεαλιστικότερη απόδοση των μαλλιών και τον τονισμό των χαρακτηριστικών του προσώπου. Παράλληλα με τη χάραξη στη διαμόρφωση των μαλλιών χρησιμοποιείται και η τεχνική με τα πυκνά μικρά κτυπήματα. Έντονη είναι η χάραξη και στα κεφάλια των ζώων, κυρίως των αλόγων, και στις οπλές. Περιορισμένη χάραξη χρησιμοποιείται στα σώματα των μορφών για τη δήλωση των αρθρώσεων των χεριών, τον τονισμό των πτυχών, στη θέση όπου τοποθετούνταν τα επίθετα πλαστικά μέρη ή τα εξαρτήματα[153].

Η χρησιμοποίηση επίθετων πλαστικών τμημάτων που διαφοροποιούν τα κομμάτια που είναι βγαλμένα από την ίδια μήτρα είναι μεγάλη. Επίθετοι είναι οι πλόκαμοι των μαλλιών που πέφτουν στους ώμους[154], οι βόστρυχοι που καλύπτουν τον αυχένα[155], οι μπούκλες που σχηματίζουν κόρυμβους[156], οι ελεύθερες κυματιστές παρυφές των ιματίων[157], τα εξαρτήματα των κεφαλιών (καυσία, στεφάνια, πλεξίδες, ταινίες, τμήματα λαμπάδιου). Με πρόσθετο πηλό γίνεται η διαμόρφωση των υποδημάτων[158], των εξαρτημάτων της ιπποσκευής των αλόγων και των γεννητικών οργάνων των ζώων. Πρέπει ακόμα να σημειωθεί ότι ορισμένα γυμνά μέρη, όπως χέρια και πόδια, πλάθονταν χωριστά και κολλούσαν στην τελική φάση κατασκευής των ειδωλίων, πριν από το ψήσιμο[159].

Κύριο χαρακτηριστικό των περισσότερων ειδωλίων του Θεσμοφορίου είναι η γραμμική απόδοση του ενδύματος, που δημιουργείται με τις πυκνές, λεπτές, αβαθείς, κάθετες πτυχώσεις. Σε πολύ λίγα ειδώλια η μονοτονία της γραμμικής απόδοσης διακόπτεται με μεγάλες απτύχωτες επιφάνειες[160]. Λιγοστά είναι και τα ειδώλια, τα οποία, με το συνδυασμό των λίγων ανάγλυφων κυματιστών πτυχών και των απτύχωτων επιφανειών του ενδύματος, που κολλούν επάνω στο σώμα δημιουργώντας την αίσθηση της διαφάνειας, διακρίνονται για την καλύτερη ποιοτική τους απόδοση[161]. Στα ειδώλια αριθ. κατ. 50, 51 οι παρυφές του αποπτύγματος του ιματίου αποδίδονται, με αρκετή επιτυχία, ελεύθερες κυματιστές, ακολουθώντας την κίνηση των μορφών. Στις κινημένες μορφές αριθ. κατ. 9, 10, με την πυκνή και ιδιαίτερα λεπτή πτύχωση που τονίζεται και με χάραξη, ο χιτώνας φαίνεται ότι κολλάει πάνω στο σώμα αφήνοντας να διακρίνονται τα κινημένα μέλη. Στα ανδρικά ειδώλια αριθ. κατ. 163, 164 η πτύχωση του ιματίου με κάποια χρήση χάραξης είναι ελάχιστη, αλλά η πλαστική απόδοση του γυμνού κορμού αρκετά πετυχημένη. Γενικά στα γυμνά μέρη των μορφών παρατηρείται έντονη προσπάθεια πλαστικής απόδοσης των μυών. Η απόδοση αυτή στα ειδώλια των Πανών αριθ. κατ. 197, 198 έρχεται σε έντονη αντίθεση με την πυκνή χάραξη του κοντού χιτώνα και των κνημών.

Σε όλα σχεδόν τα ειδώλια διατηρείται άσπρο απολεπισμένο επίχρισμα, που χρησίμευε ως υπόστρωμα άλλων χρωμάτων, που ελάχιστα έχουν διατηρηθεί[162].

153. Αριθ. κατ. 163, 165, 176.

154. Βλ. γυναικεία ειδώλια.

155. Αριθ. κατ. 69, 169, 101, 116, 8.

156. Αριθ. κατ. 159, 93.

157. Αριθ. κατ. 73.

158. Αριθ. κατ. 72, 168.

159. Τα ειδώλια των «ιεροδούλων» είναι κοίλα ως τα γόνατα. Τα συμπαγή υπόλοιπα τμήματα των ποδιών τοποθετήθηκαν τελευταία.

160. Αριθ. κατ. 72, 56, 43, 18, 23.

161. Αριθ. κατ. 34, 50, 51, 11, 40, 4.

162. Ρόδινο χρώμα σώζεται στο ειδώλιο αριθ. κατ. 197, κίτρινο στα αριθ. κατ. 200, 205, 1, κόκκινο στα αριθ. κατ. 202, 106, 125, 146, 158.

Με βάση τις παραπάνω παρατηρήσεις μπορούμε να καταλήξουμε σε ορισμένα συμπεράσματα για το εργαστήριο κατασκευής των ειδωλίων του Θεσμοφορίου. Τα ειδώλια διακρίνονται για τη μεγάλη ποικιλία νέων τύπων, αλλά και τη μέτρια ποιοτική τους απόδοση. Η μεγάλη χρησιμοποίηση των μητρών για τη μαζική, όπως φαίνεται, παραγωγή ορισμένων κομματιών[163], είχε ως αποτέλεσμα την εξαφάνιση τεχνικών λεπτομερειών και τη δημιουργία αδρών επιφανειών με δυσδιάκριτα χαρακτηριστικά. Ορισμένα νέα τεχνικά στοιχεία, που δείχνουν διαφορετική αντιμετώπιση στην κατασκευή των ειδωλίων (πλακίδια, οπές αερισμού, διαμόρφωση πίσω όψης) από αυτή που έχει διαπιστωθεί σε ειδώλια άλλων τομέων της αρχαίας πόλης[164], δείχνουν ότι τα ειδώλια του Θεσμοφορίου προέρχονται από ένα εργαστήριο ανεξάρτητο από τα εργαστήρια κοροπλαστικής της Αγοράς της πόλης. Το εργαστήριο αυτό παρήγαγε μαζικά φτηνά αναθήματα μέτριας ποιότητας για το αγροτικό ιερό της Δήμητρας ή και άλλα ιερά της περιοχής. Βρισκόταν ίσως κοντά σε κάποιο από τα ιερά αυτά, στην άκρη της πόλης ή έξω από αυτήν. Τα προϊόντα του εργαστηρίου αυτού, αν και κάποιοι τύποι ειδωλίων γνωστοί από τα κεντρικά εργαστήρια της πόλης δεν λείπουν, δεν έχουν βρεθεί σε άλλες περιοχές της Πέλλας, όσο τουλάχιστον μπορεί να βεβαιωθεί ως σήμερα. Αυτό δείχνει ότι η παραγωγή του είχε συγκεκριμένο προορισμό, τα ιερά της υπαίθρου.

ΑΓΓΕΙΑ

Μυροδοχεία

251. 1981/1491

Σωζ. ύψ. 0,06 μ.
Πηλός ρόδινος γκρίζος (5YR 7/2).
Μικρό επίμηκες μυροδοχείο. Λείπει το χείλος και η βάση.

252. 1981/1492 (Πίν. 30β)

Ύψ. 0,105 μ.
Πηλός ανοικτός κοκκινωπός καφέ (5YR 6/3).
Μικρό επίμηκες μυροδοχείο, ακέραιο. Έχει χείλος με κρεμαστή απόληξη.

253. 1981/1493 (Πίν. 30ζ)

Ύψ. 0,08 μ.
Πηλός κιτρινωπός καφέ (10YR 5/4).
Μικρό επίμηκες μυροδοχείο, ακέραιο, με δισκόμορφη βάση και χείλος με κρεμαστή απόληξη.

254. 1981/1494 (Πίν. 30δ)

Ύψ. 0,085 μ.
Πηλός γκρίζος (10YR 6/1), γάνωμα ανοικτό κιτρινωπό καφέ (10YR 6/4).
Μικρό επίμηκες μυροδοχείο με μικρή απόκρουση στη βάση. Έχει χείλος με κρεμαστή απόληξη.

255. 1981/1495 (Πίν. 30α)

Ύψ. 0,10 μ.
Πηλός ανοικτός καφέ (5YR 6/4), άσπρο επίχρισμα.
Μικρό επίμηκες μυροδοχείο, συγκολλημένο. Η δισκόμορφη βάση ξεχωρίζει με χάραξη, το χείλος κλίνει προς τα κάτω.

163. Βλ. πλακίδια σ. 37 κ.ε., 50, 51.

164. Τα ειδώλια που έχουν βρεθεί στους κεντρικούς ανασκαφικούς τομείς της Πέλλας, σε σπίτια, ιερά, τάφους, εργαστήρια της Αγοράς, έχουν συγγενικούς τύπους και ομοιόμορφες τεχνικές λεπτομέρειες κατασκευής. Η εύρεση μητρών ορισμένων από αυτά τα ειδώλια στα εργαστήρια πηλοπλαστικής της Αγοράς αποδεικνύει ότι ο μεγαλύτερος αριθμός των ειδωλίων αυτών κατασκευαζόταν εκεί.

256. 1981/1495α (Πίν. 30στ)

Σωζ. ύψ. 0,07 μ.
Πηλός ρόδινος (5YR 7/4). Ταινία καφέ χρώματος στον ώμο.
Μικρό μυροδοχείο. Λείπει τμήμα του λαιμού και του χείλους. Η βάση είναι δισκόμορφη, κωνική, η κοιλιά σφαιρική.

257. 1981/1495β (Πίν. 30η)

Σωζ. ύψ. 0,085 μ.
Πηλός ρόδινος (5YR 7/4).
Μικρό επίμηκες μυροδοχείο με δισκόμορφη βάση. Λείπει το χείλος.

258. 1981/1496 (Πίν. 30θ)

Ύψ. 0,10 μ.
Πηλός ρόδινος γκρίζος (5YR 6/2).
Μικρό επίμηκες μυροδοχείο με δισκόμορφη βάση που ξεχωρίζει με χάραξη. Λείπει το χείλος.

259. 1981/1497 (Πίν. 30ι)

Σωζ. ύψ. 0,105 μ.
Πηλός ανοικτός καφέ (5YR 6/4), γάνωμα κίτρινο κοκκινωπό στο κάτω μέρος του σώματος.
Τμήμα μυροδοχείου με ωοειδή κοιλιά, συγκολλημένο. Λείπει το πάνω μέρος του σώματος. Η βάση είναι δισκόμορφη και ξεχωρίζει με χάραξη.

260. 1981/1535 (Πίν. 30ια)

Σωζ. ύψ. 0,15 μ.
Πηλός ανοικτός καφέ (5YR 6/4).
Μυροδοχείο με ωοειδή κοιλιά και πλατιά δισκόμορφη βάση. Λείπει το πάνω τμήμα με το χείλος.

261. 1981/1574 (Πίν. 30γ)

Σωζ. ύψ. 0,12 μ.
Πηλός καφέ (5YR 5/4), ταινίες άσπρου χρώματος.
Μυροδοχείο επίμηκες με δισκόμορφη βάση που χωρίζεται με χάραξη από το πόδι. Λείπει το πάνω μέρος με το χείλος.

262. 1981/1575

Σωζ. ύψ. 0,122 μ.
Πηλός γκρίζος (5YR 6/1), γάνωμα γκρίζο.
Το πάνω μέρος μυροδοχείου με χείλος με κρεμαστή απόληξη.
Τμήματα μυροδοχείων είναι και τα κομμάτια αριθ. 1981/385-388 (Πίν. 30ε).

Υδρίες

263. 1981/1485 (Πίν. 30ιβ)

Ύψ. 0,065 μ.
Πηλός ανοικτός καφέ (5YR 6/4), άσπρο επίχρισμα.
Μικρή πήλινη υδρία με δακτυλιόσχημη βάση, κοίλη κάτω, γωνιώδεις ώμους και χείλος που κλίνει προς τα κάτω ελαφρά. Σώζεται η μια οριζόντια λαβή και τμήμα της άλλης. Η υδρία ήταν πιθανότατα προσαρμοσμένη στο κεφάλι γυναικείας μορφής (του τύπου της αριθ. 79), όπως δείχνει κομμάτι πηλού, που σώζεται στη βάση της.

264. 1981/1486 (Πίν. 30ιε)

Σωζ. ύψ. 0,06 μ.
Πηλός όπως του προηγουμένου.
Μικρή πήλινη υδρία του τύπου της αριθ. 263, αλλά με κλειστό στόμιο. Υπάρχουν αποκρούσεις στη βάση και στο χείλος.

265. 1981/1487 (Πίν. 30ιδ)

Σωζ. ύψ. 0,05 μ.
Πηλός όπως του προηγουμένου.
Μικρή πήλινη υδρία του τύπου της αριθ. 263, με κλειστό στόμιο, με αποκρούσεις στη βάση και στο χείλος.

266. 1981/1488 (Πίν. 30ιγ)

Ύψ. 0,065 μ.
Πηλός όπως του προηγουμένου.
Μικρή πήλινη υδρία του τύπου της αριθ. 263

με αποκρούσεις στο χείλος και αποτυπώσεις δακτύλων στην κοιλιά. Σώζεται μόνον μία λαβή. Έχει κλειστό στόμιο.

267. 1981/1489

Ύψ. 0,035 μ.
Πηλός ανοικτός καφέ (5YR 6/4), άσπρο επίχρισμα.
Τμήμα μικρής πήλινης υδρίας. Στην κάτω επιφάνεια της βάσης υπάρχουν χαράξεις και αποτυπώματα δακτύλων στο σώμα.

268. 1981/1489α (Πίν. 31β)

Ύψ. 0,03 μ.
Πηλός κίτρινος κοκκινωπός (5YR 6/6). Ίχνη κόκκινου χρώματος.
Μικρή πήλινη υδρία που ήταν προσαρμοσμένη στο κεφάλι γυναικείας μορφής (του τύπου των υδριαφόρων-πλακιδίων, βλ. σ. 37 κ.ε.).

269. 1981/1489β (Πίν. 31α)

Ύψ. 0,03 μ.
Πηλός όπως του προηγουμένου.
Μικρή πήλινη υδρία του τύπου της αριθ. 268.

270. 1981/1498

Σωζ. ύψ. 0,025 μ.
Πηλός όπως του προηγουμένου.
Τμήμα μικρής πήλινης υδρίας, του τύπου της αριθ. 263.

Μικρά αγγεία

271. 1981/1490 (Πίν. 31δ)

Σωζ. ύψ. 0,03 μ.
Πηλός ανοικτός καφέ (5YR 6/4).
Μικρό αγγείο με χαμηλή βάση, σφαιρική κοιλιά και χείλη που κλίνουν προς τα έξω.

272. 1981/1491

Ύψ. 0,025 μ.
Πηλός όπως του προηγουμένου.
Τμήμα όμοιου αγγείου, συγκολλημένο από δύο κομμάτια.
Όμοια αλλά μεγαλύτερου μεγέθους είναι και τα αγγεία αριθ. 1981/340 (ύψ. 0,055) και 1981/341 (ύψ. 0,05 μ.) (Πίν. 31ε,στ).

273. 1981/1506 (Πίν. 31γ)

Ύψ. 0,032 μ.
Πηλός ανοικτός καφέ (5YR 6/4), άσπρο επίχρισμα.
Μικρό κωνικό θυμιατήρι, που ήταν πιθανώς προσκολλημένο σε ειδώλιο.

274. 1981/1507

Ύψ. 0,028 μ.
Πηλός ανοικτός καφέ (5YR 6/4).
Μικροσκοπικό κωνικό αγγείο (θυμιατήρι).

Ερυθρόμορφα αγγεία

275. 1981/346 (Πίν. 31ια)

Διαστ. 0,05Χ0,045 μ.
Πηλός κοκκινωπός κίτρινος (5YR 7/6). Γάνωμα μαύρο.
Τμήμα από το σώμα ερυθρόμορφου ανοικτού αγγείου (πιθανώς κρατήρα) με μαίανδρο.

Σκύφοι - σκυφίδια

276. 1981/363

Σωζ. ύψ. 0,025 μ.
Πηλός ρόδινος γκρίζος (7.5YR 8/2). Γάνωμα μαύρο απολεπισμένο.
Τμήμα βάσης μελαμβαφούς σκύφου.
Όμοιο και το αριθ. 1981/362.

277. 1981/1505 (Πίν. 31ζ)

Σωζ. ύψ. 0,02 μ.
Πηλός κίτρινος κοκκινωπός (5YR 7/6), μαύρο γάνωμα.
Τμήμα μελαμβαφούς σκυφιδίου με έντυπο κόσμημα στον πυθμένα από πέντε ανθέμια ακτινωτά διατεταγμένα και πυκνά παράλληλα κτυπήματα γύρω τους σε κύκλο.

278. 1981/342 (Πίν. 31θ)

Ύψ. 0,02 μ. Διάμ. βάσ. 0,045 μ.
Πηλός κοκκινωπός-κίτρινος (5YR 6/6). Μαύρο στιλπνό γάνωμα.
Βάση μελαμβαφούς σκυφιδίου με έντυπο κόσμημα στον πυθμένα.
Βαθιά χάραξη χωρίζει τη βάση σε δύο βαθμίδες. Σώζονται τμήματα δύο έντυπων ανθεμίων. Στο κάτω μέρος της βάσης χαρακτό ↥.

279. 1981/342α (Πίν. 31ιβ)

Σωζ. ύψ. 0,015 μ.
Πηλός ρόδινος (7.5YR 7/4). Γάνωμα μαύρο απολεπισμένο εσωτερικά.
Τμήμα σκυφιδίου με έντυπη διακόσμηση. Βάση δακτυλιόσχημη. Διακοσμείται με ζώνη με πυκνά κτυπήματα. Από τα τέσσερα έντυπα ανθέμια του πυθμένα σώζονται τα τρία.

280. 1981/343 (Πίν. 31η)

Σωζ. ύψ. 0,015 μ.
Πηλός ρόδινος (5YR 7/4). Γάνωμα μαύρο.
Τμήμα βαθμιδωτής βάσης μελαμβαφούς σκυφιδίου. Στο κάτω μέρος της χαρακτά *Κ Π ΙΙΙ*.

281. 1981/343α,β (Πίν. 31ιγ)

Σωζ. ύψ. 0,015 μ.
Πηλός όπως του προηγουμένου. Γάνωμα καφέ-μαύρο εσωτερικά.
Τμήματα σκυφιδίου με έντυπη διακόσμηση. Βάση δακτυλιόσχημη. Διακοσμούνται με ζώνη με πυκνά κτυπήματα και τέσσερα έντυπα ανθέμια ακτινωτά διατεταγμένα.
Στο αριθ. 1981/343β σώζονται μόνον τα τρία ανθέμια.

282. 1981/345 (Πίν. 31ι)

Σωζ. ύψ. 0,03 μ.
Πηλός κοκκινωπός κίτρινος (5YR 7/6). Γάνωμα μαύρο, κόκκινη γραμμή στο κάτω μέρος του σώματος.
Τμήμα από τη βάση και το κάτω μέρος του σώματος βαθιού μελαμβαφούς σκύφου.

283. 1981/403 (Πίν. 32α)

Ύψ. 0,02 μ.
Πηλός ρόδινος άσπρος (7.5YR 8/2). Γάνωμα μαύρο.
Τμήμα μελαμβαφούς σκυφιδίου με έντυπο κόσμημα στον πυθμένα. Διακρίνονται δύο ανθέμια και γύρω κύκλος με πυκνά κτυπήματα.

284. 1981/404 (Πίν. 32β)

Ύψ. 0,018 μ.
Πηλός ρόδινος (7.5YR 7/4). Γάνωμα μαύρο.
Τμήμα μελαμβαφούς σκυφιδίου με έντυπο κόσμημα. Διακρίνονται δυόμισυ ανθέμια και γύρω κύκλος με πυκνά κτυπήματα.

285. 1981/405 (Πίν. 32δ)

Ύψ. 0,012 μ.
Πηλός κοκκινωπός κίτρινος (7.5YR 6/8). Γάνωμα κόκκινο.
Τμήμα βάσης σκυφιδίου διακοσμημένης με πυκνά κτυπήματα σε κύκλο.

286. 1981/354 (Πίν. 31ιδ)

Σωζ. ύψ. 0,038 μ.
Πηλός κοκκινωπός κίτρινος (5YR 7/6). Γάνωμα μαύρο.
Τμήμα μελαμβαφούς σκύφου, συγκολλημένο από δύο κομμάτια με χείλη ελαφρώς καμπύλα που στρέφονται προς τα έξω. Στην εξωτερική περιφέρειά του χάραξη.
Από όμοια σκυφίδια προέρχονται και τα τμήματα αριθ. 1981/355, 356 (Πίν. 31ιε,ιστ).

287. 1981/364 (Πίν. 32γ)

Ύψ. 0,026 μ.
Πηλός ρόδινος-γκρίζος (7.5YR 7/2). Γάνωμα μαύρο γκρίζο.
Διβαθμιδωτή βάση σκυφιδίου.
Όμοιο και το αριθ. 1981/365 (Πίν. 32ε).

288. 1981/415 (Πίν. 32η)

Ύψ. 0,028, διάμ. βάσ. 0,056 μ.
Πηλός κοκκινωπός κίτρινος (5YR 7/6). Γάνωμα μαύρο απολεπισμένο.

Μελαμβαφές σκυφίδιο συγκολλημένο. Βάση δακτυλιόσχημη, χείλος που κλίνει προς τα μέσα.

289. 1981/418

Ύψ. 0,08, μήκ. 0,13 μ.
Πηλός κοκκινωπός κίτρινος (5YR 7/6). Γάνωμα κοκκινωπό καφέ ανομοιόμορφο.
Τμήμα από βαθύ σκύφο, συγκολλημένο. Χείλος καμπύλο με κλίση προς τα μέσα.

290. 1981/419 (Πίν. 32ιγ)

Ύψ. 0,055 μ. (με τη λαβή).
Πηλός ρόδινος (7.5YR 7/4).
Το πάνω μέρος σκύφου με οριζόντια ταινιωτή υψωμένη λαβή. Χείλος εξέχον.

291. 1981/437α,β (Πίν. 32στ,ζ)

Διαστ. 0,048Χ0,03 μ. και 0,035Χ0,03 μ.
Πηλός ρόδινος (5YR 7/4). Γάνωμα μαύρο στιλπνό.
Δύο όστρακα μελαμβαφούς σκυφιδίου με χείλος που κλίνει προς τα μέσα.

292. 1981/438 (Πίν. 32θ)

Διαστ. 0,075Χ0,04 μ.
Πηλός κίτρινος (10YR 8/6), κοκκινωπός κίτρινος (5YR 7/6).
Όστρακο μελαμβαφούς σκυφιδίου με χείλος που κλίνει προς τα μέσα.
Αριθ. 1981/439: όστρακα σκύφων με χείλος που κλίνει προς τα μέσα με κόκκινο-καφέ ανομοιόμορφο γάνωμα. Πηλός κιτρινωπός (10YR 8/6) (Πίν. 32ι,ια,ιβ, 33α-θ).

Κάνθαροι

293. Αριθ. 1981/1573 (Πίν. 33ια)

Μήκ. 0,032, πλ. 0,02 μ.
Πηλός ρόδινος γκρίζος (7.5YR 7/2). Γάνωμα μαύρο στιλπνό.
Λαβή μελαμβαφούς κανθάρου που διακοσμείται με ανάγλυφο επίθετο κισσόφυλο.

294. 1981/423 (Πίν. 33ι)

Ύψ. 0,04 μ.
Πηλός ρόδινος (5YR 7/3). Γάνωμα μαύρο απολεπισμένο.
Λαβή μελαμβαφούς κανθάρου.

Λυχνάρια

295. 1981/411 (Πίν. 33ιγ)

Ύψ. 0,02, μήκ. 0,06 μ.
Πηλός ρόδινος (7.5YR 7/4). Γάνωμα μαύρο ανομοιόμορφο.
Τμήμα μελαμβαφούς λυχναριού. Διασώζεται μέρος της μιας λαβής.

Χυτροειδή αγγεία

296. 1981/1536

Σωζ. ύψ. 0,065 μ.
Πηλός ανοικτός καφέ (5YR 6/4).
Το κάτω μέρος ανοικτού αγγείου με δισκόμορφη βάση.

297. 1981/1537α

Σωζ. ύψ. 0,085 μ.
Πηλός ανοικτός καφέ (5YR 6/4).
Το πάνω μέρος χυτροειδούς αγγείου με χείλος που στρέφεται προς τα έξω.

298. 1981/1537β

Σωζ. ύψ. 0,05 μ.
Πηλός ρόδινος (5YR 7/4).
Τμήμα χυτροειδούς αγγείου, από το πάνω μέρος του σώματος, με χείλος που στρέφεται προς τα έξω.

299. 1981/1537γ

Σωζ. ύψ. 0,067 μ.
Πηλός όπως του προηγουμένου.
Τμήμα χυτροειδούς αγγείου, όπως το αριθ. 298.

300. 1981/408 (Πίν. 33ιβ)

Ύψ. 0,16 μ.

Πηλός ρόδινος (5YR 7/3).
Τμήμα αβαφούς χυτροειδούς αγγείου με ταινιωτό, σχεδόν οριζόντιο χείλος. Στο πάνω μέρος μία οριζόντια ταινία στο χρώμα του πηλού.

301. 1981/409 (Πίν. 34γ)

Ύψ. 0,075 μ.
Πηλός κοκκινωπός, κίτρινος (5YR 6/6).
Τμήμα αβαφούς χυτροειδούς αγγείου, συγκολλημένο.

302. 1981/410

Μήκ. 0,21 μ.
Πηλός όπως του προηγουμένου.
Τμήμα από το χείλος βαθιού χυτροειδούς αγγείου με σχεδόν οριζόντιο ταινιωτό χείλος με οδοντωτή διακόσμηση.
Συγκολλημένο από δύο κομμάτια.

303. 1981/412 (Πίν. 33ιδ)

Ύψ. 0,11 μ.
Πηλός ρόδινος (5YR 7/4).
Τμήμα από βαθύ αβαφές χυτροειδές αγγείο με οριζόντια λαβή, συγκολλημένο.
Χείλος ταινιωτό εξέχον με οδοντωτή διακόσμηση.

304. 1981/416 (Πίν. 34ε)

Ύψ. 0,06 μ.
Πηλός ανοικτός κοκκινωπός καφέ (5YR 6/4).
Τμήμα από αβαφές βαθύ χυτροειδές αγγείο με οριζόντια κυλινδρική λαβή. Χείλος ταινιωτό σχεδόν οριζόντιο.

305. 1981/427 (Πίν. 34β)

Ύψ. 0,09, μήκ. 0,19 μ.
Πηλός ανοικτός κοκκινωπός καφέ (5YR 6/4).
Τμήμα από το πάνω μέρος του σώματος αβαφούς βαθιού χυτροειδούς αγγείου με μία οριζόντια κυλινδρική λαβή.
Από χυτροειδή αγγεία είναι και τα τμήματα αριθ. 1981/428 (Πίν. 33ιε), 430 (Πίν. 34α) καθώς και το αριθ. 1981/414 (Πίν. 34δ).

306. 1981/420 (Πίν. 34στ)

Ύψ. 0,045 μ.
Πηλός ρόδινος (7.5YR 7/4). Γάνωμα θαμπό μαύρο, καφέ.
Το πάνω μέρος χυτροειδούς αγγείου με δύο μικρές κυλινδρικές συμφυείς λαβές. Χείλος ταινιωτό εξέχον.

307. 1981/421 (Πίν. 34η)

Ύψ. 0,045 μ.
Πηλός ανοικτός γκρίζος (7.5YR 7/0). Γάνωμα μαύρο θαμπό.
Δύο μικρές κυλινδρικές συμφυείς λαβές χυτροειδούς αγγείου (όμοιο και το αριθ. 1981/422) (Πίν. 34ζ).

Λεκανίδες

308. 1981/348 (Πίν. 35β)

Διαστ. 0,051Χ0,028 μ.
Πηλός ρόδινος (5YR 7/4).
Τμήμα καλύμματος λεκανίδας με διακόσμηση σταγόνων στο χείλος με μαύρο καφέ γάνωμα.

308α. 1981/402β (Πίν. 35η, 36γ)

Διαστ. α) 0,085Χ0,045 μ., β) 0,072Χ0,032 μ.
Πηλός ρόδινος γκρίζος (5YR 7/2). Γάνωμα μαύρο.
Δύο τμήματα από καλύμματα λεκανίδων. Το πρώτο τμήμα διακοσμείται με δύο ταινίες άσπρου χρώματος και δύο επτάφυλλα ανθέμια με άσπρο χρώμα, το δεύτερο τμήμα με ένα επτάφυλλο ανθέμιο με επίθετο πηλό και ένα χαρακτό δελφίνι.

309. 1981/377

Ύψ. 0,03 μ.
Πηλός ρόδινος (7.5YR 7/4). Γάνωμα καφέκοκκινωπό ως μαύρο.
Τμήμα από το οριζόντιο ταινιωτό χείλος λεκανίδας με μέρος της οριζόντιας λαβής.

310. 1981/378

Ύψ. 0,048 μ.

Πηλός ρόδινος (5YR 8/4).
Γάνωμα καφέ εξωτερικά στο πάνω μέρος, κοκκινωπό εσωτερικά.
Τμήμα λεκανίδας με ταινιωτό χείλος που κλίνει προς τα πάνω και μέρος της οριζόντιας λαβής.

311. 1981/379 (Πίν. 36ιη)

Ύψ. 0,05 μ.
Πηλός ανοικτός γκρίζος (10YR 7/2). Γάνωμα μαύρο θαμπό.
Τμήμα λεκανίδας, συγκολλημένης από δύο κομμάτια με ταινιωτό χείλος.
Όμοια και τα αριθ. 1981/380, 381 (Πίν. 36ιθ).

312. 1981/382 (Πίν. 35ιβ)

Ύψ. 0,06 μ.
Πηλός κοκκινωπός κίτρινος (7.5YR 7/6). Γάνωμα κοκκινωπό στο πάνω μέρος εξωτερικά και σε όλο το εσωτερικό.
Τμήμα λεκανίδας με γωνιώδες προφίλ. Το χείλος ελαφρώς καμπύλο εξέχει.
Όμοιο και το αριθ. 1981/383 (Πίν. 35ια).

313. 1981/402α (Πίν. 35ζ,γ,δ)

Διαστ. α) 0,06Χ0,04 μ., β) 0,055Χ0,041 μ., γ) 0,052Χ0,05 μ.
Πηλός ρόδινος (5YR 7/4). Γάνωμα γκρίζομαύρο απολεπισμένο.
Τρία τμήματα καλυμμάτων λεκανίδων.
Στο χείλος και κάτω από αυτό ταινιωτή διακόσμηση με άσπρο χρώμα. Στο πρώτο τμήμα αλυσιδωτή διακόσμηση με άσπρο χρώμα· μέσα στους κύκλους κουκίδες με επίθετο πηλό. Στο δεύτερο τμήμα σταγόνες με άσπρο χρώμα και δίφυλλα. Στο τρίτο τμήμα δικτυωτό με άσπρο χρώμα.

314. 1981/402 (Πίν. 35ιε,ιστ)

Διαστ. α) 0,095Χ0,055, β) 0,085Χ0,04 μ.
Πηλός ανοικτός καφέ γκρίζος (10YR 6/2).
Δύο τμήματα καλύμματος λεκανίδας συγκολλημμένης από μικρότερα κομμάτια με ταινιωτή διακόσμηση μαύρου χρώματος.

315. 1981/406

Ύψ. 0,065 μ.
Πηλός ανοικτός κοκκινωπός καφέ (5YR 6/4).
Τμήμα καλύμματος αβαφούς λεκανίδας συγκολλημένης από δύο κομμάτια.
Όμοια και τα αριθ. 1981/407, 429.

316. 1981/417 (Πίν. 36ιε)

Ύψ. 0,053 μ.
Πηλός κοκκινωπός κίτρινος (5YR 6/6).
Τμήμα καλύμματος αβαφούς λεκανίδας με «κομβίο». Βλ. και το αριθ. 1981/415 (Πίν. 36ιστ).

317. 1981/424 (Πίν. 35ιγ)

Ύψ. 0,065, διάμ. 0,17 μ.
Πηλός ρόδινος (5YR 7/3). Γάνωμα μαύρο θαμπό.
Κάλυμμα λεκανίδας με βαθμιδωτό «κομβίο».
Ταινιωτή διακόσμηση με υπόλευκες οριζόντιες ταινίες.

318. 1981/429 (Πίν. 36ιζ)

Ύψ. 0,095, μήκ. 0,165 μ.
Πηλός ανοικτός κοκκινωπός καφέ (5YR 6/3).
Τμήμα καλύμματος αβαφούς λεκανίδας με κωνικό «κομβίο». Συγκολλημένο.

319. 1981/425

Ύψ. 0,075 μ.
Πηλός ρόδινος (5YR 7/4).
Κάλυμμα αβαφούς λεκανίδας με αιχμηρό «κομβίο».

320. 1981/426α-κ (Πίν. 36ε-ζ,ι-ιγ)

Πηλός κοκκινωπός κίτρινος (5YR 7/6) και ρόδινος (5YR 8/4).
«Κομβία» καλυμμάτων αβαφών λεκανίδων διαφόρων σχημάτων (κωνικό, βαθμιδωτό, κοίλο, κ.τλ.).

321. 1981/431 (Πίν. 36β)

Ύψ. 0,045, μήκ. 0,09 μ.
Πηλός ρόδινος, γκρίζος (7.5YR 7/2).

Κάλυμμα λεκανίδας, συγκολλημένο. Λείπει τμήμα του «κομβίου».
Διακόσμηση με ταινίες άσπρου και καφέ χρώματος.

322. 1981/432 (Πίν. 36α)

Μήκ. 0,085 μ.
Πηλός ανοικτός καφέ (7.5YR 6/4). Γάνωμα καφέ κόκκινο.
Τμήμα καλύμματος λεκανίδας, συγκολλημένο. Λείπει τμήμα του «κομβίου». Διακόσμηση με ταινίες άσπρου χρώματος.

323. 1981/432α (Πίν. 36ιδ)

Διαστ. 0,075Χ0,038 μ.
Πηλός ρόδινος (5YR 7/4).
Τμήμα καλύμματος λεκανίδας. Διακοσμείται με πλατιές ταινίες με καφέ-μαύρο γάνωμα και επίθετο άσπρο χρώμα, καθώς και με κυματιστή άσπρη γραμμή.

324. 1981/432β (Πίν. 36δ)

Διαστ. α) 0,044Χ0,04 μ., β) 0,045Χ 0,035 μ.
Πηλός κοκκινωπός κίτρινος (5YR 7/6).
Δύο τμήματα καλύμματος λεκανίδας, από το χείλος και την κορυφή. Διακοσμούνται με ταινίες καφέ κοκκινωπού, μαύρου γανώματος και άσπρου χρώματος εναλλάξ.

325. 1981/432γ (Πίν. 36θ)

Δύο όστρακα από το χείλος των λεκανίδων.
α) Διαστ. 0,045Χ0,035 μ.
Πηλός ανοικτός κόκκινος (10YR 6/6). Γάνωμα κοκκινωπό.
Ταινιωτή διακόσμηση με ταινία, άσπρο χρώμα.
β) Διαστ. 0,03Χ0,035 μ.
Πηλός ανοικτός καφέ (7.5YR 6/4). Γάνωμα καφέ. Ταινιωτή διακόσμηση με λευκό χρώμα.

326. 1981/432δ (Πίν. 36η)

Διαστ. 0,035Χ0,035 μ.
Πηλός ανοικτός κοκκινωπός καφέ (2YR 6/4).
Μαύρο γάνωμα.
Τμήμα καλύμματος λεκανίδας. Διατηρείται το τμήμα του χείλους. Διακόσμηση με πυκνή παράλληλη χάραξη.

327. 1981/435α,β,γ (Πίν. 35στ,α,ε)

Διαστ. α) 0,065Χ0,035 μ., β) 0,045Χ0,045 μ., γ) 0,05Χ 0,04 μ.
Πηλός ρόδινος (7.5YR 7/4). Γάνωμα καφέ-κόκκινο.
Τρία όστρακα πιθανώς λεκανίδων που διακοσμούνται με άσπρο χρώμα: στο πρώτο ταινίες και αλυσιδωτό κόσμημα, στο δεύτερο ακτινωτό, στο τρίτο αλυσιδωτό κόσμημα.

328. 1981/433α,β (Πίν. 35θ,ι)

Διαστ. α) 0,09Χ0,08, β) 0,055Χ0,045 μ.
Πηλός γκρίζος (7.5YR 6/0).
Τμήματα καλύμματος λεκανίδας διακοσμημένης με ταινίες και λογχοειδή φύλλα με μαύρο καφέ χρώμα.

329. 1981/434 (Πίν. 35ιδ)

Διαστ. 0,105Χ0,095 μ.
Πηλός ρόδινος γκρίζος (7.5YR 7/2). Γάνωμα καφέ ανομοιόμορφο.
Τμήμα καλύμματος λεκανίδας με ταινιωτή διακόσμηση με λευκό χρώμα.

330. 1981/347α (Πίν. 37α)

Διαστ. 0,045Χ0,02 μ.
Πηλός ανοικτός κόκκινος (10YR 6/4). Γάνωμα μαύρο στιλπνό.
Ταινιωτό χείλος καλύμματος λεκανίδας διακοσμημένο με ιωνικό κυμάτιο.

330α. 1981/368 (Πίν. 37δ)

Σωζ. ύψ. 0,025 μ.
Πηλός κοκκινωπός κίτρινος (7.5YR 7/6). Γάνωμα μαύρο.
Τμήμα καλύμματος λεκανίδας με ταινιωτή διακόσμηση.

Πινάκια

331. 1981/349

Διαστ. 0,095Χ0,057 μ.

Πηλός ρόδινος (5YR 7/4). Γάνωμα μαύρο.
Τμήμα πινακίου με χείλος κάθετο, στραμμένο προς τα έξω. Στη βάση του χείλους εσωτερικά χάραξη με κόκκινο χρώμα.

332. 1981/350

Διαστ. 0,085X0,08 μ.
Πηλός ρόδινος (5YR 7/4). Γάνωμα κόκκινο εσωτερικά και σε τμήμα της εξωτερικής επιφάνειας.
Τμήμα πινακίου με χείλος ελαφρά καμπύλο.

333. 1981/436α,β

Διαστ. α) 0,052x0,025, β) 0,052x0,06 μ.
Πηλός ρόδινος άσπρος (7.5YR 8/2). Γάνωμα μαύρο και κόκκινο.
Δύο όστρακα πινακίων με ταινιωτή διακόσμηση με άσπρο χρώμα στο πρώτο και ωοειδή φύλλα με επίθετο πηλό στο δεύτερο.

334. 1981/347 (Πίν. 37η)

Διαστ. 0,04X0,03 μ.
Πηλός ρόδινος (5YR 8/3).
Τμήμα χείλους πινακίου διακοσμημένο με ιωνικό κυμάτιο με μαύρο γάνωμα.
Τμήματα πινακίων είναι τα αριθ. 1981/348, 349-353 (Πίν. 37β,γ,ε-ζ), 359-361 (Πίν. 37θ,ι).

Πυξίδες

335. 1981/1500

Σωζ. ύψ. 0,02 μ.
Πηλός ρόδινος (5YR 7/4), άσπρο επίχρισμα.
Τμήμα καλύμματος πυξίδας.

336. 1981/1501

Σωζ. ύψ. 0,03 μ.
Πηλός ανοικτός καφέ (5YR 6/4), άσπρο επίχρισμα.
Τμήμα μικρής πυξίδας, συγκολλημένο από δύο κομμάτια.

337. 1981/1502

Σωζ. ύψ. 0,02 μ.
Πηλός όπως του προηγουμένου.
Κωνικό πώμα καλύμματος πυξίδας.

338. 1981/1504

Σωζ. ύψ. 0,04 μ.
Πηλός όπως του προηγουμένου.
Κωνικό πώμα καλύμματος πυξίδας.

339. 1981/1537

Σωζ. ύψ. 0,05 μ.
Πηλός έντονα καφέ (5YR 5/6).
Τμήμα καλύμματος πυξίδας.

340. 1981/1529 (Πίν. 37ια)

Ύψ. 0,055 μ.
Πηλός ανοικτός καφέ κοκκινωπός (2.5YR 6/4), άσπρο επίχρισμα.
Πόδι τριποδικής πυξίδας με μορφή σειρήνας.

341. 1981/1528 (Πίν. 37ιβ)

Σωζ. ύψ. 0,065 μ.
Πηλός όπως του προηγουμένου, μαύρο γάνωμα.
Όμοιο με το αριθ. 340.

342. 1981/1530

Σωζ. ύψ. 0,06 μ.
Πηλός όπως του προηγουμένου, άσπρο επίχρισμα.
Όμοιο με το αριθ. 340.
Όμοια είναι και τα αριθ. 1981/1531-1534.

343. 1981/1564 (Πίν. 38ε)

Διάμ. 0,035 μ.
Πηλός (5YR 5/4). Άσπρο επίχρισμα.
Μετάλλιο από κάλυμμα πυξίδας με προτομή Άρτεμης.

344. 1981/787 (Πίν. 37ιγ)

Μήκ. 0,07 μ.
Πηλός κοκκινωπός κίτρινος (7.5YR 7/6), κόκκινο χρώμα.
Τμήμα μεταλλίου καλύμματος πυξίδας με κε-

φάλι ανδρικής νεανικής μορφής. Έχει ελαφριά κλίση προς τα αριστερά και κοντά μαλλιά με πλεξίδα στην κορυφή του κεφαλιού.

345. 1981/402γ (Πίν. 38η)

Διαστ. 0,05X0,045 μ.
Πηλός κοκκινωπός κίτρινος (5YR 7/6). Γάνωμα καφέ κοκκινωπό.
Τμήμα καλύμματος πυξίδας. Διακοσμείται με κλαδί κισσού που αποδίδεται με χάραξη· τα φύλλα και οι καρποί με επίθετο πηλό. Κάτω από το κλαδί οριζόντια γραμμή άσπρου χρώματος.

346. 1981/402γ1(Πίν. 38α)

Διαστ. 0,054X0,032 μ.
Πηλός ρόδινος (5YR 7/4). Γάνωμα μαύρο γκρίζο.
Τμήμα καλύμματος πυξίδας. Διακοσμείται με λογχόσχημα φύλλα που αποδίδονται με επίθετο άσπρο χρώμα και συνδέονται με καμπύλες χαράξεις.

347. 1981/436γ (Πίν. 37ιδ)

Ύψ. 0,051 μ.
Πηλός ρόδινος (5YR 7/4). Γάνωμα μαύρο θαμπό.
Τμήμα λαιμού πυξίδας. Το χείλος τονίζεται με το χρώμα του πηλού. Στο μέσο του λαιμού οριζόντια ταινία με επίθετο πηλό.

348. 1981/367 (Πίν. 38ιβ)

Σωζ. ύψ. 0,03 μ., πλ. στεφάνης 0,03 μ.
Πηλός κοκκινωπός κίτρινος (7.5YR 7/6). Γάνωμα καφέ.
Τμήμα στεφάνης πυξίδας με χάραξη στην περιφέρεια και κλαδί με υπόλευκα φύλλα.

349. 1981/376

Πλ. στεφάνης 0,03 μ.
Πηλός ρόδινος (5YR 7/4). Γάνωμα μαύρο-καφέ.
Τμήμα στεφάνης τριποδικής πυξίδας με χάραξη στην περιφέρεια γεμάτη με άσπρο χρώμα.

350. 1981/389 (Πίν. 38ζ)

Σωζ. διάμ. 0,07 μ.
Πηλός ανοικτός καφέ (10YR 6/3).
Το πάνω μέρος καλύμματος πυξίδας με διακόσμηση τύπου «δυτικής κλιτύος». Λογχοειδή φύλλα με επίθετο πηλό εναλλάσσονται με χαρακτό ιωνικό κυμάτιο γύρω από το αυλάκι της κορυφής. Συγκολλημένη από δύο κομμάτια.

351. 1981/390α,β (Πίν. 38ι,ια)

Διαστ. 0,135X0,036 μ.
Πηλός κοκκινωπός κίτρινος (7.5YR 7/6).
Δύο όστρακα από στεφάνες πυξίδων με διακόσμηση τύπου «δυτικής κλιτύος». Με επίθετο υπόλευκο χρώμα λογχόσχημα φύλλα.

352. 1981/391 (Πίν. 38β-δ)

Διαστ. α) 0,05X0,026 μ., β) 0,065X0,03 μ., γ) 0,03X 0,108 μ.
Πηλός ρόδινος άσπρος (7.5YR 8/2).
Τρία όστρακα πυξίδων με διακόσμηση τύπου «δυτικής κλιτύος» με χαρακτό κλαδί, φύλλα και καρπούς κισσού με επίθετο πηλό.

353. 1981/393 (Πίν. 38θ)

Διαστ. 0,05X0,25 μ.
Πηλός ρόδινος (7.5YR 7/4). Κόκκινο γάνωμα.
Τμήμα καλύμματος πυξίδας με χαρακτό δελφίνι.

354. 1981/400 (Πίν. 38ιζ)

Ύψ. 0,075 μ.
Πηλός πολύ ανοικτός καφέ (10YR 8/4).
Πόδι τριποδικής πυξίδας και μέρος της στεφάνης.
Όμοιο και το αριθ. 1981/401 (Πίν. 38ιη).

355. 1981/392 (Πίν. 38στ)

Διαστ. α) 0,029X0,016, β) 0,017X0,02 μ.
Πηλός ρόδινος (7.5YR 7/4). Γάνωμα στιλπνό μαύρο.
Δύο όστρακα μελαμβαφούς αγγείου με διακό-

σμηση τύπου «δυτικής κλιτύος» με κλαδί με λογχόσχημα φύλλα με επίθετο πηλό.

356. 1981/390 (Πίν. 38ιγ-ιστ)

Έξι όστρακα από στεφάνη πυξίδας. Τα τρία συγκολλούνται.
Διαστ. α) 0,13 μ., β) 0,045 μ., γ) 0,05 μ., δ) 0,06 μ.
Πλ. στεφάνης 0,035 μ.
Πηλός ρόδινος (5YR 7/3). Γάνωμα μαύρο απολεπισμένο, άσπρο χρώμα απολεπισμένο.
Η στεφάνη φέρει οδοντωτές χαράξεις στην περιφέρεια και στη συνέχεια αύλακα. Διακοσμείται με δίφυλλα με επίθετο πηλό και άσπρο χρώμα εναλλάξ.

Λάγηνοι

357. 1981/394 (Πίν. 38ιθ,κ)

Σωζ. ύψ. 0,045 και 0,016 μ.
Πηλός ρόδινος (7.5YR 7/4). Επίχρισμα ελαφρώς ρόδινο.
Δύο κομμάτια από λάγηνο συγκολλημένα από μικρότερα κομμάτια. Με κόκκινο-κεραμιδί χρώμα, γραμμική και ακτινωτή διακόσμηση στον ώμο.

Αγγεία με ανάγλυφη διακόσμηση

358. 1981/395 (Πίν. 39α-γ)

Διαστ. α) 0,05X0,58 μ., β) 0,085X0,075, γ) 0,095X 0,10 μ.
Πηλός κοκκινωπός κίτρινος (7.5YR 7/6).
Τρία τμήματα σκύφου με λογχοειδή πέταλα. Στον ώμο πλοχμός και στο λαιμό ανθέμια που εναλλάσσονται με δελφίνια.

359. 1981/395α (Πίν. 39δ-στ)

Ύψ. 0,052 μ.
Πηλός ανοικτός κόκκινος (10YR 6/6), επίχρισμα καφέ-κόκκινο, απολεπισμένο.
Τμήμα σκύφου συγκολλημένου και δύο όστρακα από το ίδιο αγγείο που δεν συγκολλούνται. Στη βάση ρόδακας ανάγλυφος, στο σώμα φύλλα άκανθας εναλλάσσονται με πλατιά καρδιόσχημα φύλλα. Κάτω από το ταινιωτό χείλος ιωνικό κυμάτιο και ζώνη με κληματίδα (φύλλα και τσαμπιά).

360. 1981/395β (Πίν. 39κ-κβ)

Διαστ. α) 0,04X0,03 μ., β) 0,04X0,04 μ., γ) 0,032X 0,034 μ.
Πηλός ρόδινος (5YR 7/3). Επίχρισμα γκρίζο, καφέ κοκκινωπό απολεπισμένο.
Τρία τμήματα σκύφων με όμοιο διάκοσμο. Διακοσμούνται με λογχόσχημα φύλλα, κληματίδα και τσαμπί σταφυλιών.

361. 1981/395γ (Πίν. 39ιδ-ιστ)

Διαστ. α) 0,04X0,032 μ., β) 0,035X0,04 μ., γ) 0,036X0,029 μ.
Πηλός ρόδινος-γκρίζος (7.5YR 6/2). Επίχρισμα γκρίζο απολεπισμένο.
Τρία τμήματα σκύφων. Τα δύο από τον ίδιο σκύφο, αλλά δεν συγκολλούνται. Διακοσμούνται με ζώνη αστραγάλου κάτω από το ταινιωτό χείλος, στη συνέχεια πλοχμό και μετά τριπέταλα ανθέμια.

362. 1981/396 (Πίν. 39κδ)

Διαστ. 0,03X0,045 μ.
Πηλός ρόδινος (7.5YR 8/4).
Όστρακο σκύφου με επάλληλες σειρές λογχοειδών φύλλων.

363. 1981/397 (Πίν. 39κγ)

Διαστ. 0,032X0,032 μ.
Πηλός ρόδινος-άσπρος (7.5YR 8/2).
Όστρακο σκύφου με φολιδωτή διακόσμηση.

364. 1981/398 (Πίν. 39ιζ,ιη)

Διαστ. 0,035X0,025 και 0,035X0,037 μ.
Πηλός ρόδινος-άσπρος (7.5YR 8/2). Επίχρισμα γκρίζο απολεπισμένο.
Δύο τμήματα χείλους σκύφου με μαίανδρο και ιωνικό κυμάτιο.

365. 1981/399 (Πίν. 39ζ-ιγ)

Διαστ. α) 0,046X0,041 μ., β) 0,037X0,042 μ., γ)

0,035x0,028 μ., δ) 0,041x0,029 μ., ε) 0,03x 0,018 μ., στ) 0,033x0,025 μ., ζ) 0,033x0,012 μ.
Πηλός ανοικτός κοκκινωπός καφέ (2.5YR 6/4), μαύρο γκρίζο επίχρισμα, απολεπισμένο.
Επτά όστρακα σκύφου με ανάγλυφη κοκκιδωτή διακόσμηση, που δεν συγκολλούνται. Τα πέντε από το ίδιο αγγείο. Κάτω από το χείλος δελφίνια και ανθέμια και στη συνέχεια ζώνη με πλοχμό.

366. 1981/399α

Σωζ. ύψ. 0,05 μ.
Πηλός ανοικτός κόκκινος (2.5YR 6/6), επίχρισμα καφέ απολεπισμένο.
Τμήμα σκύφου, συγκολλημένου και ένα κομμάτι από το πάνω μέρος με το χείλος, που δεν συγκολλούνται. Στη βάση ανάγλυφος ρόδακας. Στο σώμα μακριά λογχόσχημα πέταλα. Κάτω από το χείλος δελφίνια εναλλάσσονται με ανθέμια και κάτω από αυτή τη ζώνη πλοχμός.

367. 1981/399β (Πίν. 39ιθ)

Διαστ. 0,055x0,039 μ.
Πηλός ανοικτός κόκκινος (2.5YR 6/8).
Τμήμα σκύφου. Ανάγλυφη διακόσμηση με μακριά λογχόσχημα πέταλα.

368. 1981/399γ (Πίν. 39κστ)

Διαστ. 0,041x0,038 μ.
Πηλός ρόδινος (5YR 7/4). Επίχρισμα καφέ κοκκινωπό απολεπισμένο.
Βάση σκύφου. Διακοσμείται με ανάγλυφο ρόδακα.

369. 1981/399ε (Πίν. 39κε)

Διαστ. 0,055x0,03 μ.
Πηλός ρόδινος (5YR 7/3). Επίχρισμα γκρίζο απολεπισμένο.
Τμήμα σκύφου. Διακρίνεται ανδρική μορφή με κοντό χιτώνα και υποδήματα (ενδρομίδες), που κινείται προς τα αριστερά.

Παρατηρήσεις στα πήλινα αγγεία

Τα είδη των πήλινων αγγείων του ιερού της Πέλλας είναι περιορισμένα. Κυριαρχούν τα αβαφή χυτροειδή αγγεία και οι λεκανίδες[165]. Τα υπόλοιπα διακρίνονται για το μικρό μέγεθος και τη μέτρια ποιότητα· μικροσκοπικές υδρίες[166], μικρά, επιμήκη κυρίως, μυροδοχεία, άλλα μικροσκοπικά αγγεία, τμήματα από πυξίδες τριποδικές (μετάλλια, πόδια) και με κωνικό σώμα, σκυφίδια, πινάκια. Λείπουν αγγεία που είναι χαρακτηριστικά των ιερών της Δήμητρας, οι κάλαθοι, τα λίκνα, οι δίσκοι προσφορών και τα λυχνάρια[167].

Οι πήλινες υδρίες είναι τα πιο συνηθισμένα αγγεία στα ιερά της Δήμητρας, ανεξάρτητες ή προσαρμοσμένες σε ένα πλαστικό δακτυλίδι (κέρνο)[168] ή στα κεφάλια γυναικείων μορφών. Οι υδρίες του ιερού της Πέλλας είναι μικρού μεγέθους, χειροποίητες, αβαφείς με αποτυπώ-

165. R. Stroud, Hesperia, 34 (1965), 22, πίν. 4a-F και 11 e-g.

166. Δεν έχουν βρεθεί στο ιερό της Πέλλας υδρίες φυσικού μεγέθους.

167. Υπάρχει ένα τμήμα πιθανώς από δίσκο προσφορών (αριθ. κατ. 382)· για δίσκους προσφορών με ομοιώματα τροφών, βλ. N. Bookidis - S. R. Stroud, Demeter and Persephone in Ancient Corinth, 1987, 24 εικ. 23, 26 εικ. 25, 26· καλαθίσκοι, ό.π., 28 εικ. 29· λίκνα, ό.π., 26. Στο ιερό της Πέλλας βρέθηκε μόνον ένα τμήμα λυχναριού (αριθ. κατ. 295), βλ. σ. 84, 105.

168. Cl. Rolley, BCH 89 (1965), 472 εικ. 32, 33, 476 εικ. 36· Δάφφα-Νικονάνου, Πρόερνα 136, πίν. 12 εικ. 3, πίν. 15 εικ. 1· N. Bookidis - S. R. Stroud, ό.π., 29 εικ. 30, 31. Μικροσκοπικές υδρίες σε αποθέτες μαζί με οινοχοΐσκες βρέθηκαν στα Ίσθμια, O. Broneer, Hesperia 24 (1955), 125 πίν. 52 c. Στην Κω, μικρές υδρίες στον ώμο μεγαλύτερης υδρίας σχημάτιζαν ένα είδος κέρνου, R. Herzog, AA 16 (1901), 136 εικ. 6.

ματα των δακτύλων του τεχνίτη στο σώμα. Οι μικροσκοπικές αριθ. κατ. 268, 269 υδρίες ήταν προσαρμοσμένες στα κεφάλια των υδριαφόρων μορφών-πλακίδιων[169]. Από τις υπόλοιπες τέσσερις μεγαλύτερες, που σώζονται ακέραιες ή σχεδόν ακέραιες, οι δύο έχουν κλειστό στόμιο, πράγμα που δείχνει ότι η ανάθεσή τους ήταν καθαρά συμβολική. Στη βάση της αριθ. κατ. 263 σώζονται υπολείμματα πηλού από την προσαρμογή της σε κάποιο αντικείμενο. Οι υπόλοιπες δύσκολα στηρίζονται μόνες τους. Η αριθ. κατ. 267 φέρει στην κάτω επιφάνεια της βάσης χαράξεις, που φαίνεται ότι έγιναν κατά τη διαδικασία της στήριξης του αγγείου. Επειδή δεν βρέθηκε ίχνος πήλινου δακτυλίου στην ανασκαφή, ώστε να υποστηρίξουμε ότι οι υδρίες αυτές ήταν τμήματα κέρνων, πιστεύουμε ότι ίσως στηρίζονταν στα κεφάλια γυναικείων ειδωλίων του τύπου του αριθ. κατ. 79[170].

Από τα μυροδοχεία του ιερού το παλαιότερο είναι το αριθ. κατ. 256, που χρονολογείται στο τέλος του 3ου αι. π.Χ[171]. Τα υπόλοιπα ανήκουν στο 2ο αι. π.Χ. (το αριθ. κατ. 259 στις αρχές του 2ου αι. π.Χ.[172], ενώ τα υπόλοιπα χρονολογούνται μετά τα μέσα του 2ου αι. π.Χ.[173]).

Τα χυτροειδή αγγεία με οριζόντιες λαβές έχουν ταινιωτό οριζόντιο χείλος με οδοντωτή διακόσμηση μερικές φορές.

Οι λεκανίδες με ταινιωτό χείλος και οριζόντιες κυλινδρικές λαβές έχουν γάνωμα πρόχειρο, καφέ-κοκκινωπό, ανομοιόμορφο και στις δύο επιφάνειες και διακοσμούνται με ταινιωτό, ακτινωτό, δικτυωτό, αλυσιδωτό κόσμημα, με κυματιστές γραμμές, σταγόνες και ανθέμια. Άσπρο ή καφέ χρώμα χρησιμοποιείται για τη διακόσμηση. Τα καλύμματα έχουν «κομβία» διαφόρων σχημάτων (κωνικά, βαθμιδωτά κτλ.).

Τα πινάκια διακοσμούνται με ταινίες, λογχοειδή, ωοειδή φύλλα με μαύρο-καφέ χρώμα και επίθετο πηλό. Το χείλος του αριθ. κατ. 334 διακοσμείται με ιωνικό κυμάτιο με στιλπνό μαύρο γάνωμα.

Λίγα σχετικά είναι τα όστρακα των μελαμβαφών αγγείων και αυτών που έχουν διακόσμηση τύπου «δυτικής κλιτύος», ενώ τα ερυθρόμορφα είναι σπάνια.

Τα όστρακα μελαμβαφών αγγείων προέρχονται κυρίως από σκυφίδια με χείλη που κλίνουν προς τα μέσα και λιγότερο προς τα έξω. Σε μερικά από αυτά ο πυθμένας είναι διακοσμημένος με εμπίεστα ανθέμια ακτινωτά διατεταγμένα και κύκλους γύρω από αυτά με πυκνά κτυπήματα. Στις βάσεις δύο σκυφιδίων υπάρχουν χαράξεις, στο αριθ. κατ. 278, συντομογραφία ονόματος πιθανώς του ιδιοκτήτη (Ι, Λ), στο αριθ. κατ. 280 ένδειξη χωρητικότητας ΚΠΙΙΙ. Υπάρχουν και λίγα τμήματα σκυφιδίων με θαμπό γάνωμα και λαβές (αριθ. κατ. 290)[174].

Τα όστρακα με διακόσμηση τύπου «δυτικής κλιτύος» προέρχονται κυρίως από πυξίδες. Η διακόσμηση είναι φυτική (κλαδιά με λογχόσχημα φύλλα ή κισσού, με επίθετο πηλό και άσπρο χρώμα, πολύφυλλα)· υπάρχει και το δικτυωτό και αλυσιδωτό σχέδιο με άσπρο χρώμα, το χαρακτό δελφίνι και το ιωνικό κυμάτιο. Η χάραξη είναι περιορισμένη. Οι τριποδικές πυξίδες έχουν πόδια διαμορφωμένα σε σειρήνες.

169. Βλ. σ. 37 κ.ε., 50 κ.ε.

170. Βλ. σ. 37. Για τη σημασία των υδριών και των υδριαφόρων μορφών στα ιερά της Δήμητρας, βλ. σ. 53, 105. Γενικότερα για την υδρία στη λατρεία θεοτήτων, E. Diehl, Die Hydria, 1964, 187.

171. Στ. Δρούγου - Γ. Τουράτσογλου, Ελληνιστικοί λαξευτοί τάφοι Βεροίας, 1980, 93, 123 αριθ. 2155, πίν. 64.

172. H. Thompson, Hesperia 3 (1934), 368 εικ. 52 C76· Στ. Δρούγου - Γ. Τουράτσογλου, ό.π., πίν. 60 Π2107· Μ. Λιλιμπάκη-Ακαμάτη, Λαξευτοί θαλαμωτοί τάφοι της Πέλλας, 1994, 171 αριθ. 245, πίν. 25, σχέδ. 52.

173. H. Thompson, ό.π., 391 εικ. 78 D78· Μ. Λιλιμπάκη-Ακαμάτη, ό.π., 184 αριθ. 308, πίν. 37.

174. Από τους μελαμβαφείς σκύφους, παλαιότερος χρονολογικά είναι ο αριθ. κατ. 282, που μπορεί να χρονολογηθεί στον 4ο αι. π.Χ., B.A. Sparkes - L. Talcott, The Athenian Agora XII, 1970, 260 αριθ. 352, πίν. 17, εικ. 4 (περί το 330 π.Χ.)· για το σκυφίδιο αριθ. κατ. 277, βλ. H. Thompson, ό.π., εικ. 71 D8.

Τα τμήματα αγγείων με ανάγλυφη διακόσμηση έχουν κυρίως φυτικά θέματα: λογχοειδή και καρδιόσχημα φύλλα, κληματίδα με τσαμπί σταφυλιού, φολίδες στο σώμα, πλοχμό, ιωνικό κυμάτιο, δελφίνια, ανθέμια, μαίανδρο κάτω από το χείλος και ρόδακα στη βάση. Σε ένα μόνον όστρακο (αριθ. κατ. 369) εικονίζεται ανδρική μορφή με χιτώνα που κινείται προς τα αριστερά, τμήμα διηγηματικής παράστασης. Τα διακοσμητικά θέματα μερικών από τα παραπάνω όστρακα υπάρχουν σε μήτρες ανάγλυφων αγγείων των εργαστηρίων της Αγοράς της Πέλλας[175]. Υπάρχουν, τέλος, και μερικά όστρακα αγγείων με ανάγλυφη κουκιδωτή διακόσμηση.

ΛΟΙΠΑ ΠΗΛΙΝΑ ΑΝΤΙΚΕΙΜΕΝΑ

370. 1981/1508 (Πίν. 40α)

Πιθ. διάμ. 0,026 μ.
Πηλός ρόδινος (5YR 7/4), άσπρο επίχρισμα.
Τμήμα τροχού, συγκολλημένο[176].

371. 1981/1509 (Πίν. 40β)

Διαστ. 0,07X0,063 μ.
Σωζ. ύψ. 0,038 μ.
Πηλός ανοικτός καφέ (5YR 6/4), άσπρο επίχρισμα.
Τμήμα πιθανώς τραπεζιού με συμπαγή τη μια πλευρά στήριξης. Στο μπροστινό μέρος διατηρούνται οι υποδοχές πιθανώς δύο ένθετων ποδιών.

372. 1981/1510

Διαστ. 0,07X0,03 μ.
Σωζ. ύψ. 0,027 μ.
Πηλός όπως του προηγουμένου.
Τμήμα όμοιου πιθανώς τραπεζιού.

373. 1981/1521 (Πίν. 40γ)

Μήκ. 0,105 μ.
Πηλός ανοικτός καφέ (5YR 6/4), άσπρο επίχρισμα.
Φτερό πιθανώς Νίκης συγκολλημένο από δύο κομμάτια.
Άλλα τμήματα φτερών: αριθ. 1981/1523 (μήκ. 0,04 μ.), 1522 (μήκ. 0,049 μ., με γαλάζιο χρώμα), 1527 (μήκ. 0,049 μ.), 1520 (μήκ. 0,046 μ., Πίν. 40στ), 1524 (μήκ. 0,05 μ., Πίν. 40δ), 1519 (μήκ. 0,06 μ., Πίν. 40ε). Τα τρία τελευταία ανήκουν πιθανώς στα ειδώλια των ερώτων αριθ. 197α.

374. 1981/1525 (Πίν. 40ζ)

Σωζ. ύψ. 0,06 μ.
Πηλός γκρίζος ρόδινος (5YR 6/2).
Τμήμα περικεφαλαίας.
Όμοια τα τμήματα από περικεφαλαίες αριθ. 1981/1526 (σωζ. ύψ. 0,055 μ., Πίν. 40η), 1756 (σωζ. ύψ. 0,035 μ.), 1576η (σωζ. ύψ. 0,035 μ.). Ανήκουν σε ειδώλια Αθηνάς.

375. 1981/1576α (Πίν. 40ιβ)

Σωζ. μήκ. 0,074 μ.
Πηλός ανοικτός κόκκινος (2.5YR 6/8), άσπρο επίχρισμα.
Τμήμα φαρέτρας.
Όμοια τα τμήματα από φαρέτρες αριθ. 1981/1576β (μήκ. 0,064 μ., Πίν. 40ιγ), 1576γ (μήκ. 0,045 μ.), 1576δ (μήκ. 0,049 μ., Πίν. 40ι), 1576ε (μήκ. 0,046 μ., Πίν. 40θ), 1576στ (μήκ. 0,038 μ.). Πρέπει να ανήκουν σε ειδώλια Άρτεμης.

175. Γ. Ακαμάτης, Πήλινες μήτρες αγγείων από την Πέλλα. Συμβολή στη μελέτη της ελληνιστικής κεραμικής, 1993, πίν. 261 αριθ. κατ. 327, πίν. 194, 195, πίν. 246, αριθ. κατ. 317 (μετάλλιο).

176. D. B. Thompson, Hesperia 28 (1959), 143 αριθ. 35, πίν. 30. Gl. Davidson - D. B. Thompson, Hesperia Suppl. VII, 1943, 110, εικ. 49, 1.

376. 1981/1511 (Πίν. 40ιζ)

Μήκ. 0,06 μ.
Πηλός ανοικτός καφέ (5YR 6/4).
Τσαμπί σταφυλιού με οπή εξάρτησης.
Όμοια τα αριθ. 1981/511α-ε (μήκ. 0,065 μ., 0,065 μ., 0,027 μ., 0,042 μ., 0,03 μ.).

377. 1981/1503θ (Πίν. 40ιθ)

Σωζ. μήκ. 0,037 μ.
Πηλός ανοικτός καφέ (5YR 6/4), άσπρο επίχρισμα, κόκκινο χρώμα.
Τμήμα κέρατος Αμαλθείας.
Όμοια τα αριθ. 1981/1503στ-μ (μήκ. 0,03 μ., 0,03 μ., 0,035 μ., 0,035 μ., 0,045 μ., 0,038 μ.), 1981/1503κ,η (Πίν. 40ιη,κ).

378. 1981/1503λ (Πίν. 40ια)

Σωζ. ύψ. 0,047 μ.
Πηλός ανοικτός καφέ (5YR 6/4), άσπρο επίχρισμα.
Τμήμα ερμαϊκής στήλης. Λείπουν το κεφάλι και το κάτω μέρος[177].

379. 1981/1503ν (Πίν. 40κα)

Σωζ. ύψ. 0,073 μ.
Πηλός ανοικτός καφέ (5YR 6/4), άσπρο επίχρισμα.
Κιονίσκος στηρίγματος ειδωλίου, ραβδωτός στο πάνω μισό τμήμα. Λείπει η επίστεψη.
Όμοια τα αριθ. 1981/1503ξ-π (μήκ. 0,07 μ., 0,082 μ. 0,055 μ., Πίν. 40κβ).

380. 1981/1503α (Πίν. 40ιστ)

Μήκ. 0,025 μ.
Πηλός ανοικτός καφέ (5YR 6/4). Ωοειδής διάτρητη ψήφος.
Όμοιες οι αριθ. 1981/1503β-δ (μήκ. 0,02 μ., 0,022 μ., 0,018 μ., Πίν. 40ιδ,ιε).

381. 1981/1527 (Πίν. 41α)

Σωζ. ύψ. 0,085 μ.
Πηλός κίτρινος κοκκινωπός (8YR 7/6).
Πόδι λιονταριού συγκολλημένο. Στο πάνω μέρος του δύο οπές πιθανώς για την εξάρτησή του.

382. 1981/344 (Πίν. 41β)

Διάμ. 0,08 μ.
Πηλός ανοικτός καφέ (7.5YR 6/4).
Τμήμα πιθανώς πήλινου δίσκου προσφορών με υπόλειμμα πηλού στο εσωτερικό, ίσως από κάποια μίμηση προσφοράς. Οριζόντιες και κάθετες χαράξεις στις άκρες δείχνουν ότι στα σημεία αυτά κολλούσαν και άλλα κομμάτια πηλού, που έχουν αποκολληθεί.

383. 1981/384 (Πίν. 41γ)

Ύψ. 0,08 μ.
Πηλός ρόδινος (7.5YR 8/4).
Κωνική αγνύθα, σπασμένη στο πάνω μέρος.

ΜΕΤΑΛΛΙΚΑ ΑΝΤΙΚΕΙΜΕΝΑ

384. 1981/1576 (Πίν. 41δ)

Μήκ. 0,29, πλ. 0,23, πάχ. 0,06 μ.
Συμπιεσμένο ορθογώνιο αντικείμενο από σφυρήλατα ελάσματα χρυσού. Πιθανώς φυλακτό.

385. 1981/1576α (Πίν. 41ιε,ιδ)

Μήκ. 0,025 μ.
Σιδερένιο μαχαίρι, συγκολλημένο.

177. D. B. Thompson, Hesperia 21 (1952), 226 και Hesperia 35 (1966), 433. Γενικά για ερμαϊκές στήλες, E. Harrison, The Athenian Agora XI, 1965, 108.

386. 1981/1568 (Πίν. 41ι)

Διάμ. 0,037 μ.
Χάλκινη εφηλίδα.

387. 1981/1566 (Πίν. 41ια)

Μήκ. ±0,10 μ.
Τμήμα χάλκινης αλυσίδας.

388. 1981/1567 (Πίν. 41ιβ)

Μήκ. 0,075 μ.
Κομμάτι χάλκινου ελάσματος.

389. 1981/1569 (Πίν. 41θ)

Διάμ. 0,013 μ.
Μικρός χάλκινος κρίκος.

390. 1981/1574 (Πίν. 41ιγ)

Μήκ. 0,0124 μ.
Μολύβδινος σύνδεσμος.

ΓΥΑΛΙΝΑ ΑΝΤΙΚΕΙΜΕΝΑ

391. 1981/1572 (Πίν. 41ζ)

Διάμ. 0,01 μ.
Γυάλινη ψήφος από δακτυλίδι με χρώμα γαλαζοπράσινο.

392. 1981/439β (Πίν. 41ε,στ)

Διαστ. α) 0,039Χ0,032 μ., β) 0,025Χ0,018 μ.
Δύο κομμάτια γυάλινου μυροδοχείου με ταινιωτή διακόσμηση. Το ένα κομμάτι με τμήμα βάσης συγκολλημένο από τρία μικρότερα. Χρώμα γυαλιού βαθύ μπλέ. Ταινίες με άσπρο και κίτρινο χρώμα.

393. 1981/439γ (Πίν. 41η)

Διαστ. 0,03Χ0,03 μ.
Τμήμα γυάλινου μυροδοχείου.
Χρώμα γυαλιού γαλάζιο, απολεπισμένο. Ταινίες οριζόντιες με άσπρο χρώμα και τμήμα φολίδας στο ένα άκρο, επίσης με άσπρο χρώμα.

394. 1981/439δ

Διαστ. 0,025Χ0,021 μ.
Τμήμα γυάλινου μυροδοχείου.
Χρώμα γυαλιού γαλάζιο. Φολιδωτή διακόσμηση με άσπρο χρώμα.

ΝΟΜΙΣΜΑΤΑ

ΘΡΑΚΗ

Λυσίμαχος (323-281 π.Χ.)

Έμπρ. Κεφάλι Αλεξάνδρου, προς τα δεξιά, με τα κέρατα του Άμμωνα Δία.
Όπ. Αθηνά νικηφόρος καθιστή, προς τα αριστερά. Δεξιά *ΒΑΣΙΛΕΩΣ*, αριστερά *ΛΥΣΙΜΑΧΟΥ*. Κάτω από το χέρι της Αθηνάς με τη Νίκη [μονόγραμμα], κάτω από την Αθηνά [μονόγραμμα].

L. Müller, Die Münzen der thrakischen Königs Lysimachus, 1958, 13, πίν. II αριθ. 13· SNG Sammlung Dreer-Klagenfurt, 1990, πίν. 8, αριθ. 167-177 (297-281 π.Χ.)· M. Thompson, Essays in Greek Coinage Presented to S. Robinson, 1968, 163 κ.ε., 182, αριθ. 256, πίν. 22 (Πέρινθος, 283-282 π.Χ., με το μονόγραμμα [μονόγραμμα] αριστερά).

395. Ν.1981/451 (Πίν. 42α). Ασημένιο τετράδραχμο, ↑. Διάμ. 0,029 μ., βάρος 15,5 γρ. Πολύ καλή διατήρηση.
Τομή αριθ. 1, βάθος 1,26 μ.

Έμπρ. Κεφάλι με περικεφαλαία προς τα αριστερά.
Όπ. Τρόπαιο και *ΒΑΣΙΛΕΩΣ ΛΥΣΙΜΑΧΟΥ*.

SNG Fitzwilliam Museum, 1972, πίν. XXXIII, 1866, αλλά το κεφάλι του εμπροσθότυπου προς τα δεξιά. SNG Danish Museum, 1942, πίν. 24, αριθ. 1164-1167 (το κεφάλι του εμπροσθότυπου προς τα δεξιά).

396. N.1981/504 (Πίν. 42β) ΧΑ, →. Διάμ. 0,019 μ., βάρος 5,8 γρ.
Μέτρια διατήρηση.
Μάρτυρας 2, βάθος 1 μ.

ΜΑΚΕΔΟΝΙΑ

Φίλιππος Β΄ (359-336 π.Χ.).

Έμπρ. Κεφάλι νέου Ηρακλή προς τα δεξιά.
Όπ. *ΦΙΛΙΠΠΟΥ*, επάνω φαρέτρα, κάτω ρόπαλο.

H. Gaebler, Die antiken Münzen von Makedonia und Paionia, 1935, 164, πίν. XXX, αριθ. 29· SNG Evelpidis Collection, 1975, πίν. XXXVIII, 1387.

397. N.1981/501 (Πίν. 42γ) ΧΑ, ←. Διάμ. 0,01 μ., βάρος 1,1 γρ.
Κακή διατήρηση.
Τελικός καθαρισμός του βωμού.

Έμπρ. Κεφάλι νέου με ταινία προς τα δεξιά.
Όπ. Ιππέας προς τα δεξιά, κάτω *Ε*.

SNG Evelpidis Collection 1975, πίν. XXXVIII, 1378.

398. N.1981/503 (Πίν. 42δ) ΧΑ, ←. Διάμ., 0,016 μ., βάρος 6 γρ.
Καλή διατήρηση.
Εξωτερική τομή αριθ. 3, βάθος 1,17 μ.

Αλέξανδρος Γ΄ (336-323 π.Χ.)

Έμπρ. Κεφάλι νέου Ηρακλή προς τα δεξιά.
Όπ. Δίας καθιστός σε θρόνο, προς τα αριστερά. Κρατάει σκήπτρο και αετό. Αριστερά λύρα, δεξιά *ΑΛΕΞΑΝΔΡΟΥ*, κάτω *Α*.

SNG Ashmolean Museum, 1976, πίν. LII, 2734 (Κολοφών).

399. N.1981/502 (Πίν. 42ε). Ασημένια δραχμή, ↑. Διάμ. 0,016 μ., βάρος 4,4 γρ. Πολύ καλή διατήρηση.
Πυθμένας ορθογώνιου λαξεύματος βόρεια του βωμού.

Κάσσανδρος (316-297 π.Χ.)

Έμπρ. Κεφάλι νέου Ηρακλή προς τα δεξιά.
Όπ. Καθιστό λιοντάρι προς τα δεξιά, επάνω *ΚΑΣΣ*.

Gaebler, ό.π., 176, πίν. XXXII, αριθ. 6 (πριν από το 306 π.Χ.)· SNG Sammlung Dreer-Klagenfurt, 1990, πίν. 23, αριθ. 556-558· SNG Evelpidis Collection, 1975, πίν. XXXIX, αριθ. 1409, 1410.

400. N.1981/452 (Πίν. 42στ) ΧΑ, ↑. Διάμ. 0,017 μ. βάρος 3,5 γρ. Μέτρια διατήρηση.
Τομή αριθ. 2, βάθος 0,05 μ. από την πρώτη στρώση.

401. N.1981/505 (Πίν. 42ζ) ΧΑ, ↑. Διάμ. 0,017 μ., βάρος 5 γρ. Σχεδόν κακή διατήρηση.
Μάρτυρας αριθ. 2, βάθος 1,20 μ.

Έμπρ. Κεφάλι νέου Ηρακλή προς τα δεξιά.
Όπ. Ιππέας προς τα δεξιά.

Gaebler, ό.π., 176, πίν. XXXII, αριθ. 7 (μετά το 306 π.Χ.).

402. N.1981/506. ΧΑ, ↙. Διάμ. 0,017 μ., 5,5 γρ.
Κακή διατήρηση.
Τελευταίο στρώμα βωμού, βάθος 0,40 μ. από την πρώτη στρώση.

403. N.1981/453 (Πίν. 42η) ΧΑ, ↙. Διάμ. 0,017 μ., βάρος 4,5 γρ. Μέτρια διατήρηση.
Ανατολικό τμήμα βωμού, επάνω από την πρώτη στρώση.

404. N.1981/507. ΧΑ, ↙. Κάτω από το άλογο, *Λ* ή *Α*. Διάμ. 0,018 μ., βάρος 7,7 γρ. Κακή διατήρηση εμπροσθότυπου, μέτρια οπισθότυπου.
ΒΑ του βωμού, βάθος 0,63 μ. από την πρώτη στρώση.

405. N.1981/508 (Πίν. 42θ) ΧΑ, ↙. Διάμ. 0,019 μ., βάρος 5,5 γρ. Μέτρια διατήρηση.

Βόρεια του βωμού, δυτικά του δεύτερου λαξεύματος του δαπέδου.

406. Ν.1981/509.ΧΑ, \. Διάμ. 0,018 μ., βάθος 6,5 γρ. Καλή διατήρηση.
Πρώτο λάξευμα δαπέδου, βόρεια του βωμού.

407. Ν.1981/454 (Πίν. 42ι) ΧΑ, \. Μπροστά από το άλογο ΑΥ, κάτω ΜΑ.
Διάμ. 0,018 μ., βάρος 5,5 γρ. Πολύ καλή διατήρηση.
Τομή αριθ. 1, βάθος 0,80 μ.

SNG Sammlung Dreer-Klagenfurt, 1990, πίν. 22, αριθ. 561.

408. Ν.1981/455 (Πίν. 42ια) ΧΑ, ←. Διάμ. 0,019 μ., βάρος 6,5 γρ. Σχεδόν καλή διατήρηση.
Τομή αριθ. 1, βάθος 1,25 μ.

409. Ν.1981/456 (Πίν. 42ιβ) ΧΑ, →. Διάμ. 0,018 μ., βάρος 5 γρ. Μέτρια διατήρηση.
Τομή αριθ. 1α, βάθος 0,65-0,70 μ.

410. Ν.1981/457 (Πίν. 42ιγ) ΧΑ, ↓. Μπροστά από το άλογο ✱, ανάμεσα στα μπροστινά πόδια του *Τ*, κάτω από το άλογο *Φ*. Διάμ. 0,019 μ., βάρος 6 γρ. Σχεδόν καλή διατήρηση.
Τομή αριθ. 1α, βάθος 1,09 μ.

SNG Sammlung Dreer-Klagenfurt, 1990, πίν. 23, αριθ. 560.

411. Ν.1981/510.ΧΑ, ↓. Κάτω από το άλογο πιθανώς *Φ*. Διάμ. 0,016 μ., βάρος 3,8 γρ. Καλή διατήρηση.
Τομή αριθ. 1α, σχεδόν στο στρώμα του δαπέδου.

412. Ν.1981/458 (Πίν. 43α) ΧΑ, →. Διάμ. 0,018 μ., βάρος 5,5 γρ. Μέτρια διατήρηση.
Τομή αριθ. 2, βάθος 0,50 μ.

413. Ν.1981/459.ΧΑ, ↑. Διάμ. 0,0185 μ., βάρος 6,5 γρ. Καλή διατήρηση.
Τομή αριθ. 2β, βάθος 1,30-1,44 μ.

414. Ν.1981/460.ΧΑ, ↑. Πίσω από τον ιππέα *Τ*. Διάμ. 0,021 μ., βάρος 5,5 γρ. Καλή διατήρηση.
Τομή αριθ. 3, βάθος 1,60 μ.

415. Ν.1981/511.ΧΑ, ↑. Ανάμεσα στα πόδια του αλόγου *Κ*. Διάμ. 0,018 μ., βάρος 8,5 γρ. Καλή διατήρηση.
Μάρτυρας αριθ. 1, βάθος 1,20 μ.

416. Ν.1981/512 (Πίν. 43β) ΧΑ, /. Μπροστά από το άλογο ✱, ανάμεσα στα πόδια του αλόγου *Φ* (βλ. αριθ. 410). Διάμ. 0,017 μ., βάρος 5,5 γρ. Αρκετά καλή διατήρηση.
Μάρτυρας αριθ. 2, βάθος 1 μ.

417. Ν.1981/513.ΧΑ, ↓. Διάμ. 0,018 μ., βάρος 7,8 γρ. Σχεδόν καλή διατήρηση.
Μάρτυρας αριθ. 2, βάθος 1,20 μ.

418. Ν.1981/514.ΧΑ, →. Διάμ. 0,017 μ., βάρος 5 γρ. Μέτρια διατήρηση.
Μάρτυρας αριθ. 3, δυτικά του βωμού, βάθος 0,87 μ.

419. Ν.1981/515.ΧΑ, /. Ανάμεσα στα πόδια του αλόγου *Κ* (βλ. αριθ. 415). Διάμ. 0,018 μ., βάρος 6,5 γρ. Μέτρια διατήρηση.
Μάρτυρας αριθ. 3, δυτικά του βωμού, βάθος 1,07 μ.

420. Ν.1981/516.ΧΑ, /. Μπροστά από το άλογο ✱, ανάμεσα στα πόδια του αλόγου *Φ* (βλ. αριθ. 410). Διάμ. 0,018 μ., βάρος 6,5 γρ.
Μάρτυρας αριθ. 3, δυτικά του βωμού, βάθος 1,10 μ.

421. Ν.1981/517.ΧΑ, /. Διάμ. 0,018 μ., βάρος 6,9 γρ. Καλή διατήρηση.
Καθαρισμός χώρου.

422. Ν.1981/461 (Πίν. 43γ) ΧΑ, \. Ανάμεσα στα πόδια του αλόγου *Π*. Διάμ. 0,0185 μ., βάρος 5 γρ. Σχεδόν καλή διατήρηση.
Επίχωση του εσωτερικού χώρου.

SNG Evelpidis Collection, 1975, πίν. XXXIX, αριθ. 1411.

Δημήτριος Πολιορκητής (306-283 π.Χ.)

Έμπρ. Κεφάλι με κορινθιακή περικεφαλαία προς τα δεξιά.
Όπ. Πρύμνη πλοίου, επάνω *ΒΑ*, κάτω ☧.

Gaebler, ό.π., 184, πίν. XXXIII αριθ. 16. SNG Sammlung Dreer-Klagenfurt, 1990, πίν. 23 αριθ. 576. SNG Evelpidis Collection, 1975, πίν. XXXIX, αριθ. 1423 (βλ. και E.T. Newell, The Coinage of Demetrius Poliorcetes, 25 αριθ. 20, Σαλαμίνα Κύπρου).

423. N.1981/518 (Πίν. 43δ) Æ, ↗. Διάμ. 0,014 μ., βάρος 4,1 γρ. Σχεδόν καλή διατήρηση.
Μάρτυρας αριθ. 3, δυτικά του βωμού, βάθος 0,87 μ.

424. N.1981/519 Æ, ↗. Διάμ. 0,013 μ., βάρος 4 γρ. Μέτρια διατήρηση.
Νότιο τμήμα του βωμού, βάθος 0,60 μ.

425. N.1981/462 (Πίν. 43ε) Æ, ↗. Διάμ. 0,013 μ., βάρος 3,7 γρ. Μέτρια διατήρηση.
Τομή αριθ. 1, βάθος 1,25 μ.

426. N.1981/463 Æ, ↗. Διάμ. 0,015 μ., βάρος 3,3 γρ. Κακή διατήρηση.
Τομή αριθ. 1, βάθος 1,25 μ.

Αντίγονος Γονατάς (277-239 π.Χ.)

Έμπρ. Κεφάλι Αθηνάς με περικεφαλαία προς τα δεξιά.
Όπ. Πάνας που στήνει τρόπαιο. Επάνω *ΒΑ*, αριστερά μακεδονική περικεφαλαία και κάτω ΑΝ.

Gaebler, ό.π., 188, πίν. XXXIV αριθ. 4,5. SNG Sammlung Dreer-Klagenfurt, 1990, πίν. 24 αριθ. 582.

427. N.1981/520 Æ, ←. Διάμ. 0,02 μ., βάρος 7,6 γρ. Κακή διατήρηση.
Τελευταίο στρώμα βωμού.

428. N.1981/521 Æ, ←. Στον οπισθότυπο δεξιά *Α*. Διάμ. 0,019 μ., βάρος 5,8 γρ. Κακή διατήρηση.
Νότιο τμήμα βωμού, δεύτερο στρώμα, βάθος 0,50 μ. από την πρώτη στρώση.

429. N.1981/523 (Πίν. 43ζ) Æ, ↗. Διάμ. 0,0135 μ., βάρος 4,5 γρ. Μέτρια διατήρηση.
Βωμός, πρώτο στρώμα.

Έμπρ. Κεφάλι Ηρακλή με λεοντή, προς τα δεξιά.
Όπ. Ιππέας προς τα δεξιά. Επάνω *ΒΑ* και ΑΝ.

Gaebler, ό.π., πίν. XXXIV, αριθ. 10· SNG Sammlung Dreer-Klagenfurt, 1990, πίν. 24, αριθ. 591.

430. N.1981/463 (Πίν. 43η) Æ, →. Μπροστά από το άλογο ✱. Διάμ. 0,0165 μ., βάρος 4,4 γρ. Καλή διατήρηση.
Τομή αριθ. 2β, βάθος 1,10 μ.

Έμπρ. Μακεδονική ασπίδα, στο κέντρο της το μονόγραμμα ΑΝ.
Όπ. Μακεδονική περικεφαλαία και *ΒΑ* ή *ΒΑΣ* αριστερά.

Gaebler, ό.π., 189, πίν. XXXIV, αριθ. 11· SNG Sammlung Dreer-Klagenfurt, 1990, πίν. 24, αριθ. 596· SNG Evelpidis Collection, 1975, πίν. XXXIX, αριθ. 1437.

431. N.1981/522 (Πίν. 43στ) Æ, ↑. Στον οπισθότυπο αριστερά επάνω δάδα. Διάμ. 0,017 μ., βάρος 4,3 γρ. Σχεδόν κακή διατήρηση.
Ανατολικά του βωμού, βάθος 0,53 μ. από την πρώτη στρώση.

432. N.1981/524. Æ, ↑. Διάμ. 0,016 μ., βάρος 3,5 γρ. Σχεδόν κακή διατήρηση.
Μάρτυρας αριθ. 2, βάθος 1 μ.

433. N.1981/525. Æ, ↑. Διάμ. 0,015 μ., βάρος 4 γρ. Κακή διατήρηση.
Μάρτυρας αριθ. 3, βάθος 1,10 μ.

434. N.1981/526 (Πίν. 43θ) Æ, ↖. Διάμ. 0,016 μ., βάρος 4,5 γρ. Σχεδόν καλή διατήρηση.
Μάρτυρας αριθ. 3, δυτικά του βωμού, βάθος 1,07 μ.

Δημήτριος Β΄ (239-229 π.Χ.)

Έμπρ. Μακεδονική ασπίδα, στο κέντρο της το μονόγραμμα.
Όπ. Μακεδονική περικεφαλαία, αριστερά *ΒΑ* ή *ΒΑΣΙ*.

Gaebler, ό.π., 189, πίν. XXXIV, αριθ. 13· SNG Sammlung Dreer-Klagenfurt, 1990, πίν. 24, αριθ. 597-600 (βλ. και Newell, ό.π., 118, 119, Δημήτριος Ι Πολιορκητής).

435. N.1981/464. , \. Διάμ. 0,014 μ., βάρος 4 γρ. Κακή διατήρηση.
Τομή αριθ. 1α, βάθος 1,07 μ.

436. N.1981/465 (Πίν. 43ι) , \. Στον οπισθότυπο επάνω αριστερά . Διάμ. 0,015 μ., βάρος 4,4 γρ. Μέτρια διατήρηση.
Τομή αριθ. 1α, βάθος 1,20 μ.

437. N.1981/527. , \. Διάμ. 0,015 μ., βάρος 4 γρ. Κακή διατήρηση.
Τομή αριθ. 1α, βόρεια ορθογώνιου λαξεύματος.

438. N.1981/466 (Πίν. 43ια) , \. Διάμ. 0,014 μ., βάρος 4,5 γρ. Μέτρια διατήρηση.
Μάρτυρας αριθ. 2, επιφανειακό στρώμα.

439. N.1981/528. , \. Διάμ. 0,015 μ., βάρος 4 γρ. Κακή διατήρηση.
Μάρτυρας αριθ. 2, βάθος 0,70 μ.

440. N.1981/529 (Πίν. 43ιβ) , \. Διάμ. 0,015 μ., βάρος 4,3 γρ. Καλή διατήρηση.
Μάρτυρας αριθ. 2, βάθος 1 μ.

441. N.1981/530 (Πίν. 43ιγ) , \. Διάμ. 0,015 μ., βάρος 4 γρ. Σχεδόν κακή διατήρηση.
Μάρτυρας αριθ. 2, βάθος 1 μ.

442. N.1981/531. , \. Διάμ. 0,015 μ., βάρος 4,3 γρ. Μέτρια διατήρηση.
Μάρτυρας αριθ. 2, βάθος 1,20 μ.

443. N.1981/532. , \. Διάμ. 0,014 μ., βάρος 3,5 γρ. Μέτρια διατήρηση.
Μάρτυρας αριθ. 2, βάθος 1,20 μ.

444. N.1981/533. , /. Διάμ. 0,014 μ., βάρος 4 γρ. Σχεδόν κακή διατήρηση.
Μάρτυρας αριθ. 3, δυτικά του βωμού, βάθος 1,07 μ.

445. N.1981/534. , /. Διάμ. 0,015 μ., βάρος 2,8 γρ. Σχεδόν κακή διατήρηση.
Μάρτυρας αριθ. 3 δυτικά του βωμού, βάθος 1,10 μ.

446. N.1981/535 (Πίν. 43ιδ) , /. Διάμ. 0,018 μ., βάρος 5,1 γρ. Κακή διατήρηση.
Νότιο τμήμα βωμού, βάθος 1,10 μ.

447. N.1981/536 (Πίν. 43ιε) , /. Διάμ. 0,015 μ., βάρος 3,7 γρ. Μέτρια διατήρηση.
Νότιο τμήμα του βωμού, βάθος 1,10 μ.

448. N.1981/467. , \. Διάμ. 0,017 μ., βάρος 4,7 γρ. Κακή διατήρηση.
Περισυλλογή.

449. N.1981/537. , \. Διάμ. 0,016 μ., βάρος 5 γρ. Σχεδόν κακή διατήρηση.
Περισυλλογή.

ΘΕΣΣΑΛΟΝΙΚΗ (187-31 π.Χ.)

Έμπρ. Κεφάλι νέου Διόνυσου, προς τα δεξιά, με στεφάνι κισσού.
Όπ. Αίγα προς τα δεξιά και *ΘΕΣΣΑΛΟΝΙΚΗΣ*.

Gaebler, ό.π., 120, πίν. XXIII, αριθ. 6. I. Touratsoglou, BAR 1987, πίν. 8, αριθ. 14 (187-168/167 π.Χ.).

450. N.1981/539 (Πίν. 43ιστ) , /. Διάμ. 0,017 μ., βάρος 8,5 γρ. Σχεδόν καλή διατήρηση.
Καθαρισμός βωμού.

ΠΑΡΩΡΕΙΑ (185-168 π.Χ.)

Έμπρ. Γενειοφόρο κεφάλι προς τα δεξιά.

Όπ. Αετός σε κεραυνό, δεξιά μονόγραμμα ΑΡ.

Gaebler, ό.π., 6, πίν. XXXVI, 28 (Παρωραίων). I. Touratsoglou, ό.π., 60, πίν. C (ΑΡ Μονόγραμμα Πέλλης).

451. N.1981/538. Α, /. Στον οπισθότυπο ο αετός στρέφει το κεφάλι αριστερά. Δυσδιάκριτο μονόγραμμα ή δάδα. Διάμ. 0,02 μ., βάρος 10 γρ. Σχεδόν κακή διατήρηση. Περισυλλογή.

452. N.1981/468 (Πίν. 43ιζ) Α, \. Στον οπισθότυπο επάνω αριστερά πιθανώς Α. Διάμ. 0,015 μ., βάρος 5,5 γρ. Κακή διατήρηση. Τομή αριθ. 2γ, βάθος 0,85 μ.

453. N.1981/469 (Πίν. 43ιη) Α, /. Στον οπισθότυπο ο αετός στρέφει το κεφάλι αριστερά, αριστερά δάδα (βλ. αριθ. 451). Διάμ. 0,019 μ., βάρος 8,5 γρ. Μέτρια διατήρηση. Τομή αριθ. 2, βάθος 0,93 μ.

ΧΡΟΝΟΛΟΓΗΣΗ

Η χρονολόγηση του Θεσμοφορίου της Πέλλας βασίζεται κυρίως στα νομίσματα και λιγότερο στην κεραμική και την κοροπλαστική. Η αποσπασματική κατάσταση των αγγείων και ο περιορισμένος αριθμός αυτών που μπορούν με ασφάλεια να χρονολογηθούν δεν δίνουν τη δυνατότητα μιας συγκριτικής χρονολόγησης, παρά μόνον ενισχύουν τα περισσότερο σταθερά χρονολογικά στοιχεία που δίνει η νομισματική. Στην κοροπλαστική από την άλλη πλευρά, με τη δυνατότητα της πολλαπλής χρησιμοποίησης των μητρών και την προτίμηση παραδοσιακών τύπων οι στυλιστικές συγκρίσεις έχουν ακόμη πιο περιορισμένη αξία.

Τα παλαιότερα νομίσματα του ιερού είναι τα αριθ. 395, 396, 397, 398, 399. Τα χάλκινα νομίσματα αριθ. 397, 398, Φιλίππου Β΄ (359-336 π.Χ.)[178], βρέθηκαν στον καθαρισμό των κατώτερων στρώσεων του βωμού (αριθ. 397), και σε τομή εξωτερικά του ιερού, μέσα στο στρώμα της λατύπης που κάλυπτε την εξωτερική παρειά του κυκλικού τοίχου και λίγο ψηλότερα (± 0,15 μ.) από το δάπεδο του χώρου (αριθ. 398). Το νόμισμα αριθ. 398 σχετίζεται πιθανότατα με το χρόνο κατασκευής του ιερού, εφόσον η λατύπη εξωτερικά του χώρου πρέπει να τοποθετήθηκε ταυτόχρονα με την κατασκευή του κυκλικού τοίχου. Η αριθ. 399 ασημένια δραχμή Αλεξάνδρου Γ΄[179] (336-323 π.Χ.) βρέθηκε μέσα σε λάξευμα του δαπέδου («μέγαρο»). Το αριθ. 396 χάλκινο νόμισμα Λυσιμάχου (323-281 π.Χ.)[180] βρέθηκε μέσα στην επίχωση του κυκλικού χώρου, ±0,25-0,30 μ. ψηλότερα από το δάπεδο, ενώ το αριθ. 395 ασημένιο τετράδραχμο Λυσιμάχου[181] βρέθηκε, πάνω σχεδόν στο δάπεδο του χώρου.

Ο μεγαλύτερος αριθμός των υπόλοιπων χάλκινων νομισμάτων που βρέθηκαν μέσα στην επίχωση του εσωτερικού, είναι Κασσάνδρου (316-297 π.Χ., 24 νομίσματα· από αυτά τα 22 μετά το 306 π.Χ.)[182] και Δημητρίου Β΄ (239-229 π.Χ., 15 νομίσματα)[183]. Υπάρχουν επίσης τέσσερα χάλκινα νομίσματα Δημητρίου Πολιορκητή (306-283 π.Χ.)[184] και οχτώ Αντιγόνου Γονατά (277-239 π.Χ.)[185].

Τα νεότερα νομίσματα της ανασκαφής είναι τα αριθ. 451, 452, 453, χάλκινα νομίσματα αυτόνομης κοπής πιθανώς Πέλλας (185-168 π.Χ.)[186] και το αριθ. 450, χάλκινο νόμισμα

178. Βλ. σ. 96.
179. Βλ. σ. 96.
180. Βλ. σ. 96.
181. Βλ. σ. 95.
182. Βλ. σ. 96 κ.ε.
183. Βλ. σ. 99.
184. Βλ. σ. 98.
185. Βλ. σ. 98.
186. Βλ. σ. 99-100.

Θεσσαλονίκης (187-168 π.Χ.)[187]. Τα αριθ. 452, 453 βρέθηκαν μέσα στην επίχωση του εσωτερικού χώρου, ±0,50 μ. ψηλότερα από το δάπεδο, ενώ το αριθ. 451 προέρχεται από περισυλλογή στο χώρο της ανασκαφής και το αριθ. 450 από τον τελικό καθαρισμό του βωμού.

Η κατασκευή του ιερού μπορεί να τοποθετηθεί στο τελευταίο τέταρτο του 4ου αι. π.Χ.[188]. Το ιερό χρησιμοποιείται ευρύτατα την εποχή αυτή, καθώς και σε όλο τον 3ο αι. π.Χ. Η ρωμαϊκή κατάκτηση της Πέλλας (168-167 π.Χ.) φαίνεται ότι συνετέλεσε στη σταδιακή εγκατάλειψή του μετά τα μέσα του 2ου αι. π.Χ. Τα μυροδοχεία αριθ. 251-255, 258, 261, που χρονολογούνται μετά τα μέσα του 2ου αι. π.Χ.[189], είναι από τα τελευταία αναθήματα.

187. Βλ. σ. 99.

188. Τη χρονολόγηση αυτή ενισχύουν και τα παλαιότερα χρονολογικά αγγεία που βρέθηκαν στο ιερό, όπως ο σκύφος αριθ. κατ. 282, βλ. σ. 83, 92, υποσημ. 174.

189. Βλ. σ. 80 κ.ε., 92.

ΛΑΤΡΕΙΑ

Στην αρχαία Ελλάδα, μια χώρα κατεξοχήν γεωργική, η θεϊκή προστασία της γεωργίας επιζητούνταν με ορισμένες τελετές, στη διάρκεια της γιορτής των Θεσμοφορίων. Τα Θεσμοφόρια[190] ήταν μια από τις πιο σημαντικές γιορτές των Ελλήνων, ευρύτατα διαδεδομένη. Γιορταζόταν το φθινόπωρο, λίγο πριν από τη σπορά, στη αρχή της νέας χρονιάς για τη γεωργία. Οι τελετές της γιορτής απέβλεπαν στην αναζωογόνηση της φύσης μετά τη θερινή αδράνεια και στην ευόδωση της συγκομιδής της νέας χρονιάς. Κύρια τιμώμενη θεά της γιορτής ήταν η Δήμητρα, η προστάτιδα της καλλιέργειας των δημητριακών[191].

Από τους αρχαίους συγγραφείς αντλούμε πλήθος πληροφοριών για την τοπογραφία των ιερών και το τελετουργικό, ενώ οι ανασκαφές, αν και έχουν αποκαλύψει έως σήμερα έναν σχετικά περιορισμένο αριθμό ιερών, προσφέρουν σημαντικά στοιχεία για τη μακρόχρονη διάρκεια της λατρείας σε ορισμένες περιοχές, αλλά και επιβεβαιώνουν και διευρύνουν τις πληροφορίες των γραπτών πηγών[192].

Παρά τα εγχώρια στοιχεία των τοπικών λατρειών, η βασική τελετουργία των Θεσμοφορίων φαίνεται ότι παντού ήταν η ίδια: η απομάκρυνση αρχικά υπολειμμάτων μικρών χοιριδίων από τα «μέγαρα»[193] της Δήμητρας, όπου αυτά είχαν έρθει σε επαφή με τις γονιμοποιές δυνάμεις της φύσης, η εναπόθεσή τους στη συνέχεια στο βωμό μαζί με σπόρους σιταριού και άλλες προσφορές, που είχαν σχέση με τη γονιμότητα και το σκόρπισμά τους, τέλος, στους αγρούς[194]. Η τελετή αυτή με παραλλαγές έχει επιβιώσει σε αρκετές περιοχές της σύγχρονης

190. Για τη γιορτή των Θεσμοφορίων, βλ. M. Nilsson, Griechische Feste von religiöser Bedeutung, 1906, 313· L. Deubner, Attische Feste, 1932, 50· M. Nilsson, Geschichte der griechischen Religion I^3, 1967, 463· E. Harrison, Prolegomena to the Study of Greek Religion, 1960, 120· L. Farnell, The Cults of Greek States III, 1907, 29· E. Simon, Die Götter der Griechen, 1969, 91· W. Burkert, Αρχαία ελληνική θρησκεία, 1993, 496, μτφρ. Ν. Π. Μπεζαντάκος-Αφρ. Αβαγιανού.

Για την καταγωγή της γιορτής από την Αίγυπτο, Ηροδότου Ιστορίαι ΙΙ, 171.

191. Για την ονομασία της γιορτής έχουν διατυπωθεί διάφορες απόψεις. Την παλιότερη γνώμη του Farnell για την προέλευση της ονομασίας της γιορτής από το επίθετο Θεσμία, ό.π., 75, διαδέχθηκαν οι γνώμες των Fraser (Encyclopedia Brittanica^9 23, 296) και της Harrison, ό.π., σύμφωνα με τις οποίες η γιορτή πήρε το όνομά της από αυτά που πρόσφεραν οι προσκυνήτριες (Fraser) ή από τη λέξη θεσμοί, αυτά δηλαδή, που τοποθετούνταν ή προσφέρονταν, οι χοίροι ή οι ιεροί νόμοι-τελετές ή και από το συνδυασμό των δύο (Harrison). Βλ. και Ισοκράτους Πανηγυρικός 28 και M. Nilsson, Greek Popular Religion, 1940, 24 κ.ε.

192. Βλ. σ. 20, υποσημ. 6. Τα παλαιότερα λείψανα στο ιερό της Δήμητρας στον Ακροκόρινθο είναι μυκηναϊκά, N. Bookidis - S. R. Stroud, Demeter and Persephone in Ancient Corinth, 1987, 9 και J. Rutter, Hesperia 48 (1979), 348· επίσης, βλ. J. N. Coldstream, Knossos. The Sanctuary of Demeter, 1973, 1 κ.ε., 180 κ.ε.

193. Για τη σημασία της λέξης μέγαρον, Κ. Κουρουνιώτης, ΑΕ 1912, 154, 155· Ν. Μ. Κοντολέων, Το Ερέχθειον ως οικοδόμημα χθόνιας λατρείας, 1949, 4.

194. H. Rabe, Scholia in Lucianum, 1906, 275-276· βλ. και Κλημ. Προτρ. ΙΙ 17, 1, 14, 4 (Stählin). Το κείμενο έχει

Ελλάδας[195], αποδεικνύοντας ότι η αντιμετώπιση των δυνάμεων της φύσης από τον άνθρωπο της υπαίθρου, ακόμα και στην προηγμένη εποχή μας, δεν έχει ριζικά διαφοροποιηθεί.

Η γιορτή των Θεσμοφορίων στη Μακεδονία δεν αναφέρεται από τις γραπτές πηγές και οι ανασκαφικές μαρτυρίες έως σήμερα είναι σχετικά περιορισμένες[196]. Με την εξέταση της αρχιτεκτονικής διαμόρφωσης και των αναθημάτων του ιερού της Πέλλας που προηγήθηκαν, διαπιστώθηκαν πολλά κοινά στοιχεία με ιερά άλλων περιοχών. Επισημάνθηκαν, ωστόσο, και αρκετές ιδιαιτερότητες, που μπορούν να θεωρηθούν χαρακτηριστικές της λατρείας στην περιοχή της Πέλλας.

Η θέση του ιερού της Πέλλας επιβεβαιώνει τις μαρτυρίες των γραπτών πηγών και άλλων νασκαφών για τη θέση των Θεσμοφορίων σε υψώματα και στις άκρες των πόλεων. Η θέση του, κάτω από την επιφάνεια του εδάφους, και το κυκλικό σχήμα του, ενισχύουν τις γνώμες που έχουν κατά καιρούς διατυπωθεί για τη σχέση των υπόγειων και κυκλικών κτιρίων με λατρείες χθόνιων θεοτήτων. Η έλλειψη μνημειακής διαμόρφωσης είναι τέλεια εναρμονισμένη με τον αγροτικό χαρακτήρα του. Η απουσία του ναού αποδεικνύει ότι δεν ήταν απαραίτητη η παρουσία του, εφόσον υπήρχαν οι κατασκευές που εξυπηρετούσαν τη λατρεία: ο περίβολος που όριζε τον ιερό χώρο, ο βωμός και τα «μέγαρα». Στο διάστημα της μακρόχρονης χρησιμοποίησης του ιερού της Πέλλας, από το τελευταίο τέταρτο του 4ου αι. π.Χ. έως την εγκατάλειψή του μετά τα μέσα του 2ου αι. π.Χ., δεν προστέθηκαν άλλες κατασκευές. Παρατηρούνται μόνον μερικές επεμβάσεις στις αρχικές, όπως η ανανέωση των στρώσεων του βωμού, η επιδιόρθωση των επιχρισμάτων της εσωτερικής όψης του κυκλικού περιβόλου και η διεύρυνση των κεκλιμένων επιπέδων καθόδου στο χώρο. Η έλλειψη νέων κατασκευών μόνιμου χαρακτήρα αποδεικνύει ότι οι λειτουργικές ανάγκες του ιερού έμειναν αναλλοίωτες στη μακρόχρονη χρησιμοποίησή του[197].

Στο ιερό της Πέλλας επιβεβαιώνεται η βασική τελετουργία της γιορτής των Θεσμοφορίων, η απομάκρυνση από τα «μέγαρα» υπολειμμάτων ζώων, κυρίως αιγοπροβάτων, και η απόθεσή τους στο βωμό. Η ιδιαίτερα περιορισμένη χρησιμοποίηση χοιριδίων στις τελετές της γιορτής των Θεσμοφορίων στην Πέλλα μπορεί να θεωρηθεί μια ιδιαιτερότητα της λατρείας στην περιοχή αυτή, όπου δεν γίνεται αυστηρή διάκριση του είδους των ζώων, αλλά χρησιμοποιούνται ζώα που υπήρχαν προφανώς σε αφθονία στην περιοχή[198].

δεχθεί κριτικές από πολλούς επιστήμονες, κυρίως ως προς την ταύτιση Θεσμοφορίων-Σκιρροφορίων, C. Robert, Hermes 20 (1885), 371· H. Rabe, ό.π.· R.A.Van der Loeff, Mneimosyne 55 (1916), 331 κ.ε.· E. Gjerstad, Das attische Fest der Skira, ArchRW 27 (1929), 230 κ.ε., 548· A.Ch. Brumfield, The Attic Festivals of Demeter and their Relation to the Agricultural Year, 1981, 73 κ.ε.

Η διάρκεια της γιορτής των Θεσμοφορίων κυμαινόταν από 3 έως 10 μέρες. Η πρώτη μέρα των αθηναϊκών Θεσμοφορίων ονομαζόταν Άνοδος και μερικές φορές και Κάθοδος. Η δεύτερη μέρα Νηστεία ή Μέση και η τρίτη Καλλιγένεια. Η δεύτερη μέρα ήταν μέρα θλίψης και νηστείας με κάποια πιθανώς λεκτικά ή τελετουργικά απόρρητα. Την τρίτη μέρα γινόταν πιθανώς κάποια γιορτή με επικεφαλής τις γυναίκες των ανώτερων κοινωνικών τάξεων (άρχουσαι, Αριστοφάνους Θεσμοφοριάζουσαι, στ. 832). Κατά τη διάρκεια της γιορτής οι φυλακισμένοι αφήνονταν ελεύθεροι και στην πόλη δεν τελούνταν καμιά θυσία ή δημόσια επιχείρηση (Αριστοφάνους Θεσμοφοριάζουσαι, στ. 377· E. Harrison, ό.π., 127). Γενικά για τα αθηναϊκά Θεσμοφόρια, L. Deubner, ό.π., και E. Harrison, ό.π.

195. Η απόθεση σπόρων σιταριού στην εκκλησία για 40 ημέρες και το σκόρπισμά τους στους αγρούς την εποχή της σποράς, γίνεται και σήμερα ακόμη από τους γεροντότερους αγρότες της Πέλλας. Για την ίδια συνήθεια στα Δωδεκάνησα, βλ. A.Ch. Brumfield, ό.π., 89.

196. Βλ. σ. 20, υποσημ. 6.

197. Βλ. σ. 101, 102.

198. Βλ. σ. 24 και 71. Η συσχέτιση ορισμένων από τα ζώα αυτά με τις λατρευόμενες στο ιερό θεότητες, όπως της αίγας με την Άρτεμη, έχει ήδη αναφερθεί, σ. 74.

Για τον ακριβή χρόνο της απόθεσης των ζώων στα «μέγαρα», δεν συμφωνούν οι γραπτές πηγές και οι ερευνητές[199]. Η έλλειψη γυναικείων ειδωλίων που κρατούν χοιρίδια ή άλλα ζώα μπορεί να θεωρηθεί ενδεικτική του χρόνου της απόθεσής τους στα «μέγαρα» στην περιοχή αυτή. Τα ζώα δεν ρίχνονταν στα «μέγαρα» τις ημέρες της γιορτής των Θεσμοφορίων, αλλά σε κάποια άλλη χρονική στιγμή· γι' αυτό απουσιάζουν ίσως και τα αναθήματα που σχετίζονται με την πράξη αυτή. Ο χρόνος της απόρριψης φαίνεται ότι δεν είχε τόσο μεγάλη σημασία όσο ο χρόνος της απομάκρυνσης και της τοποθέτησης στο βωμό.

Δεν υπάρχουν στοιχεία που να αποδεικνύουν τη συμμετοχή στη γιορτή ορισμένων κοινωνικών τάξεων. Ο αγροτικός χαρακτήρας της γιορτής θα ήταν ασυμβίβαστος με τον αποκλεισμό των κατώτερων τάξεων, έτσι ώστε θα μπορούσε να υποστηριχθεί μια καθολική συμμετοχή του πληθυσμού, κυρίως βέβαια του αγροτικού. Εξάλλου, η μέτρια ποιότητα των αναθημάτων δείχνει ότι η απόκτησή τους, που δεν θα ήταν δαπανηρή, ήταν δυνατή σε όλους.

Η απόθεση των περισσότερων αναθημάτων γινόταν στο βωμό ή γύρω από αυτόν, αφού απομακρύνονταν τα παλαιότερα αναθήματα και ο βωμός «σφραγιζόταν» στο τέλος της γιορτής με λίθους.

Ο μεγάλος αριθμός των υδριαφόρων μορφών είναι ενδεικτικός μιας τελετής εξαγνισμού των προσκυνητών, με τη χρησιμοποίηση νερού που μεταφέρονταν με υδρίες στην περιοχή του ιερού[200]. Μια ακόμα τελετή, στην οποία οι γυναίκες χτυπούσαν η μια την άλλη με μια πλεξίδα καμωμένη από φλοιούς κορμών δένδρων, το *μόροττον*, βεβαιώνεται στο ιερό, αν η ερμηνεία των πήλινων γυναικείων ειδωλίων που κρατούν το αντικείμενο αυτό θεωρηθεί πιθανή[201]. Τα ειδώλια των γυναικείων μορφών που έχουν καλυμμένο το κεφάλι με το ιμάτιο, γονατίζουν και κρατούν θυμιατήρι, ή άλλα που παριστάνουν νέες γυναίκες με εκτεταμένα χέρια προς τα κάτω και στραμμένα τα άκρα χέρια προς τα έξω ή άλλες μορφές που ετοιμάζονται να γονατίσουν με εκτεταμένα χέρια και στραμμένο το κεφάλι προς τα πάνω, είναι ενδεικτικά ορισμένων τελετουργιών[202]. Οι τελετές αυτές τελούνταν πιθανότατα στο φως της ημέρας· αυτό δείχνει η απουσία λυχναριών.

Η έλλειψη ειδωλίων ανδρικών μορφών, που θα μπορούσαν να ταυτισθούν με αναθέτες, δείχνει ότι και στην Πέλλα η γιορτή τελούνταν από το γυναικείο πληθυσμό[203].

Οι προσφορές ορισμένων αναθημάτων, που είναι συχνές σε άλλα Θεσμοφόρια, όπως οι κάλαθοι, τα λίκνα, οι δίσκοι προσφορών, τα ομοιώματα γυναικείων γεννητικών οργάνων, φαίνεται ότι δεν ήταν συνηθισμένες στο ιερό της Πέλλας.

Τα χυτροειδή αγγεία και οι λεκανίδες θα περιείχαν τα γεωργικά προϊόντα ή άλλες τροφές που όριζε το τελετουργικό[204].

199. L. Deubner, ό.π., E. Harrison, ό.π., S. Eitrem, Symbolae Osloenses, XXIII (1944), 32.

200. Βλ. σ. 37, 53 κ.ε.

201. Βλ. σ. 33, 53. Αν η γιρλάντα θεωρηθεί απλός ανθοπλοχμός, τότε έχουμε και στο Θεσμοφόριο της Πέλλας τη συνηθισμένη προσφορά ανθοπλοχμών εξαρτημένων από ταινίες. Στο ιερό η εξάρτηση πραγματικών ανθοπλοχμών μπορούσε να γίνει από σιδερένια καρφιά πάνω στην εσωτερική παρειά του κυκλικού περιβόλου.

202. Βλ. σ. 52 κ.ε.

203. Έχει υποστηριχθεί ότι οι γυναίκες ήταν πιο κατάλληλες για τελετές που είχαν σκοπό τη γονιμότητα για βιολογικούς λόγους, M. Nilsson, Ελληνική λαϊκή θρησκεία, μτφρ. Ι. Κακριδή, 1966, 23. Για τη συμμετοχή παντρεμένων γυναικών, A.Ch. Brumfield, ό.π., L. Farnell, ό.π., και για τη σεξουαλική αποχή όσων έπαιρναν μέρος στη γιορτή για τρεις ημέρες, βλ. L. Farnell, ό.π. Για τη συμμετοχή ανδρών, J.N. Coldstream, ό.π., 181· P. Orlandini, Κώκαλος XII (1966), 8-35.

204. Από γραπτές πηγές είναι γνωστές και άλλες τελετουργίες των Θεσμοφορίων που είχαν σχέση με τη γονιμότητα: η αισχρολογία στη Σικελία (Διοδώρου Σικελιώτου V, 5), η ζημία, το δίωγμα ή αποδίωγμα, L. Farnell, ό.π., 104, E. Harrison, ό.π., 129.

Τα αναθήματα δεν τοποθετούνταν όλα πάνω στο βωμό. Τα μικρότερα από αυτά, τα πλακίδια που είχαν οπές (αρχαϊστικές, υδριαφόρες μορφές, ορισμένα γοργόνεια και βούκρανα) πρέπει να ήταν προσαρμοσμένα πάνω σε κάποια ξύλινη επιφάνεια (π.χ. στις πλευρές κιβωτιδίων)[205].

Ένας αρκετά σημαντικός αριθμός ειδωλίων έχει ταυτισθεί με θεότητες που έχουν αγροτικό χαρακτήρα[206], ελάχιστοι όμως είναι οι τύποι των γυναικείων ειδωλίων που σχετίζονται με βεβαιότητα με την κύρια θεά των Θεσμοφορίων, τη Δήμητρα[207], και κανένα με την Κόρη, αντίθετα με ό,τι συμβαίνει σε ιερά άλλων περιοχών. Αυτό δείχνει ότι στο ιερό της Πέλλας η λατρεία των δύο θεοτήτων δεν ήταν διαφοροποιημένη.

Οι ανδρικές γενειοφόρες μορφές ταυτίσθηκαν με το χθόνιο θεό του Κάτω Κόσμου που έχει σχέση με τη γονιμότητα της γης και όχι με το θεϊκό σύντροφο της Κόρης[208]. Η ύπαρξη όμως, από την άλλη πλευρά αρμάτων, Νικών, αλλά και θεοτήτων που δεν λείπουν σχεδόν ποτέ από σκηνές αρπαγής της Κόρης[209], αποδεικνύουν την καλή γνώση του μύθου από τους κατοίκους της περιοχής, αλλά και την εξάρτηση του αγροτικού χαρακτήρα των θεοτήτων αυτών από τη συμμετοχή τους στο μύθο της αρπαγής.

Με βάση τα παραπάνω, μπορούμε να υποστηρίξουμε ότι το ιερό της Πέλλας ήταν ένα καθαρά αγροτικό ιερό, όχι αποκλειστικά αφιερωμένο σε μια θεότητα, αλλά στις θεότητες που προστάτευαν τη βλάστηση και τη συγκομιδή στην περιοχή[210]. Σε αυτό τιμούνταν οι αγροτικές θεότητες στη γιορτή των Θεσμοφορίων.

Οι γυναίκες γιόρταζαν καθισμένες στη γη (Πλουτάρχου, De Is. 378e) κρατούσαν δάδες (Ομηρικός Ύμνος στ. 46, Αριστοφάνους Θεσμοφοριάζουσαι, στ. 655, 1148) και έπιναν κρασί (Αριστοφάνους Θεσμοφοριάζουσαι, στ. 733, Α.Σ. Αρβανιτόπουλος, Πολέμων Α (1929), 32). Στα Θεσμοφόρια του δήμου Αλίμου της Αττικής μαρτυρείται χορός γυναικών (L. Farnell, ό.π., 87· Αριστοφάνους Θεσμοφοριάζουσαι, στ. 947, 948, 954, 1148). Ειδικότερα, L. Lawler, The Dance in Ancient Greece, 1964, 93, 94, 108.

Στην Ερέτρια οι γυναίκες έψηναν κρέατα στον ήλιο (Πλουτάρχου, Ελληνικά Ζητήματα XXXI). Μαρτυρούνται και ορισμένες απαγορεύσεις, όπως να φορούν στεφάνια (L. Deubner, ό.π., 56, σημ. 10. Αντίθετα, στις Θεσμοφοριάζουσες του Αριστοφάνη αναφέρονται στεφάνια, ό.π., 388. Τα παιδικά κεφάλια αριθ. 187, 188 του ιερού της Πέλλας έχουν στεφάνια) και να τρώνε σπόρους ροδιού που έπεφταν στη γη (Pliny, NatHist. XXIV, 59· Κλημ. Προτρ. II, 19, 3 σ. 19,9 (Stählin), που πιθανότατα είχαν τοπικό χαρακτήρα.

205. Ανάλογη είναι η περίπτωση της διακόσμησης των πλευρών νεκρικών φορείων με πήλινα επίχρυσα πλακίδια από το λεγόμενο ανατολικό νεκροταφείο της Πέλλας. Παριστάνονται γρύπες που σπαράζουν ελάφια και άρματα, Μ. Σιγανίδου, ΑΔ 31 (1976), Χρονικά, 261 και ΑΔ 34 (1979), Χρονικά, 301.

206. Όπως η Αθηνά και η Άρτεμη.

207. Βλ. σ. 53 κ.ε.

208. Βλ. σ. 61, 62.

209. Βλ. σ. 55. Και από τις γραπτές πηγές μαρτυρείται στα Θεσμοφόρια λατρεία άλλων θεοτήτων. Οι γυναίκες στις Θεσμοφοριάζουσες του Αριστοφάνη επικαλούνται τους: Κουροτρόφο, Δήμητρα, Κόρη, Πλούτο, Καλλιγένεια, Ερμή, Χάριτες (στ. 295 κ.ε.), Άρτεμη, Απόλλωνα, Ήρα, Ερμή, Πάνα, Νύμφες (στ. 970 κ.ε.), Διόνυσο (στ. 987, 991), Αθηνά (στ. 1136). Μαρτυρείται ακόμη λατρεία των Μοιρών (Παυσανίου III, 19, 4), των Νυμφών (Παυσανίου V, 20, 3), του Ποσειδώνα (Παυσανίου VIII, 25, 4). Στον Ομηρικό Ύμνο αναφέρονται η φτερωτή Ίριδα (στ. 314) και ο Ερμής (στ. 335).

210. Δεν μπορούμε, ωστόσο, με βάση τα ανασκαφικά στοιχεία που υπάρχουν να υποστηρίξουμε την τέλεση γιορτών προς τιμήν και άλλων θεοτήτων εκτός από τη Δήμητρα, ούτε και την προσφορά αναθημάτων στις αγροτικές θεότητες της περιοχής σε άλλες χρονικές στιγμές, εκτός από τις ημέρες της γιορτής των Θεσμοφορίων.

ΕΠΙΜΕΤΡΟ

ΑΡΙΘ. ΚΑΤ.	ΑΡΙΘ. ΕΙΣΑΓΩΓΗΣ ΜΟΥΣΕΙΟΥ	ΑΡΙΘ. ΚΑΤ.	ΑΡΙΘ. ΕΙΣΑΓΩΓΗΣ ΜΟΥΣΕΙΟΥ	ΑΡΙΘ. ΚΑΤ.	ΑΡΙΘ. ΕΙΣΑΓΩΓΗΣ ΜΟΥΣΕΙΟΥ
1	BE 1981/636	51	BE 1981/607	101	BE 1981/833
2	BE 1981/637	52	BE 1981/606	102	BE 1981/834
3	BE 1981/638	53	BE 1981/769	103	BE 1981/837
4	BE 1981/642	54	BE 1981/1558	104	BE 1981/859
5	BE 1981/647	55	BE 1981/1555	105	BE 1981/828
6	BE 1981/648	56	BE 1981/755	106	BE 1981/894
7	BE 1981/649	57	BE 1981/798	107	BE 1981/806
8	BE 1981/768	58	BE 1981/797	108	BE 1981/807
9	BE 1981/641	59	BE 1981/799	109	BE 1981/813
10	BE 1981/595	60	BE 1981/1125	110	BE 1981/814
11	BE 1981/596	61	BE 1981/947	111	BE 1981/816
12	BE 1981/763	62	BE 1981/1124	112	BE 1981/817
13	BE 1981/765	63	BE 1981/746	113	BE 1981/818
14	BE 1981/712	64	BE 1981/1545	114	BE 1981/819
15	BE 1981/713	65	BE 1981/1557	115	BE 1981/820
16	BE 1981/714	66	BE 1981/670	116	BE 1981/821
17	BE 1981/715	67	BE 1981/640	117	BE 1981/822
18	BE 1981/722	68	BE 1981/808	118	BE 1981/829
19	BE 1981/721	69	BE 1981/809	119	BE 1981/831
20	BE 1981/720	70	BE 1981/810	120	BE 1981/840
21	BE 1981/723	71	BE 1981/896	121	BE 1981/843
22	BE 1981/604	72	BE 1981/580	122	BE 1981/856
23	BE 1981/591	73	BE 1981/581	123	BE 1981/858
24	BE 1981/592	74	BE 1981/614	124	BE 1981/869
25	BE 1981/1556	75	BE 1981/767	125	BE 1981/892
26	BE 1981/616	76	BE 1981/582	126	BE 1981/823
27	BE 1981/735	77	BE 1981/639	127	BE 1981/861
28	BE 1981/662	78	BE 1981/762	128	BE 1981/841
29	BE 1981/663	79	BE 1981/949	129	BE 1981/851
30	BE 1981/664	80	BE 1981/690	130	BE 1981/811
31	BE 1981/665	81	BE 1981/950	131	BE 1981/812
32	BE 1981/617	82	BE 1981/736	132	BE 1981/824
33	BE 1981/618	83	BE 1981/737	133	BE 1981/827
34	BE 1981/668	84	BE 1981/738	134	BE 1981/830
35	BE 1981/669	85	BE 1981/672	135	BE 1981/836
36	BE 1981/741	86	BE 1981/1185	136	BE 1981/852
37	BE 1981/743	87	BE 1981/1186	137	BE 1981/862
38	BE 1981/619	88	BE 1981/1115	138	BE 1981/855
39	BE 1981/620	89	BE 1981/1075	139	BE 1981/844
40	BE 1981/611	90	BE 1981/666	140	BE 1981/893
41	BE 1981/612	91	BE 1981/684	141	BE 1981/835
42	BE 1981/613	92	BE 1981/853	142	BE 1981/839
43	BE 1981/660	93	BE 1981/854	143	BE 1981/866
44	BE 1981/661	94	BE 1981/857	144	BE 1981/867
45	BE 1981/667	95	BE 1981/860	145	BE 1981/868
46	BE 1981/674	96	BE 1981/873	146	BE 1981/870
47	BE 1981/845	97	BE 1981/877	147	BE 1981/891
48	BE 1981/874	98	BE 1981/879	148	BE 1981/815
49	BE 1981/864	99	BE 1981/838	149	BE 1981/825
50	BE 1981/605	100	BE 1981/875	150	BE 1981/826

ΑΡΙΘ. ΚΑΤ.	ΑΡΙΘ. ΕΙΣΑΓΩΓΗΣ ΜΟΥΣΕΙΟΥ	ΑΡΙΘ. ΚΑΤ.	ΑΡΙΘ. ΕΙΣΑΓΩΓΗΣ ΜΟΥΣΕΙΟΥ	ΑΡΙΘ. ΚΑΤ..	ΑΡΙΘ. ΕΙΣΑΓΩΓΗΣ ΜΟΥΣΕΙΟΥ
151	BE 1981/832	202	BE 1981/733	254	BE 1981/1494
152	BE 1981/842	203	BE 1981/1196	255	BE 1981/1495
153	BE 1981/846	204	BE 1981/756	256	BE 1981/1495α
154	BE 1981/847	205	BE 1981/770	257	BE 1981/1495β
155	BE 1981/871	206	BE 1981/774	258	BE 1981/1496
156	BE 1981/872	207	BE 1981/936	259	BE 1981/1497
157	BE 1981/848	208	BE 1981/946	260	BE 1981/1535
158	BE 1981/850	209	BE 1981/575	261	BE 1981/1574
159	BE 1981/865	210	BE 1981/576	262	BE 1981/1575
160	BE 1981/895	211	BE 1981/577	263	BE 1981/1485
161	BE 1981/775	212	BE 1981/578	264	BE 1981/1486
162	BE 1981/849	213	BE 1981/533	265	BE 1981/1487
163	BE 1981/594	214	BE 1981/537	266	BE 1981/1488
164	BE 1981/752	215	BE 1981/530	267	BE 1981/1489
165	BE 1981/753	216	BE 1981/531	268	BE 1981/1489α
166	BE 1981/758	217	BE 1981/545	269	BE 1981/1489β
167	BE 1981/759	218	BE 1981/529	270	BE 1981/1498
168	BE 1981/760	219	BE 1981/528	271	BE 1981/1490
169	BE 1981/761	220	BE 1981/536	272	BE 1981/1491
170	BE 1981/764	221	BE 1981/534	273	BE 1981/1506
171	BE 1981/671	222	BE 1981/532	274	BE 1981/1507
172	BE 1981/599	223	BE 1981/1539	275	BE 1981/346
173	BE 1981/796	224	BE 1981/535	276	BE 1981/363
174	BE 1981/788	225	BE 1981/538	277	BE 1981/1505
175	BE 1981/789	226	BE 1981/539	278	BE 1981/342
176	BE 1981/790	227	BE 1981/540	279	BE 1981/342α
177	BE 1981/791	228	BE 1981/541	280	BE 1981/343
178	BE 1981/792	229	BE 1981/542	281	BE 1981/343α,β
179	BE 1981/793	230	BE 1981/579	282	BE 1981/345
180	BE 1981/794	231	BE 1981/1538	283	BE 1981/403
181	BE 1981/795	232	BE 1981/1512	284	BE 1981/404
182	BE 1981/773	233	BE 1981/1513	285	BE 1981/405
183	BE 1981/776	234	BE 1981/1514	286	BE 1981/354
184	BE 1981/781	235	BE 1981/1410	287	BE 1981/364
185	BE 1981/863	236	BE 1981/1483	288	BE 1981/415
186	BE 1981/783	237	BE 1981/1346	289	BE 1981/418
187	BE 1981/785	238	BE 1981/1206	290	BE 1981/419
188	BE 1981/786	239	BE 1981/1213	291	BE 1981/437α,β
189	BE 1981/897	240	BE 1981/1263	292	BE 1981/438
190	BE 1981/777	241	BE 1981/1266	293	BE 1981/1573
191	BE 1981/778	242	BE 1981/1289	294	BE 1981/423
192	BE 1981/779	243	BE 1981/1317	295	BE 1981/411
193	BE 1981/780	244	BE 1981/1308	296	BE 1981/1536
194	BE 1981/884	245	BE 1981/1306	297	BE 1981/1537α
195	BE 1981/1198	246	BE 1981/1323	298	BE 1981/1537β
196	BE 1981/784	247	BE 1981/1312	299	BE 1981/1537γ
197α	BE 1981/730	248	BE 1981/1335	300	BE 1981/408
197	BE 1981/898	249	BE 1981/1338	301	BE 1981/409
198	BE 1981/904	250	BE 1981/1337	302	BE 1981/410
199	BE 1981/899	251	BE 1981/1491	303	BE 1981/412
200	BE 1981/900	252	BE 1981/1492	304	BE 1981/416
201	BE 1981/907	253	BE 1981/1493	305	BE 1981/427

ΑΡΙΘ. ΚΑΤ.	ΑΡΙΘ. ΕΙΣΑΓΩΓΗΣ ΜΟΥΣΕΙΟΥ	ΑΡΙΘ. ΚΑΤ.	ΑΡΙΘ. ΕΙΣΑΓΩΓΗΣ ΜΟΥΣΕΙΟΥ	ΑΡΙΘ. ΚΑΤ.	ΑΡΙΘ. ΕΙΣΑΓΩΓΗΣ ΜΟΥΣΕΙΟΥ
306	ΒΕ 1981/420	354	ΒΕ 1981/400	404	ΒΕ 1981/507
307	ΒΕ 1981/421	355	ΒΕ 1981/392	405	ΒΕ 1981/508
308	ΒΕ 1981/348	356	ΒΕ 1981/390	406	ΒΕ 1981/509
308α	ΒΕ 1981/402β	357	ΒΕ 1981/394	407	ΒΕ 1981/454
309	ΒΕ 1981/377	358	ΒΕ 1981/395	408	ΒΕ 1981/455
310	ΒΕ 1981/378	359	ΒΕ 1981/395α	409	ΒΕ 1981/456
311	ΒΕ 1981/379	360	ΒΕ 1981/395β	410	ΒΕ 1981/457
312	ΒΕ 1981/382	361	ΒΕ 1981/395γ	411	ΒΕ 1981/510
313	ΒΕ 1981/402α	362	ΒΕ 1981/396	412	ΒΕ 1981/458
314	ΒΕ 1981/402	363	ΒΕ 1981/397	413	ΒΕ 1981/459
315	ΒΕ 1981/406	364	ΒΕ 1981/398	414	ΒΕ 1981/460
316	ΒΕ 1981/417	365	ΒΕ 1981/399	415	ΒΕ 1981/511
317	ΒΕ 1981/424	366	ΒΕ 1981/399α	416	ΒΕ 1981/512
318	ΒΕ 1981/429	367	ΒΕ 1981/399β	417	ΒΕ 1981/513
319	ΒΕ 1981/425	368	ΒΕ 1981/399γ	418	ΒΕ 1981/514
320	ΒΕ 1981/426α-κ	369	ΒΕ 1981/399ε	419	ΒΕ 1981/515
321	ΒΕ 1981/431	370	ΒΕ 1981/1508	420	ΒΕ 1981/516
322	ΒΕ 1981/432	371	ΒΕ 1981/1509	421	ΒΕ 1981/517
323	ΒΕ 1981/432α	372	ΒΕ 1981/1510	422	ΒΕ 1981/461
324	ΒΕ 1981/432β	373	ΒΕ 1981/1521	423	ΒΕ 1981/518
325	ΒΕ 1981/432γ	374	ΒΕ 1981/1525	424	ΒΕ 1981/519
326	ΒΕ 1981/432δ	375	ΒΕ 1981/1576α	425	ΒΕ 1981/462
327	ΒΕ 1981/435α,β,γ	376	ΒΕ 1981/1511	426	ΒΕ 1981/463
328	ΒΕ 1981/433α,β	377	ΒΕ 1981/1503ε	427	ΒΕ 1981/520
329	ΒΕ 1981/434	378	ΒΕ 1981/1503λ	428	ΒΕ 1981/521
330	ΒΕ 1981/347α	379	ΒΕ 1981/1503ν	429	ΒΕ 1981/523
330α	ΒΕ 1981/368	380	ΒΕ 1981/1503α	430	ΒΕ 1981/463
331	ΒΕ 1981/349	381	ΒΕ 1981/1527	431	ΒΕ 1981/522
332	ΒΕ 1981/350	382	ΒΕ 1981/344	432	ΒΕ 1981/524
333	ΒΕ 1981/436α,β	383	ΒΕ 1981/384	433	ΒΕ 1981/525
334	ΒΕ 1981/347	384	ΒΕ 1981/1576	434	ΒΕ 1981/526
335	ΒΕ 1981/1500	385	ΒΕ 1981/1576α	435	ΒΕ 1981/464
336	ΒΕ 1981/1501	386	ΒΕ 1981/1568	436	ΒΕ 1981/465
337	ΒΕ 1981/1502	387	ΒΕ 1981/1566	437	ΒΕ 1981/527
338	ΒΕ 1981/1504	388	ΒΕ 1981/1567	438	ΒΕ 1981/466
339	ΒΕ 1981/1537	389	ΒΕ 1981/1569	439	ΒΕ 1981/528
340	ΒΕ 1981/1529	390	ΒΕ 1981/1574	440	ΒΕ 1981/529
341	ΒΕ 1981/1528	391	ΒΕ 1981/1572	441	ΒΕ 1981/530
342	ΒΕ 1981/1530	392	ΒΕ 1981/439β	442	ΒΕ 1981/531
343	ΒΕ 1981/1564	393	ΒΕ 1981/439γ	443	ΒΕ 1981/532
344	ΒΕ 1981/787	394	ΒΕ 1981/439δ	444	ΒΕ 1981/533
345	ΒΕ 1981/402γ	395	ΒΕ 1981/451	445	ΒΕ 1981/534
346	ΒΕ 1981/402γ1	396	ΒΕ 1981/504	446	ΒΕ 1981/535
347	ΒΕ 1981/436γ	397	ΒΕ 1981/501	447	ΒΕ 1981/536
348	ΒΕ 1981/367	398	ΒΕ 1981/503	448	ΒΕ 1981/467
349	ΒΕ 1981/376	399	ΒΕ 1981/502	449	ΒΕ 1981/537
350	ΒΕ 1981/389	400	ΒΕ 1981/452	450	ΒΕ 1981/538
351	ΒΕ 1981/390	401	ΒΕ 1981/505	451	ΒΕ 1981/468
352	ΒΕ 1981/391	402	ΒΕ 1981/506	452	ΒΕ 1981/469
353	ΒΕ 1981/393	403	ΒΕ 1981/453	453	ΒΕ 1981/539

SUMMARY

Until 1980, the only evidence for religion and the deities worshipped at Pella consisted of portable finds and a number of inscriptions. The systematic excavation of the sacred areas of the city in the decade 1980-1990, which is still continuing, has significantly enriched our knowledge of the religious life of the inhabitants.

The sanctuary presented in this study was excavated in 1980 and 1981. It is the first Thesmophorion in Macedonia to be published in full, and thus supplies the spark for the study of the festival of the Thesmophoria in this part of Greece, for which no information is provided by the written sources, and the archaeological evidence to date is scant.

The sanctuary lies in the north-east part of the ancient city, or just outside the fortified enceinte, the course of which is not clear at this point. It is a circular space with an inner diameter of 10 m, surrounded by a wall built of rectangular stone blocks of isodomic masonry. The inner face of this wall was coated with mud, and simple white stucco over it. In some cases rough undersurface was covered by fragments of tiles. The outer face was roughly worked with rubble from the highest preserved point down to the bedrock: this indicates that the wall was not visible, being at a lower level than the ground surface.

Two walls, constructed and plastered in the same way as the circular one, and with opposite orientations, NE-SW and SE-NW, project into the area from the inner face of the peripheral wall. Their upper surfaces slope slightly. These walls acted as ramps by which people descended into the sanctuary.

The floor of the area consists of a layer of rubble broken by rectangular and oval cuttings in the bedrock in which there are smaller pits. Animal bones, mainly of sheep and goats, were found in these cuttings.

In the centre of the area is an irregular, four-sided structure of layers of rubble coated with mud. On the top of this was a layer of rubble masonry. This was an altar, on and around which were found the majority of the dedications.

This area was identified as a sanctuary of Demeter Thesmophoros in the very first days of the excavations, when the early finds emerged, consisting of small clay hydrias, figures bearing hydrias and pig figurines, all of which are dedications typically associated with Thesmophoria.

The Pella sanctuary is a small, simple sanctuary, with no roof, circular in shape, and set below ground level, all of which are characteristic features of sanctuaries of chthonic cults. It catered for the religious needs of the farmers and stock-raisers of the area, and had only the facilities indispensable to the basic ritual of the Thesmophoria. This involved taking the animal remains from the cuttings, the 'megara' of Demeter, and placing them, together with other fertility objects, on the altar, which was frequently remade. Trial trenches outside the circular area failed to reveal a temple, stoas or any other buildings. The cult needs of the festival were probably met by some form of temporary shelter made of perishable materials.

The most important of the dedications found in the sanctuary were the terracotta figurines, mainly of female figures. They are figures taking part in the ritual, with characteristic gestures, carrying censers or branches in their hands, ordinary people making dedications, figures of

Nike, 'hierodouloi', women carrying hydrias, archaising figures, and deities. Athena is identified by the ox horns on her helmet, and Artemis and Aphrodite have also been recognised, while a number of figures wearing the *polos* have been identified as Demeter, the main goddess honoured at the festival.

Amongst the male figurines, the figures of Pluto, Herakles and Hermes have been identified, and there are also figures associated with the Dionysiac cycle: Pans, a centaur and young, naked Erotes.

Of the animal figurines, mention may be made of the pigs, the large number of horses, a goat and several doves. Some of the horses have their trappings indicated in relief, and have holes and incisions in their bodies, suggesting that they were pulling small wooden chariots which have not been preserved.

Other objects found in the sanctuary include gorgoneia, bucrania, rosettes and other individual ceramic items, a wheel, a hermaic stele, etc.

The figurines from the Thesmophorion were almost all made in moulds. Several are one-sided plaques. Almost all of them are coated with a white slip, and a few preserve traces of paint. They exhibit great typological variety, but their quality is mediocre. The extensive use of the moulds for mass production of certain pieces resulted in the obliterating of technical details and the creation of large surfaces with barely discernible features. Certain new elements, such as the form and position of the air vents, and the working of the reverse, reveal a different approach to the construction of figurines from that observed in figurines from other parts of the city. This allows us to posit the existence of a figurine workshop independent of the Agora workshops, producing mass dedications of mediocre quality for the Thesmophorion and perhaps also for other sanctuaries in the area.

Only a limited variety of clay vases was found in the sanctuary. The predominant shapes are unpainted cooking pots and bowls. There are also pyxides, unguentaria, small skyphoi, plates and small hydrias. Several potsherds have relief decoration, and 'West Slope' decoration is also found.

The earliest coins yielded by the excavations are of Philip II, Alexander the Great and Lysimachos, and the latest are those of the independent issues by Pella and Thessaloniki. The majority of the coins were struck by Cassander, Demetrios II, Demetrios Poliorketes and Antigonos Gonatas.

The construction of the sanctuary is dated to the last quarter of the 4th century BC. The Roman conquest in 168-167 BC seems to have contributed to its gradual abandonment after the middle of the 2nd century BC.

Μετάφραση: David Hardy

ΓΕΝΙΚΟ ΕΥΡΕΤΗΡΙΟ

ΠΙΝΑΚΕΣ

α) Το Θεσμοφόριο της Πέλλας από ΒΑ., β) Εσωτερική όψη του κυκλικού περιβόλου.

α-β) Εσωτερική όψη του κυκλικού περιβόλου.

α) Εσωτερική όψη του κυκλικού περιβόλου με κομμάτια κεραμιδιών επάνω στην πρώτη στρώση επιχρίσματος,
β) Υπολείμματα επιχρίσματος στην εσωτερική όψη του περιβόλου.

α) Τομή εξωτερικά του κυκλικού περιβόλου. Διακρίνεται η εξωτερική όψη του τοίχου και το γέμισμα με τις στρώσεις λατύπης, β) Το ανατολικό κεκλιμένο επίπεδο καθόδου.

α) Εσωτερική όψη του κυκλικού περιβόλου. Διακρίνεται η λατύπη της υποθεμελίωσης του τοίχου, β) Βωμός.

α) Βωμός. Το ανώτερο στρώμα με τους αργούς λίθους, β) Αναθήματα γύρω από το βωμό.

α

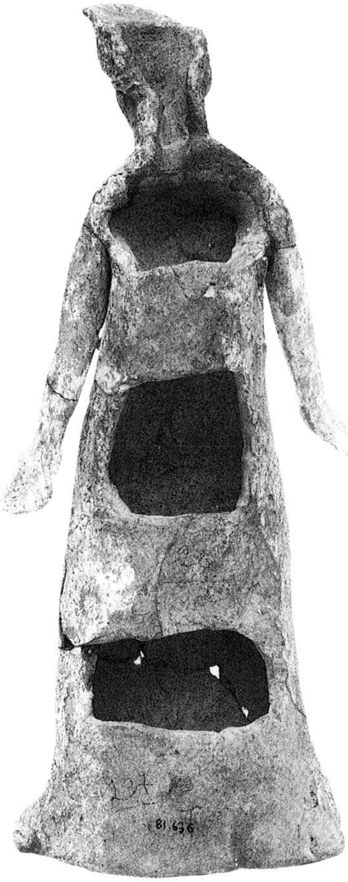
β

γ

δ

ε

α

β

γ

δ

ε

στ

α

β

γ

δ

α

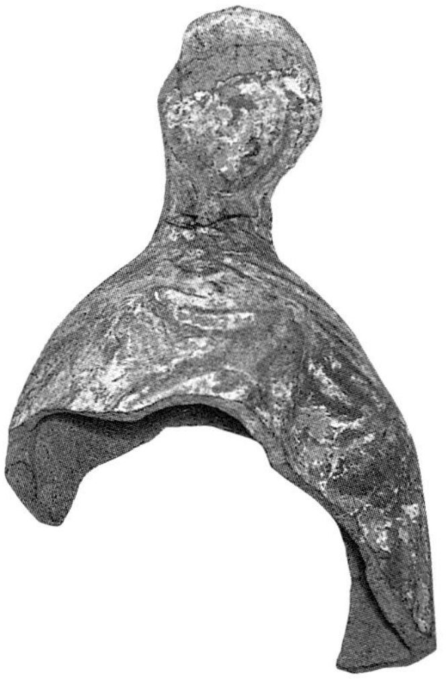

β

γ

δ

ε

στ

α

β

ΠΙΝΑΚΑΣ 12

α

β

γ

δ

ε

στ

ζ

α

β

γ

δ

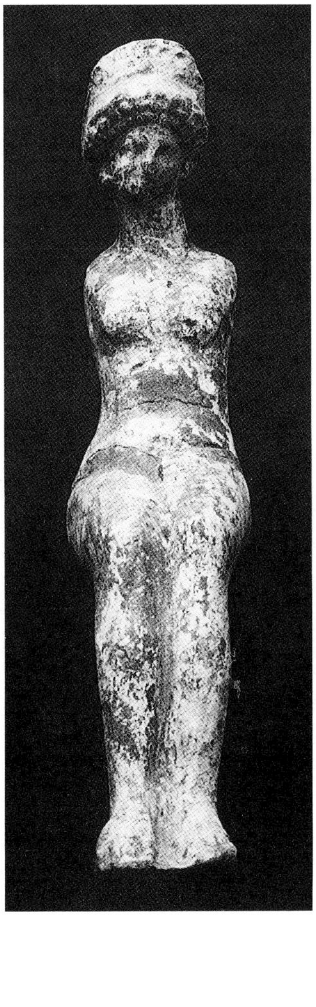

ε

α

β

γ

δ

ε

στ

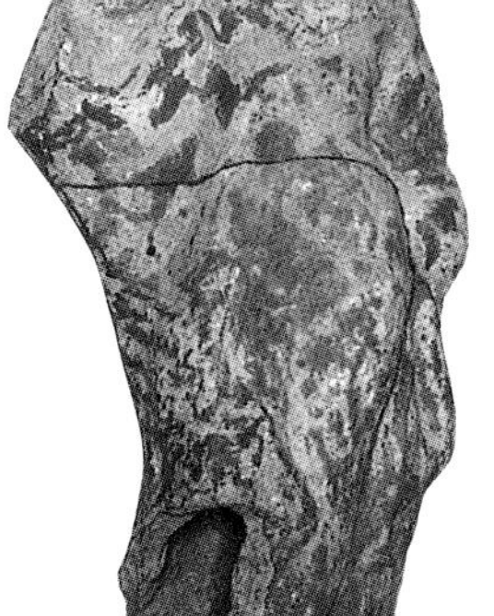
ζ

α β

γ

δ

ε

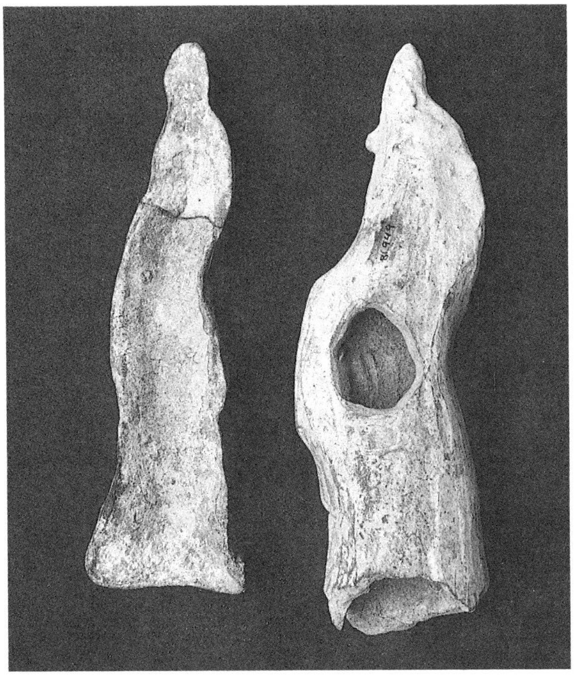

α β

γ

δ

ε στ

ζ

α

β

γ

δ

ε

στ

ζ

η

α

β

γ

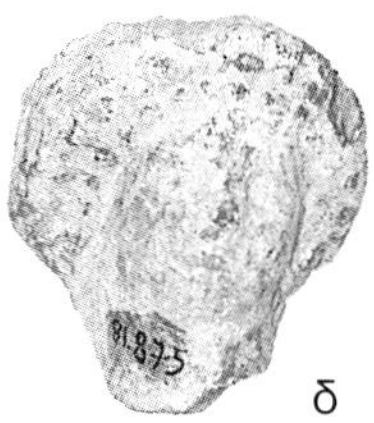
δ

ε

στ

ζ

η

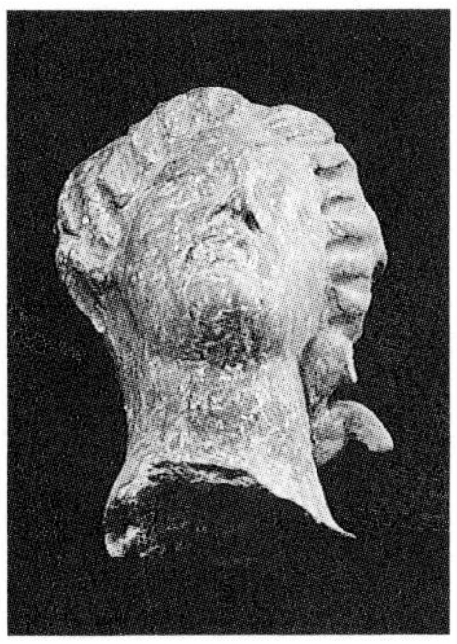

α

β γ

δ

ε στ ζ

θ ι

η

α β γ

δ

η

ε στ ζ

θ

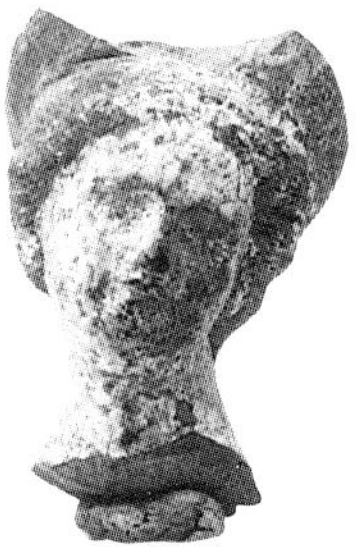

ι

ια

ιβ

ιγ

α β γ

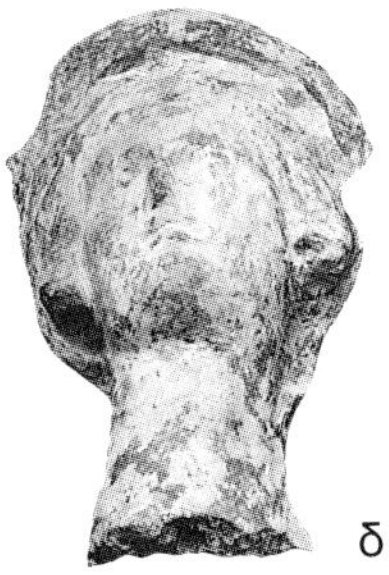

δ

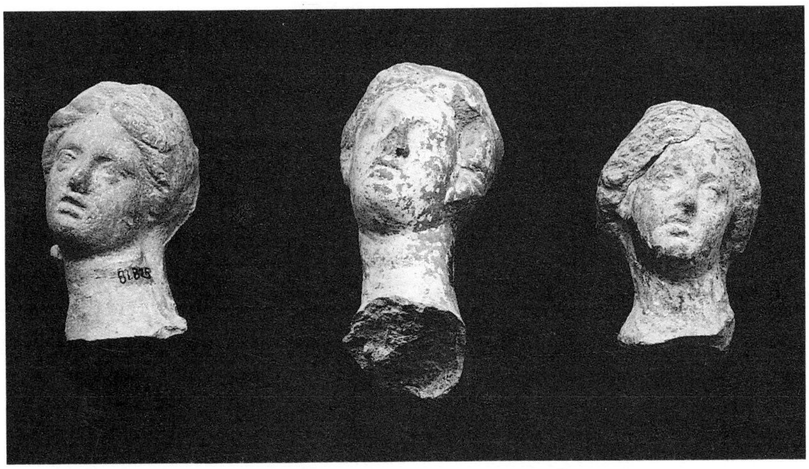

ε στ ζ

θ ι ια

η

α

β

γ

δ

α

β γ δ ε στ

ζ

η

θ

ι

δ

ε

α β γ

στ

ζ

η

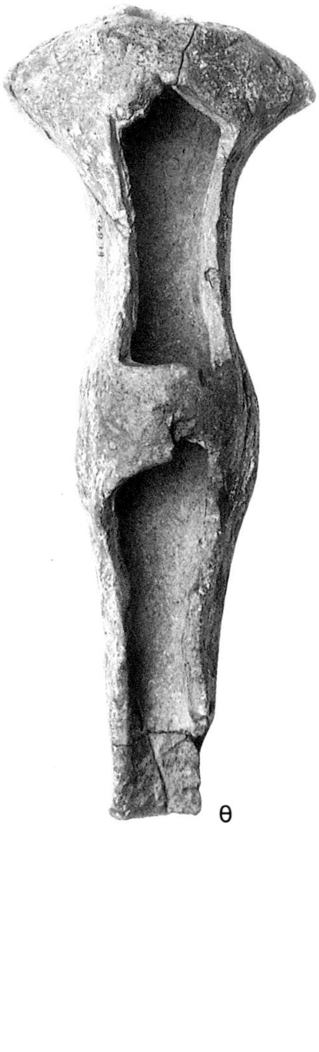
θ

ι

ια

ιβ

α

β

γ

δ

ε

στ

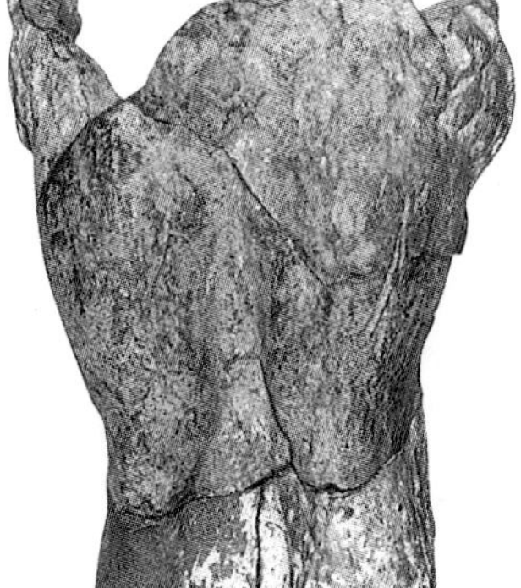

ζ

β

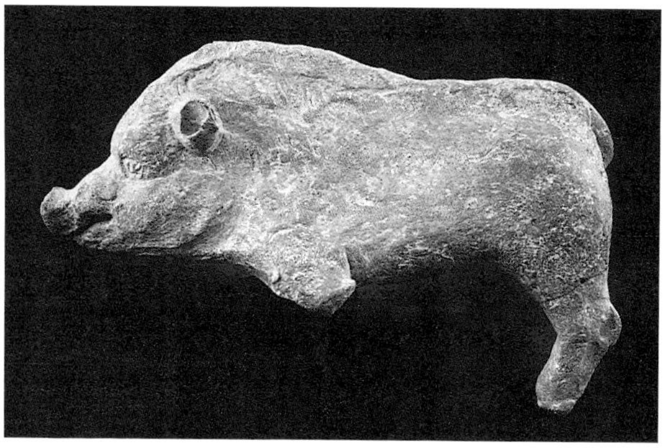

α

γ

δ

ε

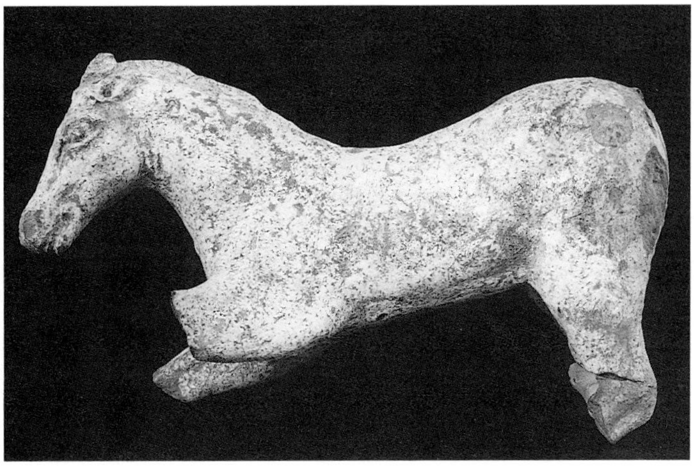

α

β

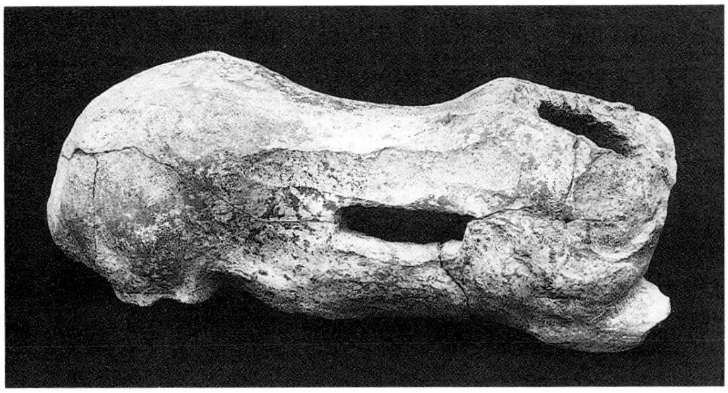

γ

δ

ε

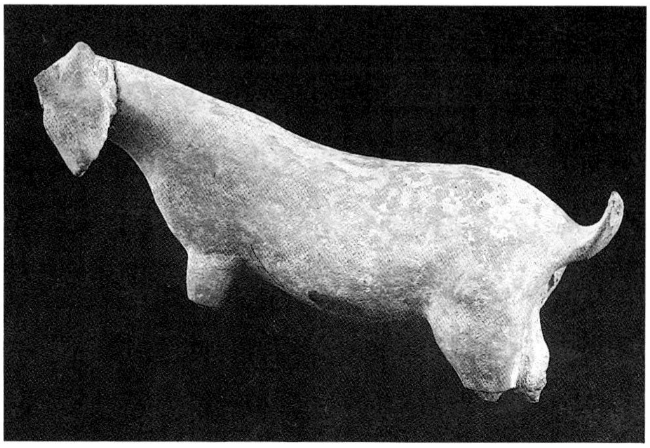

α

β

γ

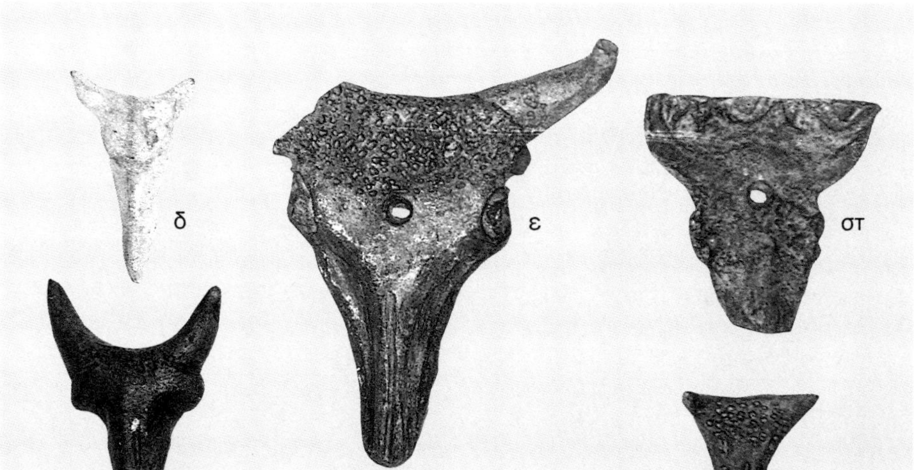

α

β

γ

δ

ε

στ

ζ

η

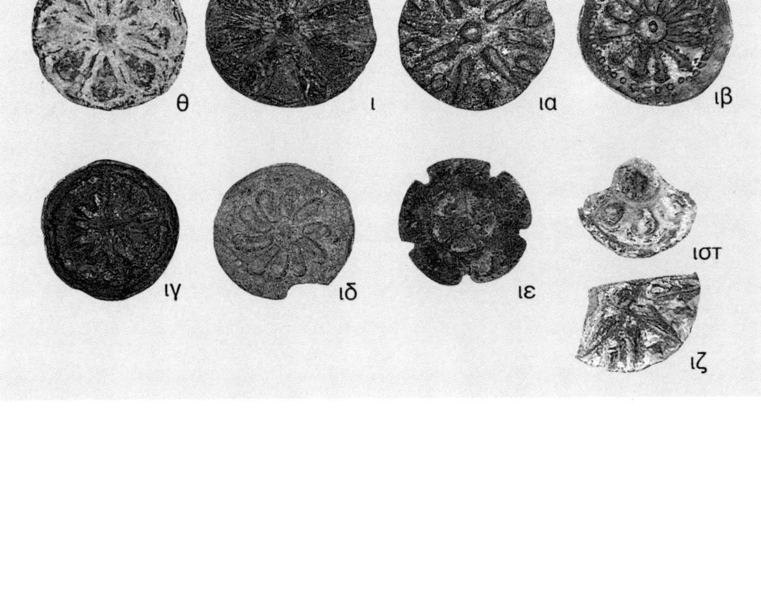

θ ι ια ιβ

ιγ ιδ ιε ιστ

ιζ

α β γ δ ε

στ ζ η θ ι ια

ιβ ιγ ιδ ιε

α

β

γ

δ

ε

στ

ζ

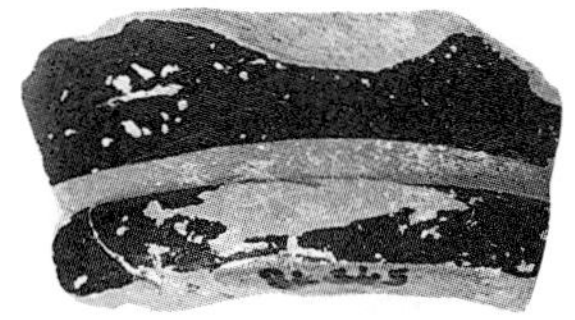
ι

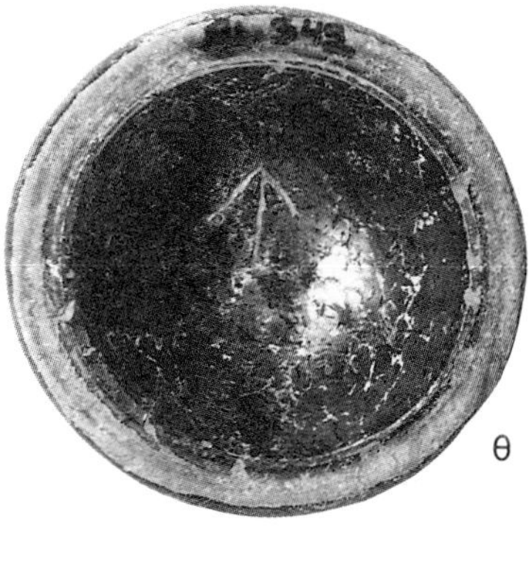
θ

η

ια

ιδ

ιβ

ιγ

ιε

ιστ

ΠΙΝΑΚΑΣ 32

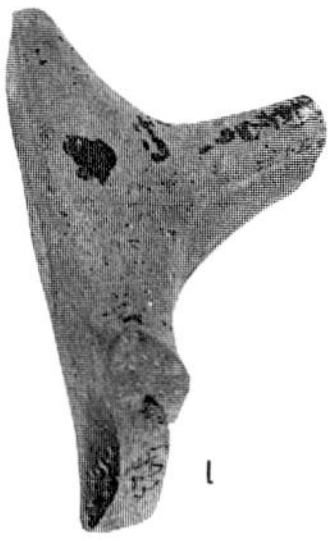
ι

ια

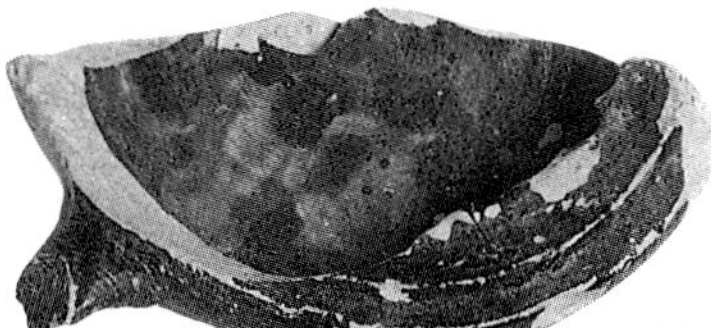
ιγ

ιβ

ιδ

ιε

α

β

γ

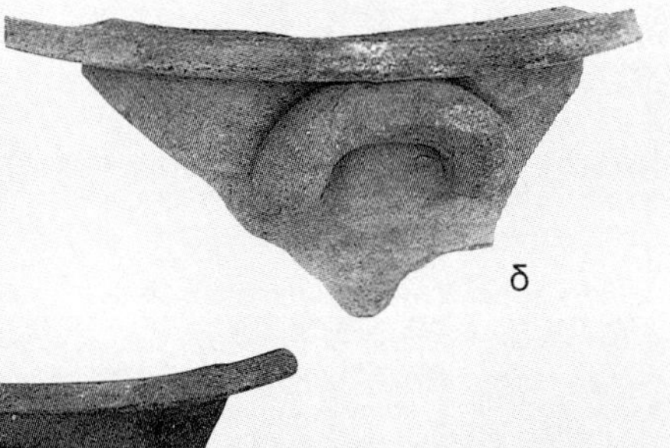
δ

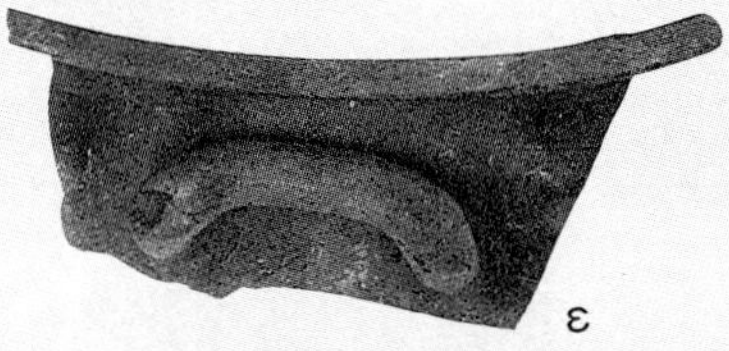
ε

στ

ζ

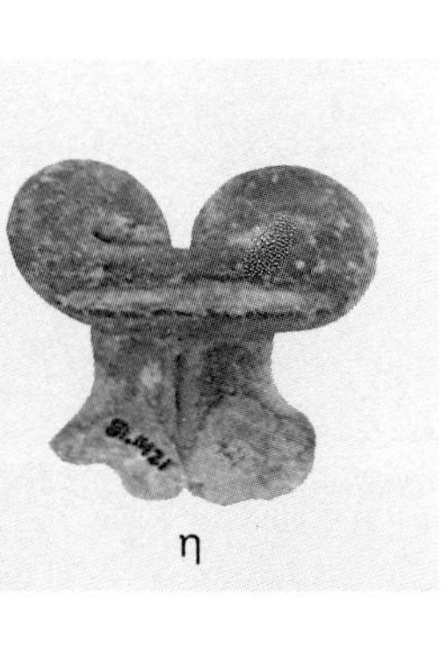
η

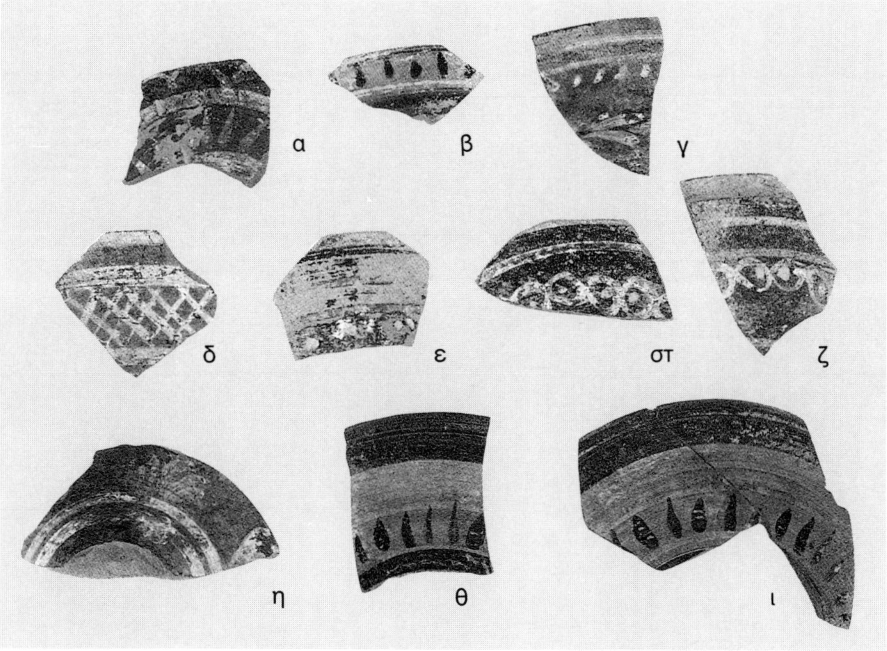
α
β
γ
δ
ε
στ
ζ
η
θ
ι

ια
ιβ
ιγ
ιδ
ιε
ιστ

α
β
γ
δ
η
θ
ε
στ
ζ
ι
ια
ιβ
ιγ
ιδ
ιε
ιη
ιστ
ιζ
ιθ

α

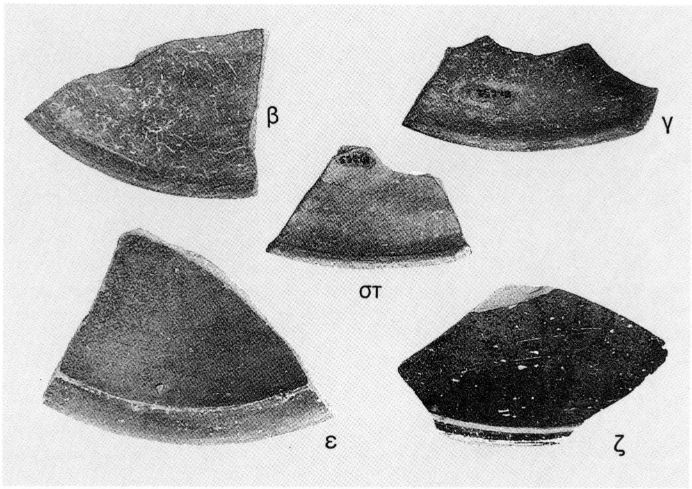

β γ στ ε ζ

δ

η

θ ι

ια

ιβ

ιγ

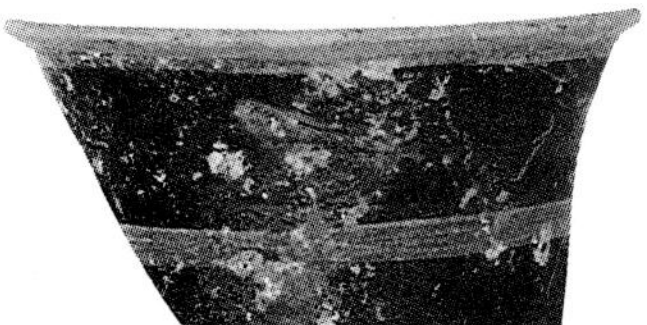

ιδ

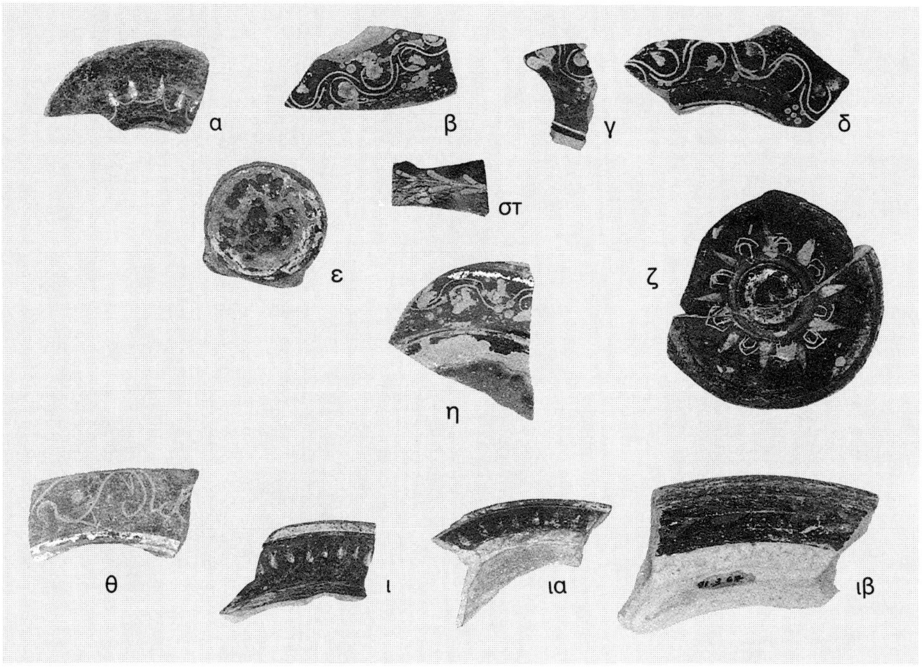
α
β
γ
δ
ε
στ
ζ
η
θ
ι
ια
ιβ

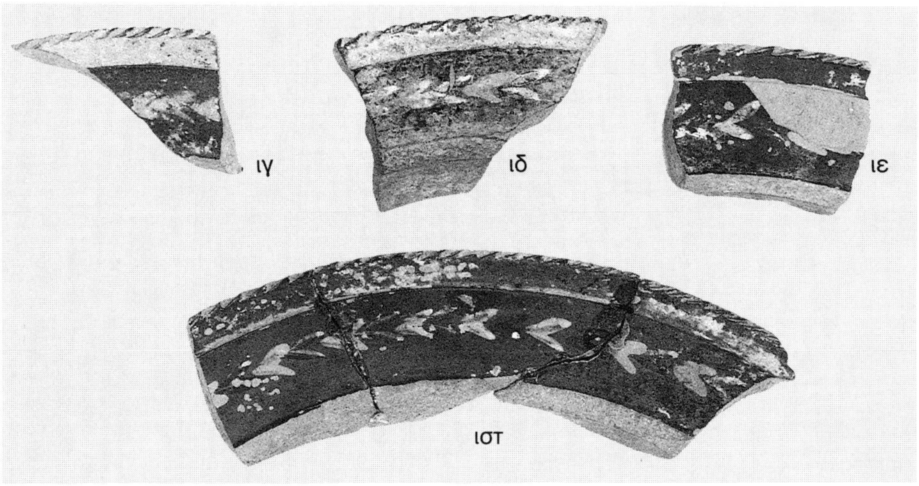
ιγ
ιδ
ιε
ιστ

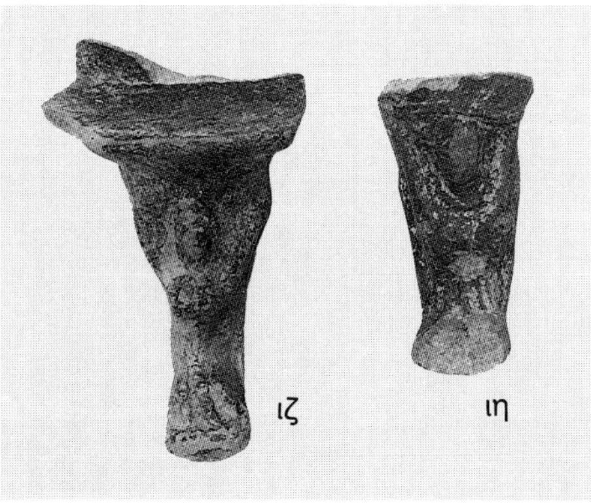
ιζ
ιη

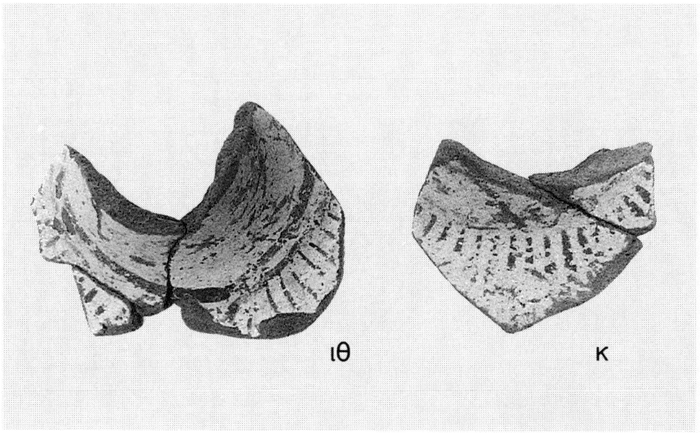
ιθ
κ

α
β
γ

δ
στ
ε

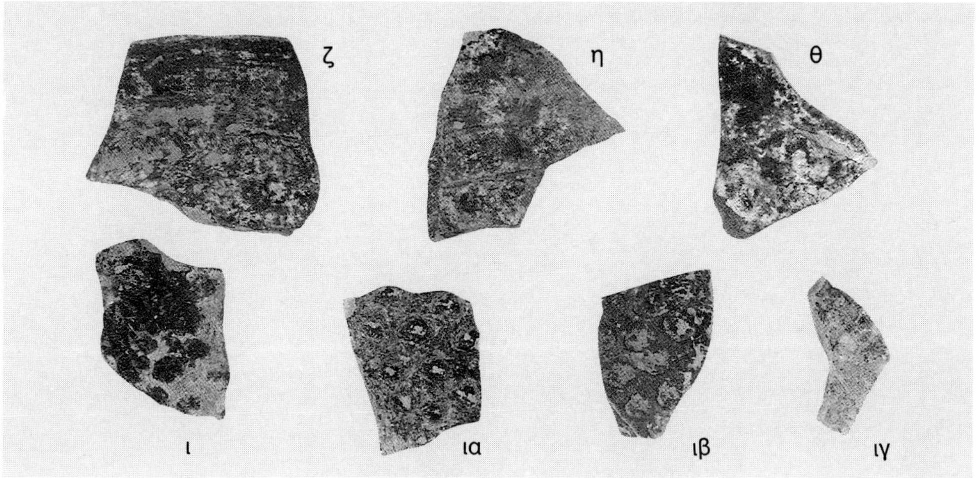
ζ
η
θ
ι
ια
ιβ
ιγ

ιδ
ιε
ιστ
ιζ
ιη
ιθ
κ
κα
κβ
κγ
κδ
κε
κστ

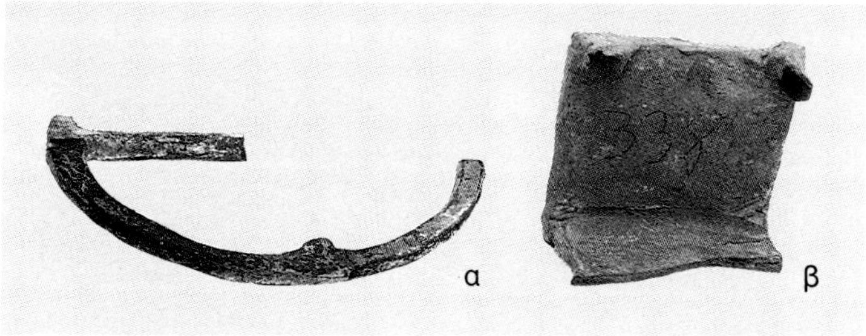
α
β

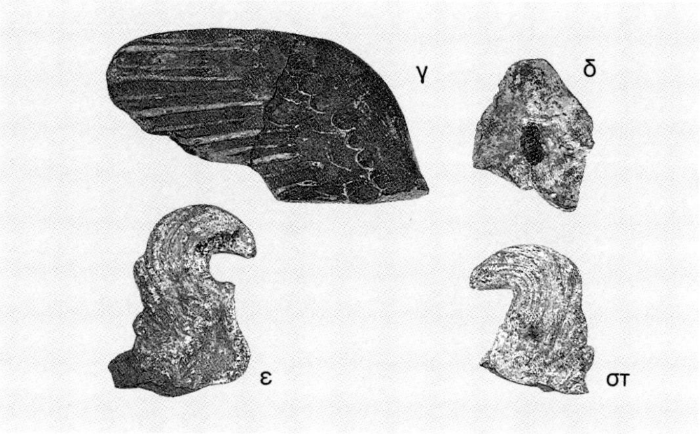
γ
δ
ε
στ

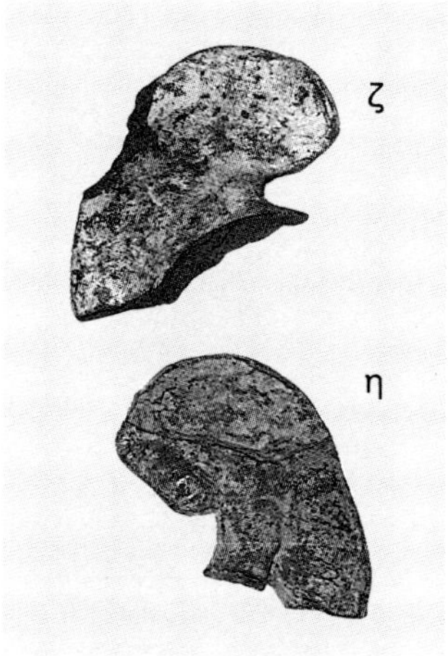
ζ
η

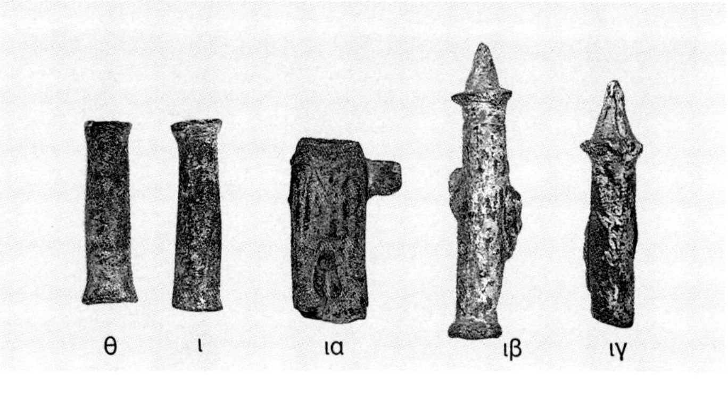
θ
ι
ια
ιβ
ιγ

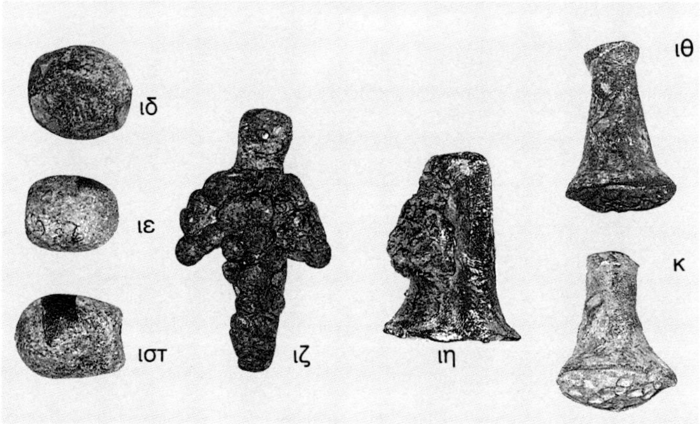
ιδ
ιε
ιστ
ιζ
ιη
ιθ
κ

κα
κβ

α

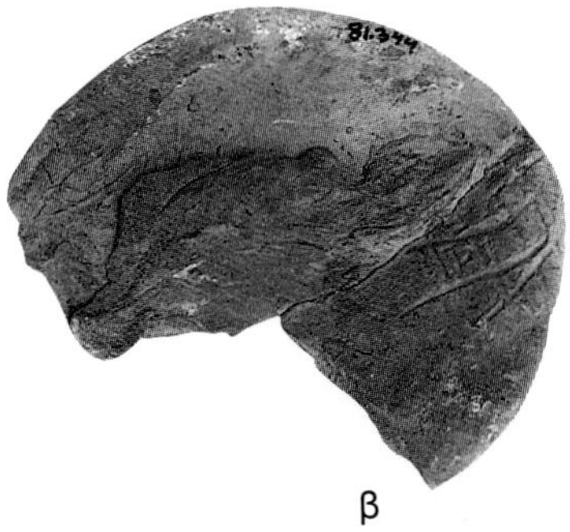
β

γ

δ

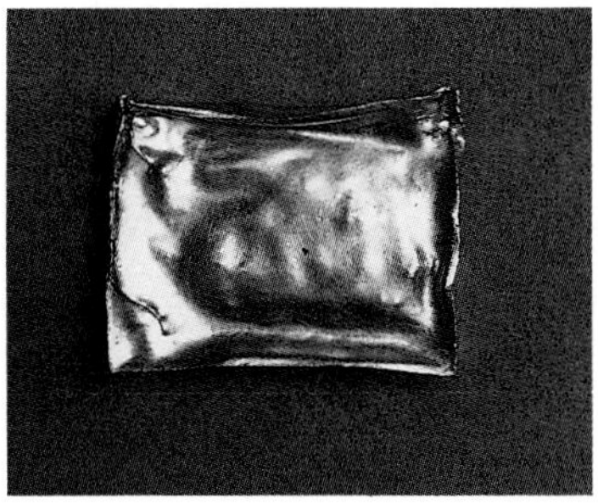

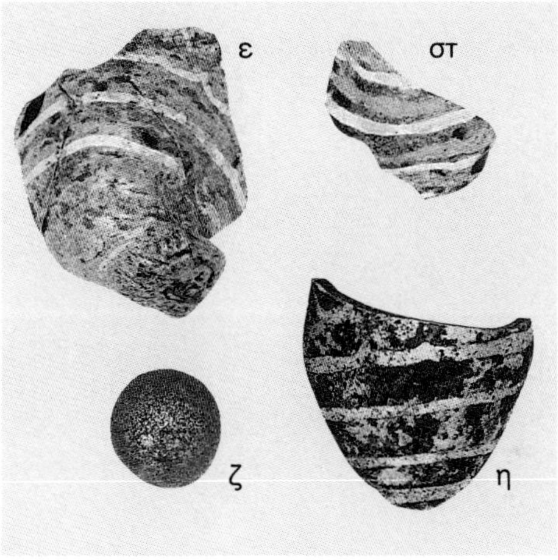

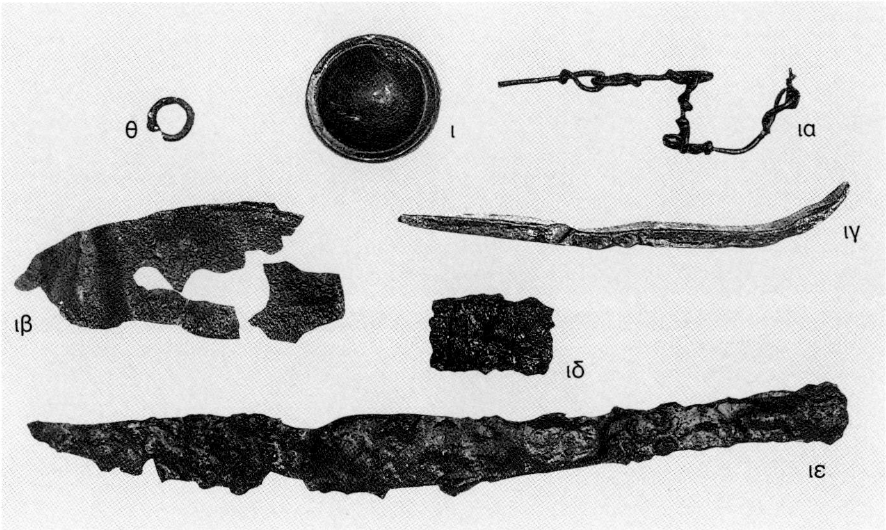

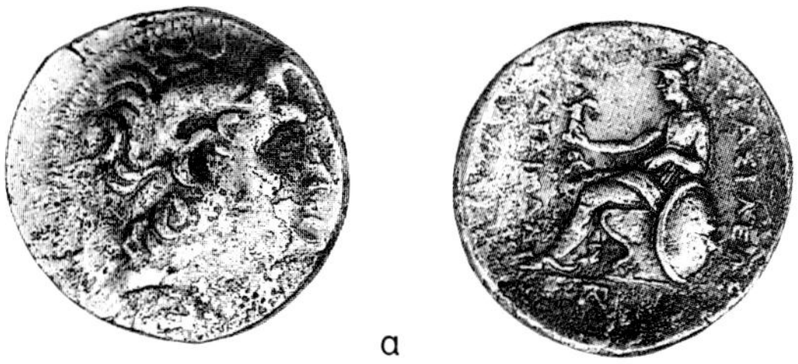

α

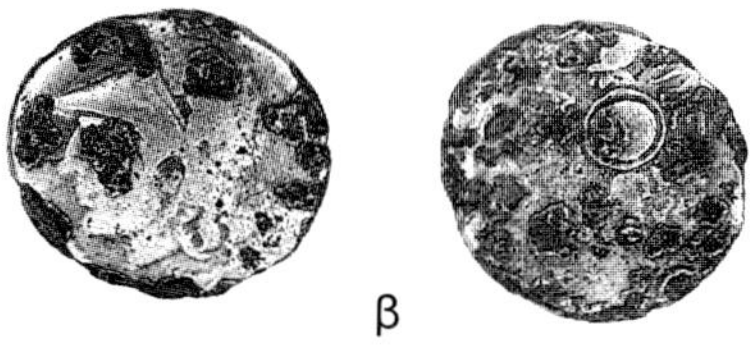

β

γ

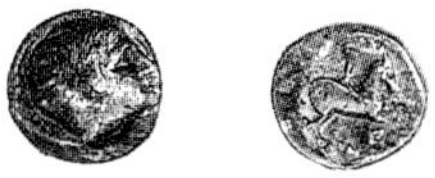

δ

ε

στ

ζ

η

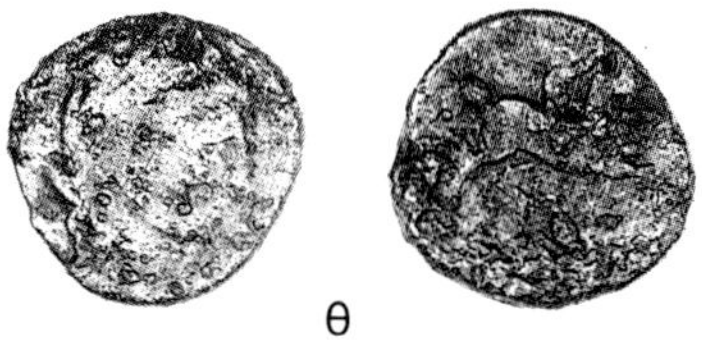

θ

ι

ια

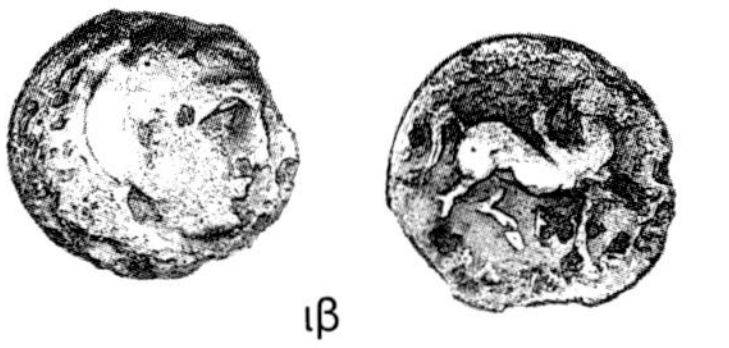

ιβ

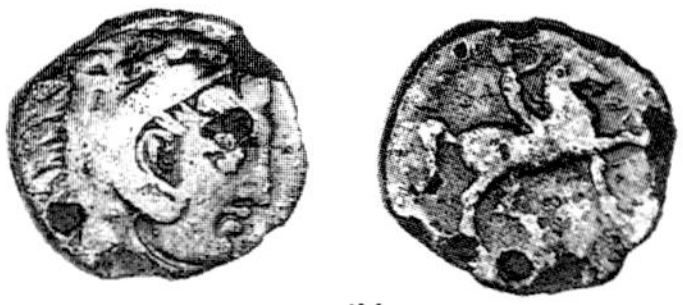

ιγ

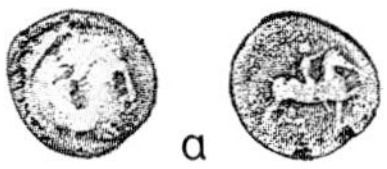
α

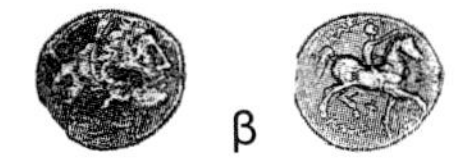
β

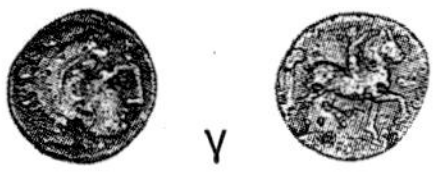
γ

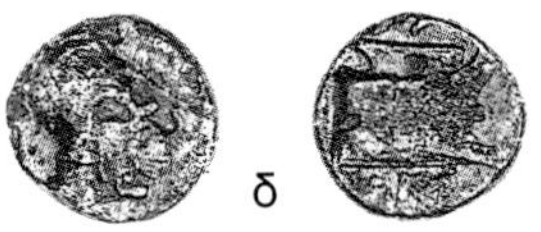
δ

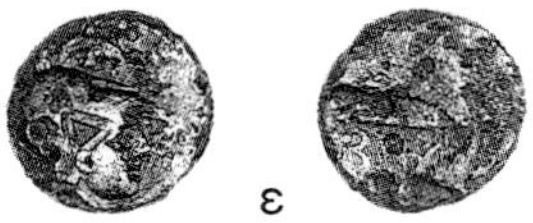
ε

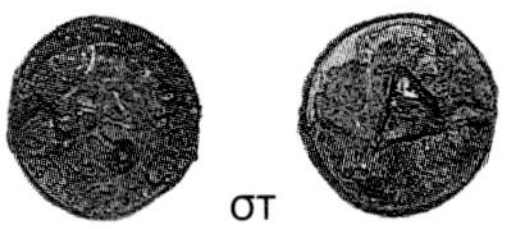
στ

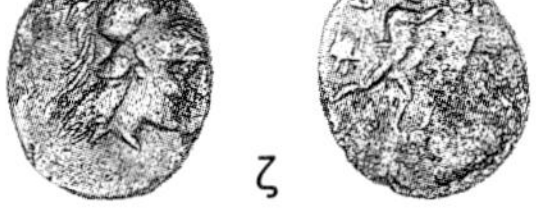
ζ

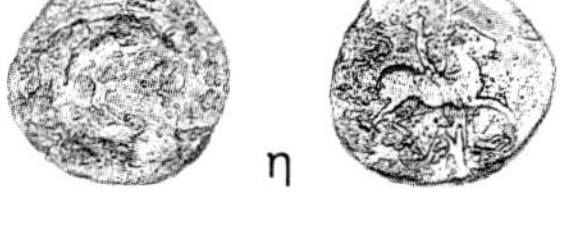
η

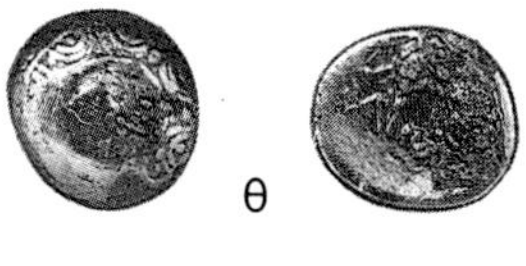
θ

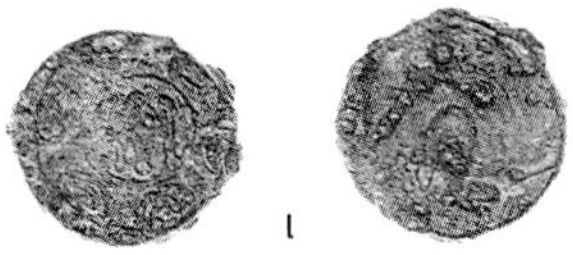
ι

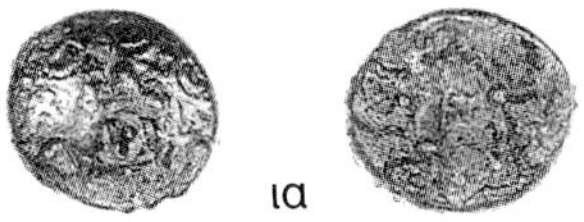
ια

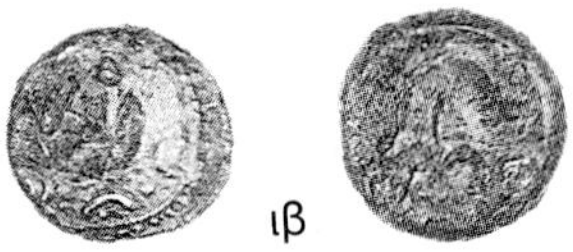
ιβ

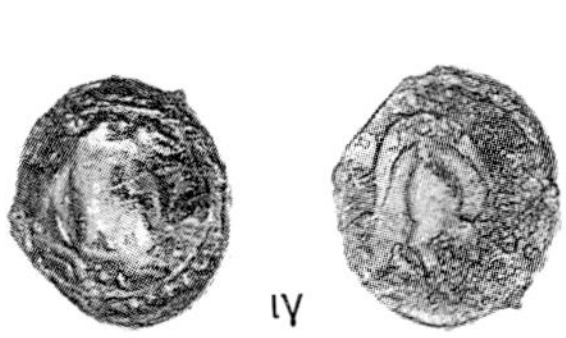
ιγ

ιδ

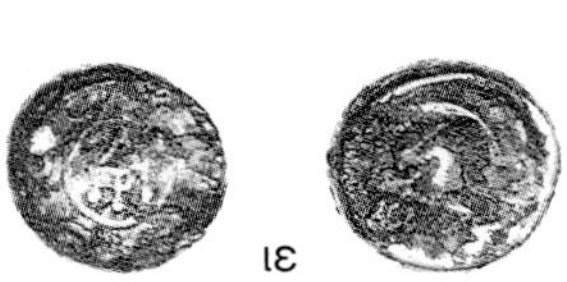
ιε

ιστ

ιζ

ιη